PREMIER RECUEIL

DES LEÇONS

DE MATHEMATIQUE,

Dictées

AU COLLEGE ROYAL;

Dans lesquelles sont contenuës & démontrées, toutes les Proprietez fondamentales des nombres, & tous les Calculs qui ont été trouvés jusqu'à présent.

Sçavoir,

Les Calculs des Nombres Entiers, des Fractions, des Radicaux, des Polynomes, ou de l'Algebre, & celui des Puissances par leurs Exposans, traité à fond, & dans toute son étenduë.

A PARIS,

Chez JEAN-FRANÇOIS TABARIE,
Libraire, Quai de Conty, près la ruë
Güenegaud, vis-à-vis l'Abrevoir.

M. DCC. XXVI.

A MONSEIGNEUR
LE COMTE
DE MAUREPAS

MINISTRE ET SECRETAIRE D'ESTAT.

ONSEIGNEUR,

Je n'aurois pû sous d'autres auspices
que les vostres donner au Public ces Leçons que j'ay dictées au College Royal.
Ce sont les premices d'un Ouvrage que les
Ordres de Vostre Grandeur m'ont fait
entreprendre.

On sçait, MONSEIGNEUR, que parmi les soins importans que renferme le Ministere dont vous êtes chargé, le progrès des Sciences n'est pas un de ceux qui vous interesse le moins.

Vous ne vous êtes pas borné à marcher sur les pas des grands Hommes qui vous ont précedé dans le haut rang que vous occupés ; Ils accordoient leur protection aux Sçavans, & vous leur donnés des marques certaines, non-seulement de vostre estime, mais de vostre goût. On l'a encore vû depuis peu, lorsque Vostre Grandeur s'est portée elle-même à entrer dans une de leurs Societés les plus Illustres.

Mais, j'ose le dire, MONSEIGNEUR, le College Royal est de toutes ces Societés celle qui mérite le plus vostre attention. C'est à lui que toutes les autres Academies doivent leur naissance. C'est lui qui éleve dans son sein les Sujets qui les doivent remplir ; & c'est sans doute ce qui vous engage à seconder avec tant de zele les vûës de son Auguste Fondateur, François Premier, le Pere & le Restaurateur des Lettres. Vous en connoissés toute l'étenduë, MONSEIGNEUR, & vous comprenez, comme lui, qu'un si noble Etablissement ne doit pas estre borné à l'utilité d'un petit nombre d'Auditeurs qui viennent prendre les Leçons qu'on y donne.

Le dessein de ce grand Prince a été de faire du College Royal une Ecole ouverte à toute la France, & à l'Europe entiere, & c'est ce qui a porté de tout temps ses plus Illustres Professeurs à publier tant d'excellents Ouvrages. Mais comme ces Leçons sont la baze & le fondement de tous les Exercices du College Royal, j'ay crû qu'un des moyens les plus courts de remplir les vûës de ce grand Roy, étoit de les rendre publiques, afin que les Etrangers, & ceux qui ne peuvent y assister, en profitassent presqu'aussi-tôt qu'elles y seroient expliquées.

Vous en avez approuvé le Projet, MONSEIGNEUR, & je commence à l'executer, non pas avec toute la capacité que je souhaiterois, mais du moins avec tout le zele & toute la diligence

qui m'a été possible ; heureux ! si en remplissant exactement sous vos yeux les de-
voirs de mon Employ, je puis mériter
l'honneur de vostre protection.

Je suis avec le plus profond respect ;

MONSEIGNEUR,

DE VOSTRE GRANDEUR,

Le très-humble & très-obéissant
serviteur PRIVAT DE
MOLIERES.

SECOND AVERTISSEMENT.

I.

Voicy un premier Recueil des Leçons de Mathematiques, que le Public semble souhaiter avec empressement. Ce Recueil, quoique réduit à un très-petit Volume, ne doit pas pour cela être regardé comme un abregé ; au contraire, on peut assurer que c'est peut être le plus ample Traité du calcul qui ait encore paru.

Toutes les operations sur les nombres Entiers, Rompus, Radicaux, sur les Polynomes, & sur les Exposans des puissances, y sont prescrites, exactement démontrées, & directement déduites des seules définitions de ces operations, aussi-bien que les propriétés fondamentales des nombres, qui servent de principes à ces operations.

Mais on a évité avec soin d'employer dans ces déductions aucun des moyens étrangers dont on s'étoit servi jusqu'à present, tels que sont la theorie des rapports simples & composés, celle des proportions & progressions ; celle des nombres figurés, des combinaisons, de la résolution des équations, &c. dont on ne trouvera icy aucun veſtige, mais dont nous donnerons inceſſamment des Traités particuliers, qui étant dégagés des ſujets compris dans ces premieres Leçons, feront beaucoup plus ſimples, plus exacts, plus amples & plus intelligibles, quoique plus courts que ceux qu'on en a donnés ; ces Traités feront comme le fruit des précedens.

II.

Comme on ne peut éviter avec trop de ſoin de preſenter à l'eſprit des Commençans pluſieurs objets à la fois, ce qui confond toutes leurs idées & émouſſe preſque entierement la pointe de leur attention, nôtre principale vûë dans ces Leçons a été & ſera toûjours de dégager tous ces Traités les uns des autres, & c'eſt ce dégagement qui fait le caractere ſpecial de cet Ouvrage.

Mais il n'etoit pas facile de faire ce dégagement, pour cela il a fallu remettre, pour ainſi dire, toute la matiere dans le creuſet pour lui donner une nouvelle forme ; il a falu rapprocher ce qui étoit éloigné, & trouver preſque par-tout de nouvelles démonſtrations pour lier ce qui étoit extrêmement éloigné ; on n'oſe cependant ſe promettre d'avoir executé ce projet dans toute l'exactitude requiſe, & qu'il n'y ait encore bien des endroits à retoucher. Cependant j'espere que le Lecteur nous sçaura quelque gré de l'avoir mis en état de poursuivre le dessein que nous nous sommes proposé, de rendre facile une science qui ne doit être, pour ainsi dire, que le berceau des autres, necessaire à tout le monde, & à l'acquisition de laquelle on doit cependant avoir regret d'y employer un temps considerable; car nous ne sommes pas faits pour calculer des nombres, ni pour mesurer des lignes.

III.

Comme on ne peut connoître ce qu'on ignore que par ce que l'on connoît déja, & que l'esprit de ceux qui commencent est ordinairement situé de telle sorte qu'il se trouve autant éloigné des principes abstraits & generaux, quoique simples, que des consequences les plus composées, j'ay évité avec le même soin de transporter tout d'un coup l'esprit de mon Lecteur à cette grande generalité, qu'il ne peut atteindre qu'à force de se subtiliser & de s'étendre, ce qu'il ne peut certainement faire que peu à peu.

C'est pourquoi traitant des nombres entiers, par exemple, je n'ay fait aucun effort pour donner aux démonstrations des o rations fur ces nombres une generalité qui s'étendit au-delà de ces nombres, qui atteignit jufqu'aux fractions, aux radicaux, &c. dont le Lecteur ne peut encore avoir alors aucune idée diftincte, parce qu'un feul n ot fuffit fouvent pour donner à ces démonftrations la generalité qui convient à ces nouveaux objets à mefure qu'ils fe prefentent, & que ce n'eft qu'à la fin de tous les calculs que l'efprit du Lecteur fe trouve affés difpofé pour atteindre à ces démonftrations univerfelles.

IV.

Je ne fuis point non plus, par la même raifon, la méthode qu'on a pratiquée jufqu'à prefent, qui eft de prefcrire d'abord de longues regles abftraites que l'on ne peut entendre fur le champ, & que l'on ne comprend jamais que très-difficilement: Mais allant de dégré en dégré, accompagné toûjours du flambeau de l'évidence, je parviens enfin à la regle generale que je prefcris, & qui fe trouve en même temps démontrée dans tous fes cas.

V.

La premiere Leçon traite des premieres operations fur les nombres entiers, qui font la Numeration, l'Addition, la Souftraction, la Multiplication & la Divifion.

La feconde, comprend toutes les mêmes operations fur les Fractions qui naiffent de la Divifion, & toutes les préparations à ces operations.

La troifiéme, contient la compofition des puiffances & l'extraction des racines des nombres, tant entiers que rompus. Je n'employe pour l'extraction des racines qu'une feule regle generale, qui s'étend à tous les dégrés, fans me fervir de formule.

La quatriéme, contient toutes les proprietés fondamentales des nombres que je rapporte à quatre operations, qui fervent de préparations aux calculs fuivans, ce qui contribuë beaucoup à retenir facilement ces proprietés, qui font comme la clef de la fcience des nombres.

Ces operations font. 1°. De trouver le plus grand Divifeur commun de deux ou plufieurs nombres. 2°. D'en trouver le plus petit multiple. 3°. De trouver tous les nombres fimples ou premiers. 4°. De trouver tous les divifeurs d'un nombre.

La cinquiéme, renferme le calcul des Radicaux, qui font une fuite de l'extraction des Racines, on y remarquera le nouveau moyen dont je me fuis fervi pour paffer du calcul des nombres Rationnaux aux Irrationnaux, & qui épargne une infinité de propofitions inutiles.

La fixiéme Leçon contient le calcul des Polynomes, que l'on nomme vulgairement Algebre. On y verra que ce calcul eft une fuite du précedent, & comme il comprend tous ceux qui précedent, il ne pouvoit être parfaitement entendu qu'au lieu où on l'a placé ; ce qui contribuë infiniment à le rendre facile.

La feptiéme Leçon n'eft qu'une fuite de la précedente.

La huitiéme & derniere Leçon contient le calcul des puiffances par leurs expofans, qui a tant contribué de nos jours à faire de profondes découvertes dans toutes les Sciences Mathematiques & Phyfiques. On le trouvera ici traité dans toute fon étenduë, & uniquement déduit des connoiffances qui précedent, ce qui n'avoit pas encore, que je fçache, été executé jufqu'à prefent.

VI.

Ces Leçons ayant été compofées & imprimées un peu trop à la hâte, à caufe qu'il falloit les mettre inceffamment entre les mains de ceux qui venoient les prendre au College Royal, il s'y eft gliffé plufieurs fautes que nous prions le Lecteur d'excufer, & de corriger avant que de commencer.

FAUTES A CORRIGER

Survenuës, non par la faute de l'Imprimeur.

Page 9, ligne 3, lisez, de sorte que pour *énoncer* un nombre *exprimé*.

Ligne 7 de *l'énoncer*.

P. 13 l. 21 lisez 759.

P. 37 l. 20 lisez 5.

P. 59 l. 9 lisez 7.

P. 61 l. 9 lisez $\frac{4\,3}{7\,6\,9}$.

P. 63 l. 13 lisez 259.

P. 66 l. 5 lisez *sous*.

P. 71 l. 1 & 16, au lieu de 15. 1. 97. 17. posez 162. 180. 18.

SECONDE LECON.
5

Page 81 ligne 20 lisez *premier*.

P. 88 l. 6 & 8 lisez 5779.

p. 90 l. 13, au lieu de 3 lisez 2.

p. 91 l. 18, au lieu de 150 lisez 300.

p. 91 l. 25, au lieu de 75 lisez 150.

p. 99 l. 8 lisez $1\,\frac{7}{12}$, que j'ajoûte à $\frac{4}{5}$ & j'ai $1\frac{9}{6}$ ou $2\frac{7}{12}$, lig. 12 & 13 lisez $\frac{7}{12}$.

p. 100 l. 8, au lieu de 78 lisez 108.

p. 104 l. 22 lis. *par* 5, & lig. 23 lis, $\frac{15}{24}$.

TROISIE'ME LECON.

Page 114 ligne 23. 24. &c. ôtez par tout un zero.

p. 121 l. 12. 13. & 14. liſ. 35 au lieu de 32.

p. 126 l. 15 liſez 2283.

lign. 17 & 19, liſez 390.

lign. 23. liſez 536625363564.

p. 129 l. 15 liſez 277.

p. 132 l. 13 liſez 13875.

p. 140 l. 17 liſez 117 &c.

p. 152 l. 24 liſez 375.

p. 135 l. 6. liſez 125. & l. 7. liſez 375.

p. 154 l. derniere, liſez $\frac{22}{3}$.

p. 155 l. x. 2. liſez $\frac{14}{3}$ & $\frac{15}{5}$.

l. 9. liſez 14. 14147. 14. 1. 4. 7.

l. 19. liſez 14147. 141470.

l. 21. liſez 47156. 4. 7156.

l. 22. liſez 4. 7. 1. 5. 6.

l. 24. liſez 47156.

QUATRIE'ME LECON.

Page 160 ligne 3. liſez $b+b+b+b$.

p. 165 l. 21. liſez $z+d$.

p. 176 l. 11. liſez a^3 au lieu de a^7.

p. 179 l. 17. liſez $x\,3a^2b^4$.

p. 180 l. 8. liſez 280, au lieu de 105.

p. 188 l. 16 & 17. liſez A. 164 B. 108.

p. 192 art. 4. liſez x, 48. c, 2. d, 3.

p. 195. l. 8. liſez x, 6300.

Page 199 ligne 16. lisez 119.

p. 210 l. 7. lisez 2. *a*.

p. 212 l. 1. lisez *acde*.

p. 213 l. 9. lisez *de*. 77.

p. 214 l. 20. lisez *act*.

CINQUIE'ME LECON.

5

Page 223 ligne 19. mettez *b* au lieu de 7.

l. 22. lisez 7 au lieu de *b*.

p. 132 l. 9. lisez $\frac{12}{11}$.

l. 12. lisez, la différence de $\frac{11}{12}$ à $\frac{12}{11}$.

p. 236 l. 5. lisez *bd* au lieu de *ba*.

l. 24 & 29. au lieu de 4472. lisez 4483.

p. 245 l. 25. posez 12 sur le second radical, & 3 sur le troisiéme.

p. 252, au lieu de ces mots (multipliés 12 fois par lui-même $\sqrt[12]{a}$, & vous aurez $\sqrt[12]{12a^{12}} = \frac{b}{c}$ mettez à la ligne

Si $\sqrt[12]{a} = \sqrt{\frac{b}{c}}$, élevez l'un & l'autre à la cinquiéme puissance, & vous aurez $\sqrt[12]{a5} = \frac{b}{c}$

p. 256 l. 8, au lieu de m^2n2, lisez *mn*, cette faute rend l'opération qui suit fausse, mais cela n'empêche pas qu'elle ne serve à faire comprendre la méthode.

p. 262 l. 13. au lieu de 372. lisez 784.

p. 266. l. 24. lisez $= \sqrt[12]{}$.

Nous donnerons à la fin l'Errata de la 6. 7 & huitiéme Leçon.

DÉFINITIONS

Préliminaires.

I.

PRopoſition, c'eſt icy le nom general que l'on donne aux diſcours, par le moyen deſquels on inſtruit le Lecteur de quelque choſe.

II.

Demonſtration, c'eſt un diſcours par lequel la verité des propoſitions nous eſt manifeſtée.

III.

Conſtruction, c'eſt un diſcours qui prépare à la demonſtration des propoſitions.

IV.

Définitions, c'eſt icy une propoſition par laquelle on attribuë un nom à une choſe. Elle n'a jamais beſoin de démonſtration.

V.

Theoreme, c'eſt une propoſition par la

quelle on attribuë quelque proprieté à une chofe.

VI.

Probleme, c'eft une propofition qui pref- crit de faire quelque chofe.

VII.

Axiome, c'eft un theoreme fi clair qu'il n'a pas befoin de demonftration.

VIII.

Demande, c'eft un Problême fi aifé à executer, qu'il n'a pas befoin de conftru- ction.

IX.

Corollaire, c'eft une fuite d'une autre pro- pofition.

X.

Lemme, c'eft une propofition qui n'a d'autre ufage que de fervir à la démonftra- tion des autres.

Les principales parties des Mathemati- ques font, l'Arithmetique, l'Algebre, l'A- nalyfe, la Geometrie, la Mechanique, l'A- ftronomie, la Gnomonique, ou l'art de faire des Quadrans, la Geographie, la Marine, l'Acouftique ou la Science des Sons, l'Op- tique, la Dioptrique, la Catoptrique, la Perfpective. &c.

LEÇONS
DE
MATHEMATIQUE
NECESSAIRES

Pour l'intelligence des Principes de Physique, qui s'enseignent actuellement au COLLEGE ROYAL,

Les Lundis, Mercredis & Samedis, depuis une heure jusqu'à deux.

Par J. PRIVAT DE MOLIERES, Prêtre, Professeur Royal en Philosophie, & de l'Academie Royale des Sciences.

Ces Leçons pourront être en même-temps utiles à tous ceux qui desirent de s'appliquer à ces Sciences.

On les distribuëra feüille à feüille à mesure qu'elles seront imprimées.

De l'Imprimerie de C. L. THIBOUST, Place de Cambray.

M. DCC. XXV.

AVERTISSEMENT.

LA connoiſſance des Mathematiques a toujours été jugée d'une neceſſité abſoluë pour l'intelligence de la Phyſique. L'on ſçait que les Philoſophes de la premiere Antiquité n'admettoient dans leurs Ecoles que ceux qui en étoient parfaitement inſtruits.

Cette connoiſſance eſt maintenant d'autant plus neceſſaire à ceux qui frequentent le College Royal, que la Phyſique que l'on y traite n'eſt qu'une application continuelle des Mathematiques aux differentes parties de cette Science.

Il arrive cependant que peu de ceux qui viennent à nos exercices en ſoient aſſez inſtruits pour nous ſuivre, ce qui nous oblige, pour les engager plus facilement à cette étude, de faire imprimer ces Leçons qui ne contiennent précisément de cette Science que ce qui est utile à la Philosophie, & de les leur distribuer à mesure qu'ils recevront dans le particulier celles qui regardent la Physique, afin que rien ne manque à leur instruction.

Ces Leçons ne laisseront pas cependant de contenir en peu de mots toutes les propositions essentielles aux élemens des Mathematiques, mais ces propositions y seront si immediatement déduites les unes des autres, que l'on pourra se passer aisément de celles que nous omettrons, & dont le nombre prodigieux ne sert qu'à rendre difficile & presque impraticable l'étude d'une Science utile à tout le monde, & qui est en effet la plus aisée, & la Clef de toutes les autres.

Ces propositions y seront rangées dans un ordre si naturel, qu'il ne sera pas plus difficile de passer de la dixiéme à la onziéme, ou de la centiéme à la cent uniéme &c. que de la premiere à la seconde ; ce qui fera qu'en peu de temps, & sans aucun secours étranger, on apprendra de soi-même tout ce qui est necessaire pour entreprendre la lecture des ouvrages de Mathematique, de Geometrie, & de Physique, qui ont paru jusqu'à present.

Si cependant malgré l'attention que nous aurons d'applanir dans ces Leçons les difficultés, qui arrestent ordinairement ceux qui commencent, il s'en trouve qui ayent besoin de quelque éclaircissement ; la commodité qu'ils auront de venir au College Royal aux heures marquées, où ils pourront recevoir sur le champ les avis dont ils auront besoin, achevera de lever tous les obstacles qui pourroient s'opposer à leur progrès.

AVIS AUX COMMENCANS.

Pour faire en peu de temps un progrès solide dans les Mathematiques, il ne faut d'abord nullement se mettre en peine de retenir par memoire ce que ces Leçons contiennent. Il faut les lire article par article, & pratiquer sur le champ, la plume à la main, ce que ces articles prescrivent de faire, se les rendre bien familiers par l'usage, & ne passer jamais au suivant, qu'on n'ait bien

entendu, & bien pratiqué le precedent. Par ce moyen l'on verra bien-
tôt que les Mathematiques, qui font
d'abord tant de peur aux commençans, font tout ce qu'il y a de plus
aifé en genre de Science ; que generalement tous ceux qui fçavent faire
quelque ufage de leur raifon, en font
capables, & qu'il ne s'agira jamais
que d'un peu plus ou d'un peu moins de
temps pour s'en inftruire. Mais il
faut fur-tout tâcher de n'avoir recours au Maiftre, que lorfqu'on a
bien fenti la difficulté qui arrête ; &
qu'on a fait tous fes efforts pour la
réfoudre de foi même, qu'on a lû &
relû plufieurs fois la même Leçon ;
& dans ces fecondes & troifiémes
lectures, il faut fur-tout relire fouvent les articles cités à la marge,
voir comment celui auquel on eft

parvenu s'en déduit, & considerer attentivement toutes les liaisons, tant generales que particulieres, que chaque article peut avoir avec ceux qui le précedent.

En étudiant ainsi les Mathematiques, on apprendra en peu de temps l'Art des Arts, l'Art de penser, ou de conduire sa raison dans la recherche de la verité, & de communiquer cette verité aux autres lorsqu'on l'a découverte; de sorte que ceux mêmes qui feroient peu de cas de l'objet de cette Science, pouvant regarder les Nombres & les Figures comme des exemples sur lesquels on applique dans toute leur étendue les regles du raisonnement, ne pourront dédaigner d'y employer quelques heures de leur loisir pour s'en instruire. Nous sçavons que Dieu même a tout fait avec nombre, poids & mesure, & que ceux qui veulent reuſſir parfaitement dans leur entreprise ne peuvent mieux faire que de l'imiter. Ce nombre, ce poids & cette meſure ſont l'objet des trois principales parties des Mathematiques, de l'Arithmetique, de la Mecanique & de la Geometrie, dont toutes les autres dépendent.

Le ſeul inconvenient qu'il y auroit à craindre eſt, que la plûpart de ceux qui ſe laiſſeroient porter par ces raiſons à entreprendre l'étude des Mathematiques, (& il n'y a perſonne qui ne puiſſe & qui ne doive le faire,) ne fuſſent obligés d'y employer un temps trop conſiderable. Nôtre principale vûë dans les Leçons que nous diſtribuons maintenant au Public, a été d'éviter cet inconvenient, & l'on verra par experience que ceux qui en voudront faire usage, & qui sont tant soit peu accoûtumés au travail de l'esprit, pourront s'instruire à fond des Mathematiques, sans s'appercevoir que cette étude les détourne des occupations ausquelles ils se destinent ; au contraire elle les aidera à y faire des progrès de plus en plus considerables.

S'ils entendent d'eux-mêmes & sans aucun secours étranger ce que ces Leçons contiennent, elles sont telles qu'ils peuvent les souhaiter ; & c'est à cette seule marque, qu'ils pourront reconnoître en peu de temps, & juger par eux - mêmes si nôtre travail merite leur attention.

REMARQUE.

Le chifre Arabe, qui est sur chaque article à côté du chifre Romain, qui le distingue, sert à citer cet article dans le cours de l'Ouvrage ; & pour le trouver plus facilement, on a mis au haut de chaque page les Nombres 00. 10. 20. 30. 40. &c. lesquels étant ajoûtés au nombre de chaque article, donne le nombre de l'Article cité.

Ainsi pour trouver l'article cité 7. ou 37. ou 157. Par exemple on cherchera dans les pages côtées 00. ou 30. ou 150. l'article côté 7.

LEÇON

LECON PREMIERE

DES

SIMPLES OPERATIONS

DE L'ARITHMETIQUE

SUR LES

NOMBRES ENTIERS.

Définitions préliminaires.

I.   1

N comprend sous le nom des *Mathematiques* toutes les Scien-ces qui ont la Quantité pour objet.

II.   2

Quantité. C'est tout ce en quoy on peut concevoir des parties. Tout ce qui est capa-ble de *plus* & de *moins*, d'augmentation & de diminution : Tout ce à quoy l'on peut

A

oo *ajoûter*, ou dont on peut *ôter* quelque partie : comme un bloc de Marbre, un tas de Bled. Il y en a de deux sortes.

III.

3

La Quantité *Discrete* dont toutes les parties sont separées. Et la Quantité *Continuë* dont les parties sont unies.

IV.

4

La Quantité *Discrete* se nomme *Nombre*, dont le plus simple se nomme *Unité* ou *Un.*

V.

5

La Science qui traite des Nombres ou de la Quantité Discrete, se nomme *Arithmetique.*

VI.

6

Celle qui traite de la Quantité Continuë, se nomme *Geometrie.*

oo

DEFINITION ET PROBLEME I. 7

NOMBRER, c'est former des nombres par l'addition successive d'un même nombre. Et lorsque ce nombre est l'unité, les nombres qui en naissent, sont appellés *Nombres entiers.*

1.

8

Ainsi le premier & le plus simple de tous les Nombres est *Un*
& on l'exprime par le signe **1**
Un & un, forme le nombre *Deux*
& on l'exprime par le signe **2**
Deux & un, forme le nombre *Trois*
& on l'exprime par le signe **3**
Trois & un, forme le nombre *Quatre*
& on l'exprime par le signe **4**
Quatre & un, forme le nombre *Cinq*
& on l'exprime par le signe **5**
Cinq & un, forme le nombre *six*
& on l'exprime par le signe **6**
Six & un, forme le nombre *sept*
& on l'exprime par le signe **7**
Sept & un, forme le nombre *Huit*
& on l'exprime par le signe **8**
Huit & un, forme le nombre *Neuf*
& on l'exprime par le signe **9**
Neuf & un, forme le nombre *Dix*
& ainsi de suite.

A ij

○○ Mais comme les Nombres entiers vont à l'infini, puisqu'on peut toûjours ajoûter l'unité à un nombre quelque grand qu'il puiſſe être, il eſt viſible que ſi l'on eût continué ſans ceſſe en formant les Nombres, d'impoſer de nouveaux Noms, & d'introduire de nouveaux Signes, qui n'euſſent eu aucun rapport les uns aux autres, l'expreſſion des Nombres ſeroit bien-tôt devenuë impraticable.

Pour éviter cet inconvenient, on s'eſt arrêté à *dix*; on auroit pû également s'arrêter à *huit*, ou à tout autre nombre. Et c'eſt même une choſe aſſez finguliere, que toutes les Nations ſe ſoient accordées ſur un point auſſi arbitraire que celui-ci; cela vient apparemment de ce que nous avons dix doigts, & que nous nombrons naturellement ſur nos doigts.

L'on s'eſt auſſi contenté d'introduire les dix Signes 9. 8. 7. 6. 5. 4. 3. 2. 1. 0. qu'on nomme *Chifre*, & dont nous venons de déterminer la ſignification des neuf premiers, le dernier 0. qu'on nomme *zero* exprime le rien.

9   II.

Ainſi pour former un nombre quelconque, tel par exemple que celuy des grains d'un ſac de bled, & l'exprimer d'une maniere diſtincte & commode.

1°. On distribuera d'abord tous ces grains, O O qu'on regardera comme autant d'unités, en dizaines ; formant autant de petits tas, de dix grains chacun, qu'il est possible ; en suite de quoi il ne pourra jamais rester à la fin que *neuf*, ou *huit*, ou *sept*, ou *six*, ou *cinq*, ou *quatre*, ou *trois*, ou *deux*, ou *un*, ou *nul* de ces grains. On pourra donc toûjours exprimer le nombre des grains qui restent au surplus des dizaines, par quelqu'un de ces mots, & par celuy des Chifres 9. ou 8. ou 7. ou 6. ou 5. ou 4. ou 3. ou 2. ou 1. ou 0. qui répond à ce mot.

Par exemple si au surplus des dizaines il reste *quatre* grains, on posera 4. quelque part vers B, & 4 sera le chifre des *unités* : on auroit posé 0, s'il n'eût resté aucun grain.　　　　　　　　　　　　4. B.

2°. Venant ensuite aux dizaines, on les nombrera de même que les unités en cette sorte.

Une dizaine,	ou *Dix*
Deux dizaines,	ou *Vingt*
Trois dizaines,	ou *Trente*
Quatre dizaines,	ou *Quarante*
Cinq dizaines,	ou *Cinquante*
Six dixaines,	ou *Soixante*
Sept dizaines, *soixante-dix*,	ou *Septante*
Huit dizaines, *quatre-vingts*,	ou *Octante*
Neuf dizaines, *quatre-vingts-dix*,	ou *Nonante*
Dix dizaines enfin.	

oo   Et par ce moyen, après avoir diſtribué toutes ces dizaines en dizaines-de dizaines, ou avoir formé autant de tas de dizaines-de dizaines, ou de *dizaines ſecondes* qu'il eſt poſſible, il ne peut reſter à la fin que *neuf*, ou *huit*, ou *ſept*, ou *ſix*, ou *cinq*, ou *quatre*, ou *trois*, ou *deux*, ou *une*, ou *nulle* de ces dizaines premieres ; & par conſequent on pourra toûjours exprimer ce reſte de dizaines premieres par celuy des chifres 9. ou 8. ou 7. ou 6. ou 5. ou 4. ou 3. ou 2. ou 1. ou 0. qui y répond. Par exemple, s'il reſte *ſix* dizaines on poſera 6. vers B, avant le chifre 4. des unités : & 6. ſera le chifre des dizaines : on poſeroit 0, s'il n'y avoit aucune dizaine de reſte.   64. B.

   3°. Venant enſuite aux dizaines-de dizaines, ou aux *dizaines ſecondes*, on les nombrera de même. Et après les avoir toutes diſtribuées par tas en dizaines-de dizaines-de dizaines, ou en *dizaines troiſiémes*, il ne peut reſter à la fin que *neuf*, ou *huit*, ou *ſept*, ou *ſix*, ou *cinq*, ou *quatre*, ou *trois*, ou *deux*, ou *une*, ou *nulle* de ces *dizaines ſecondes*. Par conſequent on pourra toûjours exprimer ce reſte par celuy des chifres 9. ou 8. ou 7. ou 6. ou 5. ou 4. ou 3. ou 2. ou 1. ou 0. qui y répond. Par exemple, s'il reſte *cinq* dizaines ſecondes on poſera le chifre 5. vers B, avant le chifre 6. des dizaines premieres, & 5.

fera le chifre des dizaines fecondes : on po-
feroit o, s'il n'y avoit aucune dizaine feconde de refte.   564. B.

4°. Et continuant toûjours de même, on
parviendra enfin à une claffe de dizaines-de
dizaines-de dizaines-de dizaines &c. où il
ne reftera plus que *neuf*, ou *huit*, ou *fept*,
ou *fix*, ou *cinq*, ou *quatre*, ou *trois*, ou
deux, ou *une* de ces *dizaines compofées*,
que l'on pourra toûjours exprimer par celuy
des chifres 9. ou 8. ou 7. ou 6. ou 5. ou
4. ou 3. ou 2. ou 1. qui y répondra. Et
on aura enfin le nombre A B. de ces grains
de bled, quelque grand qu'il puiffe être exprimé par les chifres.

A. 592760543008759 8564. B.

5°. Où l'on remarquera que chacun des
chifres qui compofent un nombre A B. a
deux valeurs, l'une *propre*, qui eft le nombre qu'il fignifie, & l'autre *relative*, qui
dépend du rang que ce chifre occupe.

Ainfi la valeur propre de 4. eft le nombre *quatre* : la valeur propre de 6. eft le
nombre *fix* ; mais à caufe que 6. eft icy pofé au fecond rang, il ne vaut pas feulement
fix, mais *fix dizaines*, ce qui fait fa valeur
relative. Le chifre 5. qui eft au troifiéme
rang vaut cinq dizaines-de dizaines, ou *cinq
dizaines fecondes*. Le chifre 8. qui eft au
quatriéme rang vaut huit dizaines-de dizaines-de dizaines, ou *huit dizaines troifiémes*.

oo &c ainſi de ſuite. De telle ſorte que chaque unité d'un rang quel qu'il ſoit vaut dix unités du rang qui le ſuit immediatement, ce qu'il faut bien remarquer.

6°. Pour éviter la confuſion que les noms de ces *dizaines compoſées* que nous venons de donner à chaque rang, apporteroient dans l'expreſſion des nombres, il a été neceſſaire de leur donner divers noms, qui ſont ceux de *Cent*, *Mille*, *Millions*, *Miliards*, *Biliards*, *Triliards*, *Quatriliards*, &c. Mais, pour n'introduire ces mots qu'au beſoin, un nombre A B étant propoſé; on le ſepare par *tranches* en commençant du côté B. des unités, enfermant trois chifres dans chaque tranche.

$$\text{A. } 36\ 528\ 427\ 698\ 594\ 286\ 754 \text{ B.}$$
$$4^e. \quad 3^e. \quad 2^e. \quad 1^e. \quad 3^e. \quad 2^e. \quad 1^e.$$

La premiere tranche vers B. ſera celle des unités. La ſeconde des mille. La troiſiéme des millions. La premiere tranche après la troiſiéme ſera celle des miliards. La ſeconde des biliards. La troiſiéme des triliards. La quatriéme des quatriliards; & ainſi de ſuite à l'infini.

En obſervant que par le mot de *cent* on entend dix dizaines; par celuy de *mille* dix dizaines de dizaines, ou dix centaines; par celuy de *millions* dix centaines de mille; par celuy de *miliard* dix centaines de mil-

lions, par celuy de *billard* dix centaines de o o
miliards ; & ainsi de suite.

III.

De sorte que pour exprimer un nombre
par les chifres.

1°. Si ce nombre n'est composé que d'un
seul chifre comme 4. il sera toûjours aisé
de l'exprimer par le mot *quatre*, qui répond
à ce chifre.

2°. Si le nombre est composé de deux
chifres comme 64. on voit bien que 6. étant
au second rang, vaut 6 dizaines ou *soixante*,
& que 4. étant au premier vaut *quatre*, &
que par conséquent 64. vaut *soixante-quatre*.
Que 50. vaut cinq dizaines juste, ou *cinquante*. Que 10. vaut une dizaine, ou *dix*.
Que 11. vaut dix-un, ou *onze* ; que 12. vaut
dix-deux, ou *douze* ; que 13. vaut dix-trois,
ou *treize* ; que 14. vaut dix-quatre, ou *qua-
torze* ; que 15. vaut dix-cinq, ou *quinze* ; que
16. vaut dix-six, ou *seize* ; que 17. 18. 19.
valent *dix-sept*, *dix-huit*, *dix-neuf* ; que 20.
vaut deux dizaines, ou *vingt* ; que 21. 34. 45.
&c. valent *vingt-un*, *trente-quatre*, *quarante-
cinq* &c.

3°. Si un nombre est composé de trois
chiffres, comme 654. il est facile de voir que
6. étant au troisiéme rang, vaut six dizaines
de dizaines, ou *six cens* ; que 5. étant au

OO deuxiéme rang, vaut 5. dizaines, ou *cinquante* ; que 4. étant au premier rang vaut *quatre*, & que par conſequent 654. vaut *ſix cens cinquante-quatre*. Que par la même raiſon 604. vaut *ſix cens quatre*, & que 600. vaut *ſix cens* &c.

4°. Si un nombre n'eſt pas compoſé de plus de neuf chifres, ſçachant qu'en le ſeparant par tranches en commençant du côté des unités, la premiere eſt celle des unités, la ſeconde des mille, la troiſiéme des millions, il ne ſera pas plus difficile aprês cela de le nombrer, que d'en nombrer un qui ne ſoit compoſé que de trois chifres. Ainſi on voit ſans peine que 4347. (en mettant par la penſée la ſeparation aprés le troiſiéme chifre) vaut 4. *mille* 347. Que 25236. vaut 25 *mille* 236. Que 549359 vaut 549 *mille* 359. Que 4013 vaut 4 *mille* 013. ou 4 *mille* 13. Que 20003. vaut 20 *mille* 003. ou 20 *mille* 3. Que 300052. vaut 300 *mille* 052. ou 300 *mille* 52. Que 25342543. en le ſeparant par la penſée de trois en trois chifres, du côté des unités , vaut 25 *millions* 342 *mille* 543. Que 4003052. vaut 4 *millions* 3 *mille* 52. Que 40000007. vaut 40 *millions* 000 *mille* 007, ou 40 *millions* 7, &c.

5°. Enfin lorſqu'un nombre comme

A. 74 423 328 142 759 873 564 B. ſera compoſé de plus de neuf chifres ; ſçachant qu'en les ſeparant par tranches de trois

en trois, en commençant du côté des unités, la premiere après la troisiéme est celle
des miliards, la seconde des biliards, la troisiéme des triliards, la quatriéme des quatriliards &c. On verra sans peine que ce nombre vaut 74 *quatriliards* 423 *triliards* 328
biliards 142. *miliards* 759 *millions* 873 *mille*
564.

IV.

10

Maintenant pour exprimer quelque nombre que ce soit par les chifres.

1°. Si le nombre proposé ne surpasse pas
neuf, on se servira d'un des chifres 1. 2. 3.
4. 5. 6. 7. 8. 9. Comme pour exprimer
sept, on posera 7. pour exprimer *un*, on
posera 1. pour exprimer *neuf*, on posera 9.

2°. Pour exprimer *cinquante-trois*, on posera 53. car 5. étant au second rang, vaut
cinq dizaines, ou *cinquante*; & 3. étant au
premier rang, vaut *trois*. Et pour exprimer
un nombre juste de dizaines, comme *soixante*, je pose 60. mettant 0. au premier rang
à cause que les unités manquent, & qu'il
faut placer 6. au second rang, ou à celuy
des dizaines, afin qu'il vaille six dizaines, ou
soixante.

3°. Pour exprimer *trois cens cinquante-
quatre*, je pose 354. car 3. étant au troisiéme rang y vaut *trois cens*, & 5. étant au

60 second rang y vaut *cinquante*, & 4. étant au premier rang y vaut *quatre*. Et pour exprimer *deux cens trente*, je pose 230. mettant 0. au premier rang, à cause que les unités manquent, & qu'il faut placer 3. au second rang, & 2. au troisiéme. Et pour exprimer *deux cens quatre*, je pose 204. mettant 0. au deuxiéme rang, à cause que les dizaines manquent, & qu'il faut placer 2. au troisiéme rang, & 4. au premier ; & pour exprimer *sept cens*, je pose 700. les zero ne servant qu'à placer les chifres dans les rangs qui leur conviennent.

4°. Enfin il n'est pas plus difficile d'exprimer quelque grand nombre que ce soit, que d'en exprimer un de trois chifres seulement. Car si aucun rang ne manque dans l'énoncé de ce nombre, on posera les chifres les uns à la suite des autres, & si quelque rang manque, on y suppléra par le zero.

Ainsi pour exprimer *sept mille huit cens soixante-neuf*, ou 7. mille 869 , je pose les chifres 7869. les uns à la suite des autres, parce qu'aucun rang d'entre deux ne manque, & 7869. est l'expression du nombre proposé ; car par-là 7. se trouve à la premiere place de la seconde tranche, qui est celle des mille , & 8. 6. 9. aux rangs qui leur conviennent, & pour *cinquante sept mille huit cens soixante-neuf*, ou 57. mille 869.

869, je pose 57869. & pour 349 mille
746, je pose 349746.

Mais pour exprimer 32 *mille* 27. afin
que 32, que je pose d'abord, soit au rang
des mille, au lieu de 27, je pose 027, à
cause que les centaines manquent, & 32027
est l'expression du nombre proposé. Et pour
40 *mille* 6, je pose 40 pour les mille,
& 006 au lieu de 6, à cause que les dizaines & centaines manquent, & j'ay 40006.
& pour 35 *mille*, je pose 35 pour les mille, & 000 pour les centaines, dizaines &
unités qui manquent, & j'ay 35000. &
pour *cent mille*, je pose 100000.

5°. Pour exprimer 54 *millions* 847 *mille*
759, on posera ces chifres les uns à la suite
des autres, & l'expression 54847759 sera
celle du nombre proposé, parce que par ce
moyen 54 se trouvera à la troisiéme tranche, qui est celle des millions, 847 à la seconde, qui est celle des mille, & 159 à
la premiere, qui est celle des unités.

Mais pour exprimer 49 *millions* 30 *mille*
7. comme il faut que 49 se trouve dans la
troisiéme tranche pour valoir des millions,
& qu'il doit par conséquent être suivi de six
chifres, au lieu de 30 *mille*, je pose 030,
parce que les centaines de mille manquent,
& 007, au lieu de 7 *unités*, parce que les
centaines & les dizaines d'unités manquent,
& j'ay 49030007.

10   Et pour 30 *triliards* 7 *millions* 63, je pose d'abord 30 pour les triliards, 000 pour les biliards qui manquent tous, 000 pour les miliards, 007 pour les millions, 000 pour les mille, 063 pour les unités, & j'ay 30000000007000063.

En sorte qu'il faut qu'il y ait toûjours trois chifres pour les *unités*, trois pour les *mille*, trois pour les *millions*, trois pour les *miliards*, trois pour les *biliards*, trois pour les *triliards* ; & ainsi de suite, remplissant par des zero les rangs qui manquent, excepté la tranche la plus éloignée des unités, qu'on exprime d'abord comme elle est énoncée.

I   V.

Enfin, ce qu'il faut bien remarquer icy pour la suite, est que l'expression des nombres, telle que nous venons de l'expliquer, est toute fondée sur cette supposition arbitraire : *que les unités d'un rang sont les dixaines du rang qui le suit immediatement*, c'est-à-dire, que dans un nombre proposé B.   3579864. B. chaque unité du chifre 6, sont les dixaines du chifre 4. chaque unité de 8, sont les dixaines de 6. chaque unité de 9, sont les dixaines de 8. & ainsi de suite : ou que dix unités d'un rang valent une unité du rang qui le precede, ce qui est le fondement des operations suivantes.

DEF. ET PROB. II.

AJOUTER à un nombre A un autre B, c'est trouver un troisiéme nombre Z, qu'on nomme *somme*, égal aux deux premiers A & B.

Ainsi ajoûter au nombre 26 le nombre 39, c'est trouver le nombre 65, égal aux deux nombres proposés 26 & 39.

I.

Pour le faire dans tous les cas, je remarque d'abord, que lorsque l'un des deux nombres proposés ne surpasse pas *neuf*, l'operation est aisée & se conçoit distinctement sans peine, & de simple vûë.

Ainsi je connois distinctement que 3 & 4 font 7. 7 & 8 font 15. 15 & 9 font 24. 24 & 8 font 32 &c. Et comme il ne faut point de regle pour faire ce qui est aisé, le Probleme se réduit à faire en sorte qu'il n'y ait pas plus de difficulté à trouver la somme des plus grands nombres. Et le seul moyen qu'on y peut employer, est *de faire par parties ce qu'on ne peut pas faire tout d'un coup, ou de simple vûë, sans jamais se fier à sa memoire.*

II.

Pour ajoûter donc tels nombres qu'on voudra, comme 600389, & 703695, que je désignerai par A & B, & en trouver la somme Z.

Je les pose l'un sous l'autre, les unités de l'un sous les unités de l'autre, les dizaines sous les dizaines, les centaines sous les centaines, & ainsi de suite.

Et commençant du côté des unités, je dis 9 & 5 font 14 (ou 4 unités & 1 dizaine) je pose 4 dessous au rang des unités & je retiens 1 pour l'ajoûter au rang suivant des dizaines.

$$
\begin{array}{r|l}
600389 & \text{A.} \\
703695 & \text{B.} \\
\hline
1304084 & \text{Z.}
\end{array}
$$

Où je dis 1 & 8 font 9 & 9 font 18 (dizaines ou une centaine, & 8 dizaines) je pose 8 dessous & retiens 1 pour le rang suivant, qui est celuy des centaines.

Où je dis 1 & 3 font 4 & 6 font 10 (centaines ou 1 mille, & nulle centaine) je pose 0 sous les centaines & retiens 1 pour le rang suivant des mille.

Où je dis 1 & 0 font 1 & 3 font 4, je pose 4 sous les mille ; & je dis 0 & 0 font 0, je pose 0 sous les dizaines de mille ; je viens au rang suivant.

Où je dis 6 & 7 font 13 (centaines de

mille) je pose 3 sous les centaines de mille, 1
& je retiens 1, que je pose au rang suivant des
millions.

Et le nombre Z, qui est dessous, est visiblement la somme des deux nombres A &
B, puisque ce nombre Z contient évidemment la somme des unités, dizaines, centaines &c. ou de chacune des parties des nombres A & B ; & par conséquent la somme
de tous ces nombres.

III.

Si l'on a plusieurs nombres A. B. C. D. E.
a ajoûter en une somme Z. on pourra le
faire en ajoûtant d'abord le premier A. à
B. & leur somme à C. & leur somme à D.
& leur somme à E. & ainsi de suite. Et la
derniere somme sera visiblement la somme
Z de tous ces Nombres.

Mais cette operation étant trop longue,
on pourra l'abreger en cette sorte. Pour ajoûter donc les cinq nombres suivans 600579.
675. 40027. 32. 2400741. que je désigne par A. B. C. D. E. & en trouver la
somme Z.

Je commence d'abord par poser ces nombres les uns sous les autres, les unités sous
les unités, les dizaines sous les dizaines &c.

J'ajoûte ensuite toutes leurs unités en cette sorte, 9 & 5 font 14 & 7 font 21

10 & 2 font 23 & 1 font 24 (ou 4 unités & deux dizaines ;) je pofe 4 deſſous, & je retiens 2 pour le rang ſuivant.

600579	A.
675	B.
40027	C.
32	D.
2400741	E.
3042054	Z.

Où je dis 2 & 7 font 9 & 7 font 16 & 2 font 18 & 3 font 21 & 4 font 25 (ou 5 dizaines & 2 centaines) je pofe 5 deſſous, & je retiens 2 pour le rang ſuivant.

Où je dis 2 & 5 font 7 & 6 font 13 & 0 & 7 font 20 (centaines ou 2 mille ;) je pofe 0 deſſous, & je retiens 2 pour le rang qui ſuit.

Où je dis 2 & 0 & 0 & 0 font 2, que je pofe deſſous. 0 & 4 & 0 font 4, que je pofe deſſous. 6 & 4 font 10, je pofe 0 & je retiens 1. 1 & 2 font 3, que je pofe deſſous.

Et le nombre pofé deſſous eſt la ſomme des nombres propofés A. B. C. D. E. puiſqu'il eſt évident que ce nombre contient par ordre la ſomme de toutes leurs unités, dizaines, centaines &c. & par conſequent leur ſomme entiere.

§ IV.

Pour avoir une preuve qu'on a bien opeꞃré, après avoir fait l'addition de ces nom-

bres de haut en bas, on la fera de bas en
haut en cette forte. 1 & 2 font 3 & 7
font 10 & 5 font 15 & 9 font 24, je
vois que 4 est bien posé dessous, & je retiens 2. 2 & 4 font 6 & 3 font 9 &
2 font 11 & 7 font 18 & 7 font 25,
je vois que 5 est bien posé dessous, & je
retiens 2. 2 & 7 font 9 & 0 & 6 font 15
& 5 font 20, je vois que 0 est bien posé
dessous, & je retiens 2. 2 & 0 & 0 &
0 font 2, je pose 2. 0 & 4 & 0 font 4,
je pose 4. 4 & 6 font 10, je pose 0, & je
retiens 1. 1 & 2 font 3.

Et trouvant par cette seconde operation
la même somme Z. qu'on avoit trouvée par
la premiere ; c'est une preuve qu'on ne s'est
trompé ni dans l'une, ni dans l'autre ; parce qu'il est visible que de quelque maniere
que l'on ajoûte les mêmes nombres, on doit
toûjours avoir une même somme ; & qu'il
est moralement impossible, qu'en faisant une
même operation de deux manieres si differentes, on se trompe dans l'une & dans l'autre
justement au même endroit.

V. 1.   7

Les nombres qu'on ajoûte ainsi font égaux,
ou inégaux ; lorsqu'ils font inégaux, c'est
une necessité de suivre les regles precedan-
tes ; mais lorsqu'ils font tous égaux, on

10 peut beaucoup abreger l'operation , & ce font ces abregés qui fourniront dans la fuite les regles de la Multiplication.

8   REGLE GENERALE.

POur ajoûter deux ou plufieurs nombres , & en trouver la fomme.

1°. On pofera ces nombres les uns fous les autres , les unités fous les unités , les dizaïnes fous les dizaines &c. & on tirera une ligne deffous.

2°. On ajoûtera toutes les unités de ces nombres contenuës dans la derniere colomne. Et 1°. Si leur nombre ne furpaffe pas *neuf*, on pofera fous la ligne , & au rang des unités, le chifre qui exprime ce nombre : on pofera o, s'il n'y a aucune unité dans le rang. 1 , s'il y en a une : 2, s'il y en a deux &c. 2°. Si le nombre des unités furpaffe *neuf*, & que l'on trouve un nombre de dizaines jufte comme 10. 20. 30. &c. on pofera zero deffous, & fi ce n'eft pas un nombre de dizaines jufte comme 27, on pofera les unités 7 fous ce rang, & on retiendra les dizaines 2 pour le rang fuivant.

3°. Il faut pratiquer dans chacun des autres rangs , ce qu'on vient de prefcrire pour le premier, parce que les unités d'un rang font toûjours les dizaines de celui qui fuit. Et le nombre qui fe trouve pofé fous la ligne fera la fomme des nombres propofés. 10

4°. S'il y avoit une trop grande quantité de nombres à ajoûter, comme 20. 30. 100. on ajoûteroit d'abord les dix premiers, puis les dix autres, & ainfi de fuite de dix en dix, ou de huit en huit, ou de quinze en quinze. Et ajoûtant en fuite toutes ces fommes partiales en une, on aura la fomme totale de tous ces nombres.

5°. La preuve de cette operation fe fera en ajoûtant de nouveau ces nombres, après les avoir arrangés autrement, ou fi on les a d'abord ajoûtés de haut en bas, on les ajoûtera de bas en haut.

6°. La demonftration de ces Regles eft toute renfermée dans les operations précedentes.

Remarques que la *preuve* de quelque operation que ce foit ne peut jamais être demonftrative comme la *Regle*, mais feulement convaincante. Car, quoiqu'il foit difficile qu'en faifant une même operation de deux ou de plufieurs manieres differentes, on fe trompe juftement au même endroit, la chofe n'eft pas cependant impoffible.

10

---

9   *DEF. ET PROB. III.*

SOUSTRAIRE ou *ôter* d'un nombre A un autre B, c'est trouver le nombre Z, qu'on nomme *difference*, dont le premier A surpasse le second B.

Ainsi ôter d'un nombre 35 le nombre 7, c'est trouver le nombre 28, dont 35 surpasse 7.

10   I.

Pour le faire dans tous les cas, je remarque d'abord, que lorsque l'un des deux nombres proposés ne surpasse pas *neuf*, l'operation est aisée, & se conçoit distinctement.

Ainsi l'on connoît sans peine que 6 ôté de 9 reste 3. 3 de 8 reste 5. 4 de 4 reste 0. 5 de 14 reste 9. 9 de 16 reste 7. &c. Il s'agit donc de faire en sorte qu'il n'y ait pas plus de difficulté de trouver la difference des plus grands nombres, en faisant par parties ce qu'on ne peut faire tout d'un coup.

11   II.

Ainsi pour ôter du nombre   A. 530498.
le nombre   B. 20404.
                            ____
& en trouver la diffe-
rence Z.   510094.
                            ____

Je pose le grand A. dessus, le petit B. dessous, les unités sous les unités, les dizaines sous les dizaines &c.

Et commençant du côté des unités, je dis, 4 unités ôté de 8 unités, reste 4 unités, que je pose sous les unités. o ou nulle dizaine de 9 dizaines, reste 9 dizaines, que je pose dessous. 4 centaines de 4 centaines, reste o, ou nulle centaine ; je pose o dessous. o ou nul mille de nul mille, reste nul mille ou o. 2 dizaines de mille de 3 dizaines de mille, reste une dizaine de mille, je pose 1 dessous ; & nulle centaine de mille de 5 centaines de mille, reste 5 centaines de mille, que je pose dessous.

530498	A.
20404	B.
510094	Z.

Ou plus simplement 4 de 8 reste 4. o de 9 reste 9. 4 de 4 reste o. o de o reste o. 2 de 3 reste 1. rien de 5 reste 5.

Et le nombre Z. qui se trouve dessous, est visiblement le reste ou la difference des deux nombres A. & B.

III. 12

Pour avoir une preuve qu'on a bien operé, on ajoûtera la difference Z. au petit nombre B. en cette sorte, 4 & 4 font 8, que je vois bien posé dans A. 9 & o font

20 9, que je vois bien poſé dans A. o & 4 font 4. o & o font o. 1 & 2 font 3. 5 & rien font 5. Et trouvant par cette ſeconde operation le nombre A. ce m'eſt une preuve que j'ay bien réuſſi dans l'une & dans l'autre operation. Car la difference Z de deux nombres A & B, étant le nombre dont le grand ſurpaſſe le petit, en ajoûtant cette difference Z, au petit B, on doit avoir le grand A. ſi l'operation eſt bien faite.

13   IV.

Pour ôter du nombre A.   350367. A.
le nombre   B.   140839. B.
& en trouver la difference Z. ————————

                                 209528. Z.

Après avoir poſé ſous le grand A. le petit B. les unités ſous les unités, les dizaines ſous les dizaines &c.

Je dis 9 de 7 ne ſe peut, j'ajoûte une dizaine aux unités 7 du nombre A. & je dis 9 de 17 reſte 8, que je poſe deſſous, & je retiens une dizaine, que j'ajoûte aux dizaines 3 du nombre B. diſant 1 & 3 font 4 de 6 reſte 2, que je poſe deſſous, 8 de 3 ne ſe peut, j'ajoûte 10, & 8 de 13 reſte 5, & je retiens 1. 1 & o font 1, de o ne ſe peut, j'ajoûte 10, & 1 de 10 reſte 9, & je retiens 1. 1 & 4 font 5, de 5 reſte o, & 1 de 3 reſte 2. Et le nombre Z
                                        ſera

fera toûjours la difference des deux nombres
A. & B.

Puiſque par cette ope- 3503367. A.
ration, ce qu'on a ajoû- 1404839. B.
té aux unités du nombre
A, on l'a retranché auſſi- —————————
tôt de ſes dizaines ; &   2098528. Z.
ce qu'on a ajoûté à ſes centaines, on l'a
retranché auſſi-tôt de ſes mille ; & ainſi du
reſte. Ce qui ne doit rien changer dans la
difference de ces nombres.

Cette maniere de faire la ſouſtraction eſt
d'autant plus commode, qu'elle renferme
moins de cas : que la memoire n'eſt jamais
chargée d'aucun nombre qu'auſſi-tôt elle ne
s'en décharge, & qu'elle eſt d'une grande
commodité pour la diviſion.

On en fera la preuve comme auparavant.
8 & 9 font 17, 7 eſt bien poſé dans A,
& je retiens 1. 1 & 2 & 3 font 6, 6 eſt bien
poſé. 5 & 8 font 13, 3 eſt bien poſé, & je retiens 1. 1 & 8 font 9 & 4 font 13, 3 eſt bien
poſé, & je retiens 1. 1 & 9 font 10, o eſt bien
poſé, & je retiens 1. 1 & 4 font 5, 5 eſt bien
poſé. 2 & 1 font 3, que je vois bien poſé en
A. &c.

V.

Si l'on a pluſieurs nombres B, C, D. &c. à
ôter d'un même nombre A. on en ôtera
d'abord le premier B, ce qui donnera le reſte X. dont on ôtera le ſecond C, ce qui

C

20 donnera le reste Y, dont on ôtera le troisiéme D, & ainsi de suite. Et le dernier reste Z, sera la différence que l'on demande.

Or, les nombres B. C. D. &c. que l'on ôte d'un nombre A, peuvent être égaux, ou inégaux. Lorsqu'ils sont inégaux, il n'y a pas d'autre moyen que de suivre la Regle précedente.

Ou bien d'ajoûter d'abord tous les nombres B. C. D. que l'on veut ôter du nombre A, en une somme X. que l'on ôtera du nombre A, ce qui donnera tout d'un coup le reste Z. comme auparavant.

Mais si les nombres B. C. D. &c. sont tous égaux, alors on peut beaucoup abreger l'operation, & ces abregés fourniront les Regles de la Division, ainsi que nous l'expliquerons en son lieu.

2683.	A
357.	B
2326.	X
241.	C
2085.	Y
543.	D
1542.	Z

2683.	A
357.	B
241.	C
543.	D
1141.	X
1542.	Z

5   *REGLE GENERALE.*

POUR souftraire ou ôter un nombre d'un autre. 1°. Il faut poser le petit sous le grand, les unités sous les unités, les dizaines sous les dizaines &c. tirer une ligne.

2°. Et commençant du côté des unités, 20 on ôtera le chifre qui est dessous du chifre qui est dessus, & 1°. Si celui qui est dessous est égal à celui qui est dessus, on posera o sous la ligne. 2°. S'il est moindre, on l'en ôtera, & on posera le reste sous la ligne. 3°. S'il est plus grand, on ajoûtera une dizaine au chifre du dessus, dont on ôtera celui du dessous, posant le reste sous la ligne, & on retiendra cette dizaine pour l'ajoûter à l'instant au chifre du dessous du rang suivant.

3°. On pratiquera les mêmes Regles sur chacun des rangs, & le nombre qu'on trouvera posé sous la ligne sera la difference des deux nombres proposés, ce qui est évident.

4°. La preuve de l'operation se fera en ajoûtant la difference Z. au petit nombre B. pour voir si leur somme est égale au grand A. auquel cas l'operation sera bonne.

DEF. ET PROB. IV.   6

MULTIPLIER un nombre A. par un nombre B. c'est en trouver un troisiéme Z. qu'on nomme *Produit*, qui contienne le premier A. de la même maniere que le second B. contient l'unité.

Ainsi multiplier 2457 par 8, c'est trouver le nombre 19656, qui contienne 2457,

20 de la même maniere

que 8 contient 1, c'est-

à-dire 8 fois.

$$2457. \text{A}$$
$$8. \text{B}$$
$$\overline{19656. \text{Z}}$$

7   I.

Pour faire cette operation, il faut d'abord voir si elle ne peut pas être rapportée à quelqu'une des Regles précedentes, car on ne peut parvenir à connoître ce qu'on ignore, que par ce qu'on connoît déja.

Or, je vois clairement que si je pose le premier nombre A, autant de fois qu'il y a d'unités dans le second nom-bre B, & que j'ajoûte ces nombres, leur somme Z, se-ra le produit qu'on deman-de.

$$2457. \text{A}$$
$$2457.$$
$$2457.$$
$$2457.$$
$$2457.$$
$$2457.$$
$$2457.$$
$$2457.$$
$$\overline{19656. \text{Z}}$$

Pour multiplier donc 2457 par 8, il n'y a qu'à poser 8 fois de suite 2457, comme on le voit icy ; & la somme 19656 de tous ces nombres sera visiblement le Produit de 2457 par 8. Car il est clair par cette operation que 2457 est posé 8 fois dans 19656, ou que 19656 contient 8 fois 2457 : ou de la même maniere que 8 contient 1. Ainsi la Multiplication n'est autre chose qu'une addition de plusieurs nombres égaux.

Mais cette maniere de faire la Multipli- 20
cation devient impraticable, aussi-tôt que
le Multiplicateur est un peu grand, comme
s'il falloit multiplier 2457 par 754. Et il faut
chercher le moyen de l'abreger sans la perdre de vûë; car c'est ainsi qu'on avance dans
les Sciences. Cela se fait en choisissant
d'abord les cas les plus simples.

II.

Or, on voit visiblement que pour multiplier tel nombre que ce soit, comme 2457
par 10, il n'y a qu'à poser o après les unités de ce nombre, & que 24570 en est le
Produit; car par ce moyen les unités 7 de
2457 valent 7 dizaines, ses dizaines 5 valent 5 centaines, ses centaines 4 valent 4
mille, & ainsi de suite; & par consequent
tout le nombre 24570 vaut 10 fois 2457.

Que pour multiplier le même nombre 2457
par 100, il n'y a qu'à poser deux zero, &
que 245700 en est le Produit; car par ce
moyen les unités 7 de 2457 valent 7 centaines, ses dizaines 5 valent 5 mille, &c. &
par consequent tout le nombre 245700 vaut
100 fois autant que 2457.

On verra de même que pour multiplier
2457 par 1000, il n'y a qu'à poser trois
zero, & que 2457000 en est le Produit.
Que pour le multiplier par 10000, il n'y a

qu'à poſer les quatre zero qui ſont après l'unité du Multiplicateur 10000. Et qu'en general pour multiplier tel nombre que ce ſoit par 10, 100, 1000, 10000, 100000, &c. il n'y a qu'à poſer après ſes unités autant de zero qu'il y en a dans le Multiplicateur.

Pour multiplier maintenant tel nombre A, que ce ſoit, comme 45693, par tel autre nombre B, qu'on voudra, comme par 2354.

Je conſidere que pour ſatisfaire au chifre 4 des unités du Multiplicateur B, il faut poſer 4 fois le nombre A, comme on le voit vers C.

Pour ſatisfaire aux dizaines 5 du Multiplicateur B, il faudroit poſer 50 fois le nombre A. Mais comme cela ſeroit impraticable, je conſidere qu'en le poſant ſeulement une fois, en ſorte que ſes unités 3 ſoient au rang des dizaines, comme on le voit vers D. C'eſt comme ſi on l'avoit poſé 10

$$
\begin{array}{rl}
45693. & \text{A} \\
2354. & \text{B} \\
\hline
45693 & \\
45693 & \\
45693 & \Big\} \text{C} \\
45693 & \\
45693 & \\
45693 & \\
45693 & \\
45693 & \Big\} \text{D} \\
45693 & \\
45693 & \\
45693 & \\
45693 & \Big\} \text{E} \\
45693 & \\
45693 & \Big\} \text{F} \\
45693 & \\
\hline
107561322 & \text{Z}
\end{array}
$$

fois de suite ; puisqu'il vaut alors autant que 2
456930, qui contient 10 fois 45693. Ainsi
en posant A, de la sorte 5 fois de suite, on
satisfait au second chifre 5 du Multiplicateur B ; car c'est comme si on l'avoit posé 5
dizaines de fois, ou 50 fois.

Par la même raison, en posant le nombre A, 3 fois de suite au rang des centaines,
ainsi qu'on le voit vers E, on satisfait au
troisiéme chifre 3 du Multiplicateur B ; car
c'est comme si on le posoit 300 fois, puisque 4569300 vaut 100 fois 45693.

Et pour satisfaire aux mille 2 de B, je
pose ce même nombre A, 2 fois sous les
mille. Et si dans le Multiplicateur B, il y
avoit des dizaines de mille, des centaines
de mille, &c. on suivroit la même methode.

Enfin j'ajoûte tous ces nombres en une
somme Z, qui est visiblement le Produit du
nombre A par B. Puisqu'il est clair par cette
operation que le nombre Z, contient 2354
fois le nombre A, ou de la même maniere
que B, contient 1.

Mais ce n'est pas encore à cette Methode
qu'il faut s'en tenir, car quoiqu'elle soit
déja bien abregée en comparaison de la précedente, comme il y a encore dans la Multiplication d'autres operations que nous pouvons faire aisément, & de simple vûë, il
faut profiter de cette facilité pour l'abreger.

III.

Ainsi je considere que lorsque les deux nombres proposés ne surpassent pas neuf, l'operation est toûjours aisée. Que 2 fois 3 font 6. 3 fois 4 font 12. 5 fois 0 font 0. 7 fois 1 font 7. 5 fois 9 font 45, &c.

Et si on y trouve quelque difficulté, on pourra s'exercer sur cette Table, qui contient par ordre toutes ces operations.

Pour abreger on se servira du Signe ⚹ au lieu du mot *fois.* Ainsi

0 × 0. est 0	3 × 0. est 0	5 × 0. est 0
0 × 1. 0	3 × 1. 3	5 × 1. 5
0 × 2. 0	3 × 2. 6	5 × 2. 10
0 × 3. 0	3 × 3. 9	5 × 3. 15
0 × 4. &c	3 × 4. 12	5 × 4. 20
1 × 0. 0	3 × 5. 15	5 × 5. 25
1 × 1. 1	3 × 6. 18	5 × 6. 30
1 × 2. 2	3 × 7. 21	5 × 7. 35
1 × 3. 3	3 × 8. 24	5 × 8. 40
1 × 4. &c	3 × 9. 27	5 × 9. 45
2 × 0. 0	4 × 0. 0	6 × 6. 36
2 × 1. 2	4 × 1. 4	6 × 7. 42
2 × 2. 4	4 × 2. 8	6 × 8. 48
2 × 3. 6	4 × 3. 12	6 × 9. 54
2 × 4. 8	4 × 4. 16	7 × 7. 49
2 × 5. 10	4 × 5. 20	7 × 8. 56
2 × 6. 12	4 × 6. 24	7 × 9. 63
2 × 7. 14	4 × 7. 28	8 × 8. 64
2 × 8. 16	4 × 8. 32	8 × 9. 72
2 × 9. 18	4 × 9. 36	9 × 9. 81

Il faut seulement observer que 5 fois 4 2 0 est la même chose que 4 fois 5. 6 fois 3, que 3 fois 6. 7 fois 9 que 9 fois 7, & ainsi des autres ; & qu'on doit également s'exercer sur l'une & l'autre maniere de multiplier ces nombres.

Lorsque l'un & l'autre des deux nombres surpassent 5, on partage l'operation. Comme pour 6 fois 8, je dis 3 fois 8 font 24 & 24 font 48. pour 7 fois 9, ou 9 fois 7, je dis 3 fois 7 font 21, & 3 fois 21 font 63, &c. Nous donnerons dans la suite une methode pour éviter les multiplications des chifres 6, 7, 8, 9 par les mêmes chifres, lesquelles operations l'esprit n'aperçoit pas aisément de simple vûë. Cela supposé.

IV. 10

Pour multiplier tel nombre que ce soit A, par tel autre B, qu'on voudra.

Je pose d'abord le Multiplicateur B, sous le nombre à multiplier A, les unités sous les unités, les dizaines sous les dizaines, les centaines sous les centaines, &c.

Et sans perdre de vûë l'operation précedente, au lieu de poser comme auparavant 4 fois le nombre A, sous les unités, je dis 4 × 3 font 12, je pose 2 vers C, sous le chifre 4 des unités du Multiplicateur, & je retiens 1 pour l'ajoûter au rang suivant,

204 × 9 font 36 , &
1 font 37, je pofe 7,
& je retiens 3. 4 × 6
font 24 , & 3 font
27, je pofe 7 , & je
retiens 2. 4 × 5 font
20, & 2 font 22, je
pofe 2 , & je retiens
2. 4 × 4 font 16 ,
& 2 font 18 , que je
pofe de fuite.

```
           45693 · A
            2354 · B
          ─────────────
          182772   C
          228465 · D
          137079 · · E
           91386 · · · F
          ─────────────
        107561322  Z
```

Et venant aux dizaines 5 de B. au lieu
de pofer comme auparavant 5 fois le nombre A , fous les dizaines , je dis ; 5 × 3 font
15 , je pofe 5 vers D , fous le chifre 5 des
dizaines, & je retiens 1. 5 × 9 font 45 ,
& 1 font 46, je pofe 6 , & je retiens 4.
5 × 6 font 30 , & 4 font 34, je pofe 4,
& je retiens 3. 5 × 5 font 25 , & 3 font
28, je pofe 8 , & je retiens 2. 5 × 4 font
20, & 2 font 22, je pofe 22 de fuite.

Et venant aux centaines 3 de B. au lieu
de pofer comme auparavant 3 fois le nombre A , fous les centaines, je dis 3 × 3 font
9, je pofe 9 vers E , fous le chifre 3 des
centaines. 3 × 9 font 27, je pofe 7 , &
je retiens 2. 3 × 6 font 18 , & 2 font
20, je pofe o , & je retiens 2. 3 × 5
font 15, & 2 font 17, je pofe 7 , & je
retiens 1. 3 × 4 font 12 , & 1 font 13,
je pofe 13 de fuite.

Et venant aux mille 2 de B. au lieu de 20 poser comme auparavant 2 fois le nombre A, sous les mille, je dis ; 2 ⋈ 3 font *6*, je pose *6* vers F, sous le chifre 2 des mille. 2 ⋈ 9 font 18 , je pose 8 , & je retiens 1. 2 ⋈ 6 font 12 , & 1 font 13 , je pose 3 , & je retiens 1. 2 ⋈ 5 font 10, & 1 font 11, je pose 1, & je retiens 1. 2 ⋈ 4 font 8, & 1 font *9*, je pose 9.

Et ainsi de suite. C'est-à-dire, que je multiplie d'abord tout le nombre A, par les unités 4 de B, puis par ses dizaines 5 , par ses centaines 3 , par ses mille 2 , par ses dizaines de mille , par ses centaines de mille &c. s'il y en a. Et je place le produit C, des unités sous les unités ; le produit D, des dizaines sous les dizaines ; le produit E, des centaines sous les centaines ; le produit F, des mille sous les mille &c.

Enfin , j'ajoûte tous ces produits partiaux C, D, E, F, &c. en une somme Z, qui sera comme auparavant le Produit total des deux nombres A & B.

Car le nombre C, contient 4 fois le nombre A , puisqu'il contient 4 fois ses unités , dizaines , centaines , mille &c. Le nombre D, le contient, non-seulement 5 fois, mais 5 dizaines de fois, ou 50 fois. E, le contient 300 fois. F, 2000 fois &c. puisque les unités de D, sont posées au second rang ; celles de E, au troisième ; celles de F, au qua-

30 triéme &c. Et par confequent le nombre Z, qui eft la fomme des nombres C, D, E, F, &c. contient le nombre A, 2354 fois, ou de la même maniere que B, contient 1.

x   V.

Pour preuve qu'on a bien operé, il faut obferver que c'eft une même chofe de multiplier un nombre A, par un autre B, que de multiplier B, par A.

	A.	B.
Car pour multiplier A (16)	16.	13.
par B (13), il faut d'abord	16.	13.
pofer 16, *treize* fois, comme on le	16.	13.
voit vers A. Et pour multiplier	16.	13.
13 par 16, il faut pofer 13 *feize*	16.	13.
fois, comme on le voit vers B.	16.	13.
Or fi de chacun des nombres B,	16.	13.
vous prenez 1, comme il y en a	16.	13.
feize, vous aurez *un* des nombres	16.	13.
A. Et comme cette operation	16.	13.
peut être réïterée autant de fois	16.	13.
que 13 contient d'unités, c'eft-	16.	13.
à-dire, *treize* fois, vous trouverez	16.	13.
dans A, *treize* nombres B, il eft	16.	13.
donc vifible que tous les nom-		13.
bres B, font une fomme égale à		13.
tous les nombres A, & que par		13.

confequent 16 ✕ 13 eft égal à 13 ✕ 16, il en fera de même de tous autres nombres A & B.

Donc

Donc dans l'exemple précedent, si après
avoir multiplié A par B, & trouvé le nombre Z; vous multipliez ensuite B par A, &
que vous trouviez le même nombre Z, l'o-
peration sera bien faite.

VI.

Pour multiplier	47082.	A
Par	300504.	B
je multiplie d'abord		
le nombre A par	188328.	C
les unités 4 de B.	235410 ...	D
Et comme il y a 0	141246	E
aux dizaines, je le		
neglige. Et je mul-	14148329328.	Z
tiplie A par les cen-		
taines 5. Et com-		
me il y a 0 aux		

mille, & 0 aux dizaines de mille, je les neglige. Et je multiplie A par les centaines de
mille 3, plaçant le produit D sous le chifre
Multiplicateur 6, & E sous 3 à l'ordinaire.
Et la somme Z des produits partiaux C, D, E est
toûjours le produit des deux nombres A & B.

Car le nombre Z contient le nombre A 300
mille 5 cens 4 fois, ou 300504 fois; puisque le
nombre C qui le contient 4 fois est posé aux
unités, le nombre D qui le contient 5 fois
est posé aux centaines, & le nombre E qui le
contient 3 fois est posé aux centaines de mille.

VII.

Pour multiplier 46783 par 25000 , je pose d'abord deſſous les trois zero, qui ſont à la fin du Multiplicateur B. Enſuite je multiplie A par les mille 5 , poſant le produit C ſous 5 à l'ordinaire ; je multiplie A par les dizaines de mille 2 , poſant le produit D ſous 2. Et la ſomme Z des produits C, D &c. ſera viſiblement le produit de A par B. Car Z contiendra 25000 fois le nombre A ; puiſque le nombre 233915 qui le contient 5 fois eſt ſous les mille, & 93566 qui le contient 2 fois eſt ſous les dizaines de mille.

46783.	A
25000.	B
233915000.	C
93566.	D
1169575000.	Z

VIII.

Pour multiplier   370000 A
Par   205000 B

je me contente de multiplier 37 par 205, comme on le voit vers M, & je poſe après leur produit 7585 les zero (0000.000) que je trouve dans l'un & l'autre nombre A & B, & le nombre Z ſera le produit de ces deux nombres.

Car pour multiplier
A par B, felon les re-
gles précedentes, il
faudroit d'abord pofer
vers C les trois 000
du Multiplicateur B.
Enfuite multiplier A
par 5, difant 5 ⋈ 0
eft 0, que je pofe,

M		
37	370000.	A
205	205000.	B
	1850000.000.	C
	7400000.	D
	7850000.000.	Z

pour conferver aux chifres qui fuivent le
rang qui leur convient. 5 ⋈ 0 eft 0. 5 ⋈ 0
eft 0. 5 ⋈ 0 eft 0. 5 ⋈ 7 font 35, je pofe
5 & retiens 3. 5 ⋈ 3 font 15 & 3 font 18.
Puis il faudroit multiplier A par 2 de la
même maniere, & en pofer le Produit D,
fous 2. Enfin ajoûter ces Produits C. D. en
une fomme Z, qui contient vifiblement les
zero (0000) du nombre à multiplier A, les
zero (000) du Multiplicateur B, & le
Produit 7585 des chifres 37 par 205. Et
l'on voit encore avec évidence qu'il en doit
être de même pour tout autre exemple femblable.

IX.

Pour multiplier 57968 par 8697, je puis
le faire felon les regles ordinaires. Mais comme je n'ay pas affez d'étenduë d'efprit pour
appercevoir de fimple vûë la plûpart des
Produits des chifres 6, 7, 8, 9 par les
mêmes chifres ; & que dans les Sciences la

D ij

3 0 maxime la plus importante de toutes, est *de ne rien assurer qu'on ne le voye distincte-ment*, & de ne jamais se fier à sa memoire; il faut faire usage en ce cas, comme dans tous les autres semblables, de la regle, qui est de faire par partie ce qu'on ne peut faire tout d'un coup.

Ainsi pour éviter les operations embarassantes des chifres 6, 7, 8, 9 par les mêmes chifres, au lieu de multiplier le nombre A par les unités 7 de B, je le multiplie d'abord par 4, ce qui me donne le nombre C, & ensuite par 3, ce qui me donne le nombre D, que je pose au même rang.

Ensuite, au lieu de multiplier A par les dizaines 9 de B, je le multiplie par 3; ce qui me donnera le nombre E, semblable au nombre D, que je double en F, en l'écrivant au même rang.

Puis au lieu de multiplier A par les centaines 6 de B, je le multiplie par

57968	A
8697	B
231872	C
173904	D
173904 .	E
347808 .	F
173904 ..	G
173904 ..	H
231872 ...	K
231872 ...	L
504147696	Z

3, ce qui me donne le nombre 6 semblable au nombre D, que je pose 2 fois

au même rang en H. Enfin, au lieu de
multiplier A par les mille 8 de B, je le
multiplie d'abord par 4, ce qui me donne
le nombre K semblable au nombre C, que
je pose 2 fois au même rang vers L; & la
somme de C, D, E, F, G, H, K, L, sera enfin le Produit Z des nombres A & B,
comme il est évident.

Cette pratique est si aisée, si courte & si
bien proportionnée aux bornes étroites de
nôtre esprit, qu'elle est en tout préferable
à la pratique ordinaire.

X.

6

354	A
248	B

$$2832.$$
$$1416.$$
$$708.$$

87792	Z
2354	C

$$351168$$
$$438960$$
$$263376$$
$$175584$$

206662368	Y

Si l'on veut trou-
ver le Produit de plu-
sieurs nombres A, B,
C, D, &c. on mul-
tipliera d'abord le pre-
mier A par le second
B, & on aura le Pro-
duit Z des deux pre-
miers A, B; on mul-
tipliera ensuite le Pro-
duit Z de A, B par
C, & on aura le Pro-
duit Y des 3 A, B,
C, on multipliera le
Produit Y par D, &
on aura le Produit X

50 des quatre A , B , C , D ; & ainſi de ſuite. On nomme *Racines* les nombres A , B , C , D , &c. qui ont ſervi à former un Produit.

$$206662368 \quad Y$$
$$27 \quad D$$
$$1446636576$$
$$413324736$$
$$5579883936 \quad X$$

7

XI.

Si les nombres qu'on multiplie ſont égaux, comme lorſqu'on multiplie 25 par 25 , le Produit B (625) qui en vient ſe nomme *Quarré* , ou ſeconde puiſſance de 25. Et ſi on multiplie ce Produit B (625) encore par A (25) le Produit C qui en vient ſe nomme *Cube* , ou troiſiéme puiſſance du nombre 25 , qui l'a produit. Et ſi on continuë à multiplier la troiſiéme puiſſance C par la racine A , le Produit D qui en vient eſt la quatriéme puiſſance de 25 ; & ainſi de ſuite.

Ainſi la premiere puiſſance de 25 eſt 25 × 1 , ou 25 ; la ſeconde puiſſance ou le *Quarré* de 25 , eſt 25 × 25 , ou 625 ; la troiſiéme puiſſance, ou le *Cube* de 25 , eſt 25 × 625 , ou 15625 ; ſa quatriéme puiſſance, eſt 25 × 15625 , ou 390625 , &c. Et 25 eſt la racine premiere de 25 ; 25 eſt la racine quarré ou ſeconde de 625 ; 25 eſt la racine Cube ou troiſiéme de 15625 ; 25 eſt la racine

quatriéme de 390625 ;
& ainſi de ſuite.

De même la premiere
puiſſance de 2, eſt 2 ⋈ 1,
ou 2 ſon quarré, ou ſa
ſeconde puiſſance eſt 2 ⋈
2, ou 4 ſon Cube, ou
ſa troiſiéme puiſſance, eſt
2 ⋈ 4, ou 8 ; ſa quatrié-
me puiſſance eſt 2 ⋈ 8,
ou 16, &c. Et 2 eſt la
racine premiere de 2 ; 2
eſt la racine ſeconde ou
quarrée de 4 ; 2 eſt la
racine troiſiéme ou Cube
de 8 ; 2 eſt la racine
quatriéme de 16, &c.

La premiere puiſſance
de 1 eſt 1 ⋈ 1, ou 1 ; ſa
ſeconde puiſſance eſt 1 ⋈
1, ou 1 ; ſa troiſiéme
puiſſance eſt toûjours 1 ⋈
1, ou 1, & ainſi à l'infini.
Et la racine premiere de
1 eſt 1 ; la racine ſecon-
de 1 eſt 1 ; la racine troiſiéme de 1 eſt
toûjours 1 ; & ainſi de ſuite.

La premiere puiſſance de 10 eſt 10 ⋈ 1,
ou 10 ; la ſeconde eſt 10 ⋈ 10, ou 100 ; la
troiſiéme eſt 10 ⋈ 100, ou 1000 ; la quatriéme eſt 10 ⋈ 1000, ou 10000, &c. Et 10

25	A	3.0
25	a	
125		
50		
625	B	
25	a	
3125	C	
1250	a	
15625		
25		
78125	D	
31250	a	
390625		
25		
1953125		
781250		
9765625	E	

30 eſt la racine premiere de 10 ; la racine ſeconde de 100 ; la racine troiſiéme de 1000; la racine quattriéme de 10000, &c.

Et il en eſt de même des autres exemples, quelque grand ou petit que ſoit le nombre propoſé.

8   *REGLE GENERALE.*

POur multiplier un nombre par un autre.

1°. On poſera ces nombres l'un ſous l'autre, les unités ſous les unités, les dizaines ſous les dizaines, &c. & tirant une ligne, on multipliera en commençant par les unités, chacun des chiffres du nombre à multiplier par les unités du Multiplicateur, poſant deſſous les unités de chaque petit Produit, & retenant les dizaines pour les ajoûter au Produit ſuivant. On multipliera enſuite de la même maniere le nombre à multiplier par les dizaines, puis par les centaines, &c. du Multiplicateur, poſant le Produit des unités ſous les unités, le Produit des dizaines ſous les dizaines, &c. Enfin on ajoûtera tous ces Produits en une ſomme qui ſera le Produit total que l'on demande.

2°. Si le Multiplicateur eſt 1, ſuivi de pluſieurs zero, comme 1000 on poſera ces zero après le nombre à multiplier, & on aura le Produit.

3°. S'il y a des zero parmi les chifres du Multiplicateur, on les negligera.

4°. S'il y a des zero à la fin du Multiplicateur, on les posera d'abord, & l'on continuera ensuite l'operation à l'ordinaire, observant toûjours avec soin de poser les unités de chaque Produit sous le chifre du Multiplicateur, qui forme ce Produit.

5°. S'il y a des zero à la fin du nombre à multiplier & du Multiplicateur, on multipliera les chifres par les chifres, & l'on posera après leur Produit tous les zero qui sont de part & d'autre.

6°. S'il y a quelqu'un des chifres 6, 7, 8, 9 dans le nombre à multiplier & dans le Multiplicateur, on partagera l'operation : Et au lieu de multiplier le nombre à multiplier par 9, on le multipliera par 5 & ensuite par 4, ou par 3, & ce Produit par 3. Au lieu de le multiplier par 8, on le multipliera par 4, & encore par 4. Au lieu de le multiplier par 7, on le multipliera par 4 & par 3. Au lieu de le multiplier par 6, on le multipliera par 3, & par 3.

7°. Pour la preuve de l'operation, on multipliera de nouveau le Multiplicateur par le nombre à multiplier, & si l'on trouve toûjours le même Produit, l'operation sera bonne.

8°. La demonstration de ces Regles est toute renfermée dans les exemples.

30

9　　　*DEF. ET PROB. V.*

DIVISER un nombre A en un autre B, c'est trouver un troisiéme nombre Z, qu'on nomme *Quotient*, que le premier A contienne de la même maniere que le second B contient l'unité.

Ainsi diviser 288 en 36, c'est trouver le nombre 8 que 288 contienne 36 fois.

288	A
36	B
252	C
36	b
216	D
36	b
180	E
36	b
144	F
36	b
108	H
36	b
72	H
36	b
36	I
36	b
00	

10　　　　　　　**I.**

Pour trouver dans tous les cas le *Quotient* Z de deux nombres A & B, je vois (en suivant la même methode que dans le Problème précedent) qu'il n'y a qu'à ôter du nombre A le nombre B, puis du reste C; puis du reste D; puis du reste E; & ainsi de suite, autant de fois qu'il est possible. Et que le nombre 8 de fois que le nombre B pourra être ôté du nombre A, sera le Quotient que l'on demande.

Car il est visible que le nombre A vaut tous les 8 nombres B, b, b, &c. Or prenant *un* de chacun de ces 8 nombres, on aura un nombre Z, qui est 8. Et comme on pourra réïterer cette même operation autant de fois qu'il y a d'unités dans B, c'est-à-dire 36 fois, on aura *trente-six* Z. Par consequent Z ou 8 sera la trente-sixiéme partie de A, ou Z sera le nombre que A contient 36 fois. Donc Z (8) sera le Quotient de A (288) divisé en B (36). Et il en sera de même des autres exemples. Mais comme cette operation seroit le plus souvent impraticable, il est necessaire de trouver le moyen de l'abreger en cette sorte.

II.

Si l'on se propose donc
de diviser le nombre   8607819. A
En   253. B
Pour en trouver le Quotient.   34023. Z

Au lieu d'ôter le Diviseur B du nombre à diviser A, puis du reste, & ainsi de suite, comme dans l'exemple précedent.

1°. Je choisis parmi les nombres 1, 10, 100, 1000, 10000, 100000, &c. le plus grand dont le Produit par le Diviseur B fasse un nombre moindre que le nombre à diviser A.

40　　Dans cet exemple le nombre Decimal qu'il faut choisir n'est pas 100000, dont le Produit par B (253) est 25300000, qui ayant un chifre de plus que le nombre A, seroit plus grand que A. Mais le nombre Decimal qu'il faut choisir est 10000, par lequel le Diviseur B étant multiplié forme un nombre C (2530000) moindre que le nombre à diviser A, & qui ne peut jamais être retranché 10 fois du nombre A, puisque 10 fois le nombre C donneroit le nombre 25300000 que j'ay déja reconnu être plus grand que A, & qui ne peut par consequent être retranché de A.

Le nombre C contenant donc 10000 fois au juste le Diviseur B, si je puis ensuite connoître aisément combien de fois le nombre C peut être retranché du nombre à diviser A, je pourrai connoître en même-temps combien de fois le nombre B en peut être retranché ; sçavoir, 10000 fois, si C en peut être retranché une fois ; 20000 fois, si C en peut être retranché 2 fois ; & ainsi de suite.

Pour le faire je pose le nombre C sous A, les unités sous les unités, les dizaines sous les dizaines, &c. & je dis en 8 combien de fois 2, 4 fois;

$$
\begin{array}{rl}
8607819. & \text{A} \\
\hline
253. & \text{B} \\
3 & \\
\hline
2530000. & \text{C} \\
1017819. & \text{M} \\
\hline
\end{array}
$$

mais

mais comme 5 n'est pas pareillement contenu 4 fois dans 6 , je connois que tout le
nombre C ne peut être retranché plus de 3
fois du nombre A.

Et pour m'assurer si effectivement C , peut
être retranché 3 fois de A , je dis 2 étant
retranché 3 fois de 8 , reste 2 , qui étant
joint au chifre suivant 6 , forme 26 , dont
le second chifre 5 de C peut pareillement
être retranché 3 fois , & reste 11 , qui étant
joint au chifre suivant 0 , forme 110 , dont
3 peut être pareillement retranché 3 fois ,
& reste 101 , qui étant joint aux chifres
7819 qui restent , forme le nombre M que
je pose dessous.

Et par cette operation ayant retranché 3
fois le nombre C , qui contient 10000 fois
le Diviseur B , je connois que j'ay déja retranché 30000 fois le Diviseur B du nombre A , je pose donc 3 vers Z , au rang des
dizaines de mille.

2°. Je recommence l'operation & le reste M , qui doit necessairement être plus petit que le nombre C , qui contient B 10000
fois au juste , & que l'on a ôté de A autant de fois qu'il a été possible , ne pouvant
plus contenir 10000 fois le Diviseur B , je
multiplie B par le nombre Decimal 1000 ,
qui précede immediatement 10000 , dont je
viens de me servir.

Et pour connoître combien de fois le nom-

40 bre D peut être retranché du reste M, je dis en 10, combien de fois 2 ? 5 fois au juste ; mais comme le chifre suivant 5 du nombre D n'est pas pareillement contenu 5 fois dans le nombre 1 de M, qui répond à ce chifre, je connois que tout le nombre D ne peut être retranché plus de 4 fois du reste M.

8607819.	A
253.	B
34 .	Z
3520000.	C
1017819.	M
253000.	D
5819.	N

Et pour voir effectivement si D peut être retranché 4 fois de M, je dis, 2 étant retranché 4 fois de 10, il reste 2, qui étant joint au chifre suivant 1, fait 21, dont 5 peut être pareillement retranché 4 fois, & reste 17, dont 3 peut pareillement être retranché 4 fois, & reste 5, qui étant joint aux chifres 819 qui restent, forme tout d'un coup le reste N, que je pose dessous.

Et par cette operation le nombre D qui contient 1000 fois le Diviseur B, ayant été retranché 4 fois du reste M du nombre A, je connois que le Diviseur B a déja été retranché 4000 fois du nombre à diviser A, je pose donc 4 vers Z au rang des mille.

3°. Je recommence l'operation, & le reste N, plus petit que le nombre D, qui con-

tient 1000 fois au juste le Diviseur B, ne
pouvant plus le contenir 1000 fois, je multiplie B par le nombre Decimal 100, qui
précede immediatement 1000, dont je viens
de me servir, & j'ai le nombre 25300,
qui ne peut être retranché du reste N. Ce
qui fait que je pose o au Quotient Z, dont
la raison paroîtra bien-tôt.

4°. Je multiplie
donc B par le nom-
bre Decimal 10, qui
précede immediate-
ment 100, dont je
viens de me servir ;
& j'ay le nombre E,
qui contient 10 fois
au juste le Diviseur
B.

Et pour connoître
combien de fois le
nombre E peut être
retranché du reste N

8607819.	A
253.	B
3402 .	Z
3520000.	C
1017819.	M
253000.	D
5819.	N
2530.	E
759.	P

du nombre A. Je dis en 5, combien de fois
1 ? 2 fois, & reste 1, qui avec 8 qui suit
fait 18, dans qui 5 est pareillement contenu 2 fois, & reste 8, qui avec 1 fait 81,
dans qui 5 est pareillement contenu 2 fois,
& reste 75, qui étant joint au chifre suivant
9 qui reste, donne tout d'un coup le reste
P, que je pose dessous.

Et par cette operation le nombre E, qui

40 contient 10 fois le Diviseur B, ayant été retranché 2 fois du reste N du nombre à diviser A, je connois que le Diviseur B en a déja été retranché 34020 fois, je pose donc 2 au Quotient Z, au rang des dizaines. Par où l'on voit bien la raison qu'il y a eu de poser d'abord 0 au rang des centaines, pour conserver aux chifres 34 qui précedent le rang qui leur convenoit déja.

5°. Je recommence l'operation, & multipliant le Diviseur B par le nombre Decimal 1, qui précede immediatement 10, dont je viens de me servir, j'ay le nombre F, égal au Diviseur B.

Et pour connoître combien de fois le nombre F peut être retranché du reste P.

Je dis en 7, combien de fois 2 ? 3 fois, & reste 1, qui avec 5 fait 15, dans qui 5 est pareillement contenu 3 fois, & reste 0, qui avec 9 fait 9, dans qui 3 est pareillement contenu 3 fois, & ne reste rien.

Et par cette operaration le nombre F, qui contient une fois le Diviseur B, ayant

8607819.	A
253.	B
34023.	Z
3520000.	C
1017819.	M
253000.	D
5819.	N
2530.	E
759.	P
253.	F

été retranché 3 fois du reste P du nombre
A, je connois que le Diviseur B a été retranché 34023 fois du nombre à diviser A,
je pose donc 3 vers Z.

Et je connois enfin que le nombre trouvé Z est le Quotient que je demande, ou
que Z est contenu 253 fois dans A, ou en
est la deux cent cinquante-troisiéme partie.

Car 253 ayant été retranché 34023 fois
du nombre A, il est visible que ce nombre
A est égal à 34023 fois 253, & par consequent égal à 253 fois 34023.

III.

Et par cette operation on connoît deux
choses à l'égard de ces deux nombres proposés.

1°. Combien de fois l'un de ces nombres est contenu dans l'autre, & le Quotient
Z marque ce nombre de fois.

2°. Quel est le nombre que l'un des nombres proposés A, contient autant de fois qu'il y
a d'unités dans l'autre B, & le Quotient Z est
ce nombre, ou cette partie égale de A que
l'on demande.

Ainsi dans l'exemple précedent je connois, par le Quotient Z, que 253 est contenu
34023 fois dans 8607819, & que ce même nombre contient 253 fois 34023, ou
que 34023 est la deux cent cinquante-trois

40 ſiéme partie du nombre propoſé 8607819 ;
ce qu'il faut bien remarquer.

3   **IV.**

On peut encore beaucoup abreger cette
operation, 1°. En ne faiſant que par la penſée les Multiplications du Diviſeur B, par
les nombres 1, 10, 100, 1000, &c. 2°. En
tranſportant ſeulement par l'imagination les
chifres du Diviſeur B, ſous les chifres des
reſtes M, N, P, &c. où ils doivent être
placés. 3°. En s'abſtenant de tranſporter les
chifres du nombre A, inutiles à l'operation.

Dans la lecture de cet article on doit avoir
bien preſent à l'eſprit l'operation precéden-
te, qu'il faut lire & relire avant que de
paſſer à la ſuivante.

Ainſi au lieu de poſer
comme auparavant le
nombre C ſous A, je
poſe un point ſur cha-
cun des trois premiers
chifres du nombre A,
& tranſportant par la

                    . . .
          8607819. A
          ⎯⎯⎯⎯⎯
                253. B
              3
          ⎯⎯⎯⎯⎯
          101   M

penſée ſeulement les chifres du Diviſeur B,
ſous les premiers chifres, 2 ſous 8, 5 ſous
6, 3 ſous 0, je vois comme auparavant que
le Diviſeur B multiplié par 10000 eſt contenu 3 fois dans les chifres 860 du nombre
à diviſer A, c'eſt-à-dire 30000 fois dans A,

& qu'il reste 1017819, je pose le reste
101 sous 860, sans y transporter d'abord
les autres chifres 7819, & j'ay le reste M.
Et après avoir posé 3 au Quotient Z au rang
des dizaines de mille, ou sous le chifre o,
sur lequel j'ay mis le dernier point,

Je recommence l'ope-
ration, & posant un
point sur le chifre sui-
vant 7 du nombre A,
je l'abaisse à la suite des
chifres 101 de M, & je
vois comme auparavant
que le Diviseur B est
contenu 4 fois dans les
chifres 1017 du reste M,

c'est à dire 4000 fois dans M tout entier, & qu'il
reste 5, c'est-à-dire 5819 ; & après avoir
posé 4 au Quotient Z au rang des mille,

Je recommence l'operation, & posant un
point sur le chifre 8 du nombre A, je l'a-
baisse à la suite du chifre 5 de N, & je
vois que le Diviseur B n'est pas contenu
dans 58, je pose o au Quotient Z au rang
des centaines.

Et posant un point sur le chifre suivant 1
de A, je l'abaisse à la suite des chifres 58
de N, & je vois comme auparavant que le
Diviseur B est contenu 2 fois dans les chifres 581 du reste N, ou 20 fois dans N,
& qu'il reste 75, c'est-à-dire 759. Et après

40 avoir posé 2 au Quotient Z au rang des dizaines.

Je recommence l'ope-
ration, & posant un point
sur le chifre 9 du nom-
bre A, je l'abaisse à la
suite des chifres 75 de
N, & je vois comme au-
paravant que le Diviseur
B est contenu 3 fois dans
le reste P, & qu'il ne
reste plus rien. Et que

$$\begin{array}{r} \cdots\cdots\cdots \\ 8607819 \quad A \\ \hline 253 \quad B \\ 34023 \quad Z \\ \hline 1017\cdots\quad M \\ 681\cdot\quad N \\ 759\quad P \end{array}$$

par consequent ce même nombre B est contenu 34023 fois dans le nombre à diviser A.

Et qu'enfin 34023 est le Quotient ou la
deux cent cinquante-troisiéme partie de A.

Dans l'exemple précedent nous avons trouvé les restes M, N, P, &c. immediatement &
de simple vûë, ce qu'il faut toûjours pratiquer lorsqu'on peut le faire sans embarras,
en poursuivant jusqu'au bout la recherche
du Quotient. Ce qui sera toûjours aisé, lorsque le Diviseur n'aura que deux chifres.
Mais souvent cela n'est pas possible lorsqu'il
en a plusieurs, sur-tout lorsque ces chifres
sont plus grands que 5. Alors, il faut avoir
recours à la Multiplication, & pour éviter
le tatonement & l'embarras des Multiplications de ces chifres, on pourra suivre la
Methode suivante.

Pour diviser   3043449. A

En   769. B

Et trouver le Quotient.   3   Z

            736   M

Je pose un point sur les trois premiers chifres du nombre à diviser A ; mais comme le Diviseur 769 ne peut être retranché du nombre 304 que forment ces chifres, je pose encore un point sur le quatriéme 3, & je dis en 30 combien de fois 7 ? 4 fois (puisque 4 × 7 font 28) & reste 2, qui avec le chifre suivant 4 fait 24, duquel 6 peut être pareillement retranché 4 fois ; mais comme il ne reste rien, & que 9 ne peut être retranché 4 fois de 3 qui suit, je juge que le Diviseur B ne peut être retranché de 3043 que 3 fois.

Je dis donc 7 étant retranché 3 fois de 30, il reste 9, qui avec le chifre 4 qui suit fait 94, dont 6 étant retranché 3 fois, il reste 76, qui étant joint au chifre 3 qui suit fait 763, dont 9 étant retranché 3 fois, il reste 736, comme on le voit posé vers M.

Ou plus commodément ayant suffisamment reconnu dès la premiere démarche précedente, que B peut être retranché 3 fois

40 de 3043, je pose 3 au Quotient, sous 3. Je tire une ligne, & je dis 3 × 9 font 27, de 3 ne se peut, j'ajoûte 3 dizaines, & 27 de 33 reste 6, & je retiens 3. 3 × 6 font 18 & 3 font 21, de 24 reste 3, que je pose dessous, & je retiens 2. 3 × 7 font 21 & 2 font 23, de 30 reste 7, & j'ay le même reste M qu'auparavant.

J'abaisse le chifre suivant 2, & je dis en 73 combien de fois 7 ? & comme je vois qu'il peut y être plus de 5 fois, je pose un point au Quotient Z, & je regarde ce point comme tenant la place du chifre 5, & je dis d'abord, 5 fois 9 font 45, de 52 reste 7, & je retiens 5. 5 fois 6 font 30, & 5 font 35, de 36 reste 1, & je retiens 3. 5 fois 7 font 35, & 3 font 38, de 43 reste 5, & je retiens 4. 4 de 7 reste 3.

```
          .....
       30432449   A
       ────────
            769   B
             3.   Z
       ────────
           7362   M
           3517   N
```

Puis je dis en 35 combien de fois 7 ? 4 fois, & 5, que j'en ai déja retranché de ce rang, font 9, que je pose au Quotient, au lieu du point. Et je retranche encore 4 fois le

```
          .....
       30432449   A
       ────────
            769   B
            39.   Z
       ────────
           7362   M
           3517   N
            441   P
```

Diviseur 769 du même rang, ou du nom- 40
bre 3517, disant 4 fois 9 font 36, de 37
reste 1, & je retiens 3. 4 fois 6 font 24,
& 3 font 27, de 31 reste 4, & je retiens
3. 4 fois 7 font 28, & 3 font 31, de 35
reste 4.

J'abaisse le chifre suivant
4, & je dis en 44 com-
bien de fois 3, je vois qu'il y
est au moins 5 fois ; mais
comme il peut y être plus,
je mets d'abord un point au
Quotient, lequel point me
represente toûjours 5, &
je dis 5 fois 9 font 45 ,
de 54 reste 9, & je re-
tiens 5. 5 fois 6 font 30,
& 5 font 35, de 41 reste 6, & je retiens
4. 5 fois 7 font 35 , & 4 font 39, de 44
reste 5 ; & comme le reste
569 est moindre que le Diviseur, je connois que le
Diviseur n'étoit contenu que
5 fois dans le reste 4414,
qui le précede, ainsi je mets
5 au lieu du point.

J'abaisse le chifre suivant
4, & je dis en 5694 com-
bien de fois 769 , ou en
56 combien de fois 7 ? il
y est plus de 5 fois. Ainsi je

$$
\begin{array}{r}
\ldots\ldots\ldots \\
30432449 \\
\hline
769 \\
39. \\
\hline
7362. \\
3517. \\
4414 \\
569 \\
\end{array}
$$

$$
\begin{array}{r}
\ldots\ldots\ldots\ldots \\
30432449 \\
\hline
769 \\
395. \\
\hline
7362\ .. \\
3517\ .. \\
4414\ . \\
5694 \\
1849 \\
\end{array}
$$

40 poſe un point au Quotient, & je dis 5 fois 9 font 45, de 54 reſte 9, & je retiens 5. 5 fois 6 font 30, & 5 font 35, de 39 reſte 4, & je retiens 3. 5 fois 7 font 35, & 3 font 38, de 46 reſte 8, & je retiens 4. 4 de 5 reſte 1.

    Puis je dis en 1849 combien de fois 769, ou en 18 combien de fois 7 ? 2 fois, & 5 que j'en ai déja retranché font 7, je poſe 7 au Quotient, & je dis 2 fois 9 font 18, de 19 reſte 1, & je retiens 1. 2 × 6 font 12 & 1 font 13, de 14 reſte 1, & je retiens 1. 2 fois 7 font 14 & 1 font 15, de 18 reſte 3.

    J'abaiſſe le chifre ſuivant 9, & je dis en 31 combien de fois 7 ? 4 fois, je poſe 4 au Quotient, & je dis 4 fois 9 font 36, de 39 reſte 3, & je retiens 3. 4 fois 6 font

$$
\begin{array}{r}
\cdots\cdots\cdots \\
30432449 \\
\hline
\\
769 \\
3957 \\
\hline
\\
7362\cdot\cdot \\
3517\cdot\cdot \\
4414\cdot \\
5694 \\
1849 \\
311 \\
\end{array}
$$

$$
\begin{array}{r}
\cdots\cdots\cdots \\
30432449 \\
\hline
769 \\
39574 \quad \tfrac{43}{769} \\
\hline
7362\cdots \\
3517\cdots \\
4414\cdot\cdot \\
5694\cdot \\
1849\cdot \\
3119 \\
43 \\
\end{array}
$$

24, & 3 font 27, de 31 reste 4, & je 40
retiens 3. 4 fois 7 font 28, & 3 font 31,
de 31 ne reste rien. Et le nombre 39574
est un peu moindre que le Quotient que
l'on demande; de sorte que ce Quotient est
entre 39574 & 39575. On pose le nombre 43 qui reste sur une ligne auprès du
Quotient, & le Diviseur dessous, ce qui
forme une fraction $\frac{43}{766}$, dont nous parlerons
dans la suite, laquelle étant ajoûtée au nombre trouvé, donne au juste le quotient des
deux nombres proposés.

VI.

Pour diviser le nombre   7749861239
En   1435

Je pose un point sur les
4 premiers chifres, & je
dis en 7 combien de fois 1 ? 7 fois; mais je
me contente de voir s'il y est 5 fois; car
s'il y étoit plus de 5 fois, je ferois l'operation à deux fois; je ne pose donc que
5 au Quotient, que j'écris sous le chifre
9, sur lequel j'ay mis le point, & je dis 5
fois 5 font 25, de 29 reste 4, que je pose dessous, & je retiens 2. 5 fois 3 font 15,
& 2 font 17, de 24 reste 7, & je retiens
2. 5 fois 4 font 20, & 2 font 22, de 27
reste 5, & je retiens 2. 5 fois 1 font 5, &
2 font 7, de 7 ne reste rien.

40 J'abaisse le chifre suivant 8, & je dis en 5 combien de fois 1 ? 4 fois, & reste 1, qui avec 7 qui suit fait 17, dans qui 4 est aussi contenu 4 fois, & reste 1, qui avec 4 font 14, dans qui 3 est

$$\begin{array}{l}
\cdots\cdots\cdots\cdots \\
7749861259 \quad \text{A} \\
\overline{} \\
1435 \quad \text{B} \\
5400600 \quad \text{Z} \\
\overline{} \\
5748 \\
8612 \\
259
\end{array}$$

aussi contenu 4 fois, & reste 2, qui avec 8 font 28, dans qui 5 est aussi contenu 4 fois, & reste 8, que je pose dessous, & 4 au Quotient, & l'operation pour ce rang est faite. L'on doit toûjours se servir de cette Methode, lorsqu'on peut le faire sans embarras.

J'abaisse 6, & comme 86 est trop petit, je pose 0 au Quotient, & j'abaisse 1, & comme 861 est encore trop petit, je pose 0 au Quotient, & j'abaisse 2. Je dis ensuite, en 8 combien de fois 1 ? 8 fois, mais 8 est trop grand aussi-bien que 7, voyons 6. 1 étant contenu 6 fois dans 8, reste 26, dans qui 4 est contenu pareillement 6 fois, & reste 21, dans qui 3 est pareillement contenu 6 fois, & reste 32, dans qui 5 est aussi contenu 6 fois, & reste 2, que je pose dessous.

J'abaisse 5, & comme 25 est trop petit, je pose 0 au Quotient, & j'abaisse 9, &

comme 259 est encore trop petit, je pose
encore o au Quotient, & l'operation est
faite.

Et je connois 1°. Que le nombre B est
contenu ou peut être retranché 5400600
fois du nombre A, & qu'il reste 259. Je
connois 2°. Que Z est reciproquement contenu ou peut être retranché de A 1435 fois,
& qu'il reste 259 ; & que par consequent
la 1435 partie de A, ou le Quotient de
cette division est un peu plus grand que Z ;
mais non d'une unité entiere. Et cet excés est
la fraction $\frac{259}{1435}$.

40

VII.

Lorsque le Diviseur ne surpasse pas 9,
on ne pose ni Multiplication, ni Soustraction, parce qu'on trouve les restes immediatement avec facilité.

Ainsi pour diviser 69765 par 5, je dis
en 6 combien de fois 5 ? une fois, que je
pose dessous, & reste 1. En 19 combien
de fois 5 ? 3 fois, & reste 4. En 47 combien
de fois 5 ? 9 fois, & reste 2. En 26 combien de fois 5 ? 5 fois,
& reste 1. En 15 combien
de fois 5 ? 3 fois. Et le
nombre 13953 qui est des-
sous, est le Quotient de-
mandé.

$$69765. \quad | \quad 5$$
$$\overline{13953.}$$

Pour diviser 457983 par 2, je dis en 4

'40 combien de fois 2 , ou plus simplement la moitié de 4 est 2, que je pose deffous ; la moitié de 5 est 2, & reste 1 ; la moitié de 17 est 8, & reste 1 ; la moitié de 19 est 9, & reste 1 ; la moitié de 18 est 9 ; la moitié de 3 est 1, & reste 1. Et 228991 est le Quotient, & 1 de reste, que je pose en fraction.

$$457983.$$
$$228991 \tfrac{1}{2}$$

Pour diviser 457983 par 3 , je dis le tiers de 4 est 1, & reste 1. Le tiers de 15 est 5. Le tiers de 7 est 2, & reste 1. Le tiers de 19 est 6, & reste 1. Le tiers de 18 est 6. Le tiers de 3 est 1.

$$457983.$$
$$152661.$$

Et le nombre qui est deffous est le Quotient.

Pour diviser 379854 par 10, je retranche le chifre 4 des unités, & 3785 en est le Quotient, & 4 de reste, ou $\tfrac{4}{10}$

$$379854$$
$$37985 \tfrac{4}{10}$$

Car il est visible que 10 fois 3785, ou 379850, étant ôté de 379854, il reste 4.

Et pour diviser Par 100, je retranche les deux derniers chifres, & 3798 en est le Quotient, & 54 de reste, ou $\tfrac{54}{100}$

$$379854$$
$$3798 \tfrac{54}{100}$$

On verra de même que pour diviser par 1000, il faudra retrancher les 3 derniers chifres, & ainsi de suite.

VIII.

Pour diviser

Par 12.

$$42807$$
$$3567 \quad \tfrac{3}{12}$$

Je dis en 42 combien de fois 12 ? 3 fois, & reste 6. En 68 ? 5 fois (car 5 ⅹ 12 font 60) & reste 8. En 80 ? 6 fois (car 6 ⅹ 12 font 60 & 12) & reste 8. En 87 ? 7 fois (car 7 ⅹ 12 font 60 & 24, ou 84) & reste 3 , que je pose en fraction.

Il faut s'exercer à faire la Division par 12, car elle est d'un grand usage. Et pour la faire avec facilité, il suffit d'observer que 5 ⅹ 12 font 60 , & que 9 ⅹ 12 font 108, le reste s'apperçoit de simple vûë.

REGLE GENERALE.

POur diviser un nombre par un autre, & en trouver le Quotient.

1°. On posera le Diviseur sous le Nombre à diviser, les unités sous les unités, les dizaines sous les dizaines , &c. Et commençant du côté le plus éloigné des unités, on prendra du Nombre à diviser autant de chifres qu'il en faut pour faire un nombre pour le moins aussi grand que le Diviseur, sur chacun desquels on mettra un point.

40 Et l'on verra combien ces premiers chifres contiennent le Diviseur ; ce qui sera toûjours aisé, parce que ce nombre de fois ne surpassera jamais 9. Et l'on aura le premier chifre du Quotient, que l'on posera sur le chifre du Nombre à diviser, sur lequel on aura mis le dernier point.

2°. On multipliera le Diviseur par ce chifre, & on en ôtera en même-temps le Produit, posant le reste dessous.

3°. En réïterant la même operation, on trouvera successivement chacun des autres chifres du Quotient. On posera zero au Quotient lorsque le Diviseur ne sera pas contenu dans un rang.

4°. Pour diviser un nombre par 10, 100, 1000, &c. On retranchera de ce nombre, en commençant à compter du côté des unités, autant de chifres qu'il y a de zero dans le Diviseur. Les chifres qui resteront, seront le Quotient, & ceux qu'on aura retranchés, seront le reste.

5°. Pour preuve on multipliera le Quotient par le Diviseur, & ajoûtant au Produit le reste de la Division, s'il s'en trouve, on verra si ce nombre est le même que le Nombre à diviser.

6°. A l'égard des restes, on les posera à côté du Quotient sur une petite ligne, & le Diviseur dessous, ce qui forme une *fraction*, dont on parlera ailleurs, qui étant jointe au nombre déja

trouvé, donne le Quotient juste & complet 4 0
des deux nombres. La demonstration de ces
Regles est toute renfermée dans les exemples.

DEF. ET PROB. VI. 9

TROUVER le plus grand commun
Diviseur de deux nombres, A & B,
c'est trouver le plus grand nombre Z, qui
divise exactement, ou qui soit contenu une
ou plusieurs fois au juste, dans l'un & l'autre
de ces nombres.

Ainsi trouver le p. g. c. d. des nombres
12 & 8, c'est trouver le plus grand nombre
4, qui divise exactement 12 & 8.

I. 10

Pour le faire en toute rencontre, je considere que le Diviseur exact d'un nombre B
ne peut être plus grand que ce nombre,
mais il peut lui être égal. Ainsi 9 ne peut être
Diviseur, ou ne peut être exactement contenu
dans 8. Il en est de même de 10, 11, 12,
&c. à l'infini. Mais 8 est exactement contenu
une fois dans 8 ; ainsi 8 doit être consideré
comme Diviseur exact de 8.

D'où il suit que pour trouver le p.
g. c. d. des deux nombres A & B, il faut
d'abord diviser le plus grand nombre A des
deux proposés par le petit B, & 54. A
si la Division est exacte, le petit. 18. B

nombre B, fera le p. g. c. d. des deux nombres A & B.

Car B fera contenu au jufte un certain nombre de fois dans A, & une fois dans B. Ainfi B fera commun Divifeur de A & de B, & comme aucun nombre plus grand que B ne peut être contenu dans B, aucun commun Divifeur de A & de B, ne pourra être plus grand que B.

II.

Mais fi en divifant A par B il y a un refte C, je confidere d'abord que le p. g. c. d. de deux nombres A & B, ne peut furpaffer le refte C. Car ce Divifeur étant exactement contenu dans B & dans la fomme de tous les B dont A eft compofé; fi ce Divifeur n'eft pas exactement contenu dans le refte C, il ne fera pas exactement contenu dans A, qui eft égal à C, & à un certain nombre de B. Ainfi le p. g. c. d. des nombres A & B eft Divifeur des nombres B & C, & ne peut par confequent être plus grand que le p. g. c. d. de B & de C.

D'où il fuit, que pour trouver le p. g. c. d. de deux nombres A & B, il faut d'abord divifer A par B, & s'il y a un refte C, il faut divifer B par C, & s'il n'y a point de refte, ou que C divife B au

171. A
54. B
9. C

juſte, & qu'il ſoit par conſequent par la **50**
Regle précedente le p. g. c. d. de B & de C.
Ce reſte C ſera auſſi le p. g. c. d. de A & de B.

Car, par ce que nous venons de démontrer, aucun nombre plus grand que C, ne peut diviſer au juſte A & B. Or, C ſera contenu exactement une fois dans C, pluſieurs fois dans B, & par conſequent pluſieurs fois au juſte dans A, qui eſt égal à C, & à un certain nombre de B. Donc C diviſera au juſte A & B, & en ſera par conſequent le p. g. c. d.

III.   2

Pour trouver donc en general le p. g. c. d. de deux nombres A & B, je diviſe d'abord A par B, & ſi je ne trouve point de reſte, B eſt le p. g. c. d. de A & de B.

438.	A
102.	B
30.	C
12.	D
6.	E

S'il y a un reſte C, je diviſe B par C, & ſi je ne trouve point de reſte, C eſt le p. g. c. d. de A & de B.

S'il y a un reſte D, je diviſe C par D, & ainſi de ſuite, juſqu'à ce que j'aye trouvé un reſte E, qui diviſe au juſte le précedent.

Et le dernier reſte E, eſt le p. g. c. d. des nombres A & B.

Car par ce que nous venons de voir le p. g. c. d. de deux nombres A & B, ne doit

5 0 pas seulement diviser sans reste A & B, mais il doit aussi diviser au juste le reste C, & être par conséquent commun Diviseur de B & de C.

Le p. g. c. d. de A & de B ne peut donc surpasser le p. g. c. d. de B & de C, il doit donc diviser au juste par la même raison le reste D, & être par conséquent commun Diviseur de C & de D.

Le p. g. c. d. de A & de B. ne pouvant donc surpasser le p. g. c. d. de B & de C, ni le p. g. c. d. de C & de D, il doit donc diviser au juste le reste E, & être par conséquent commun Diviseur de D & de E ; & ainsi de suite.

Le p. g. c. d. de A & de B ne peut donc surpasser le dernier reste E, & le doit diviser au juste.

Or ce dernier reste E se divisant au juste, & divisant D, il divisera C composé de E, & de plusieurs D. E divisera aussi B composé de D & de plusieurs C. E divisera pareillement A composé de C & de plusieurs B. E sera donc Diviseur, & le p. g. c. d. de A & de B.

3   IV.

Nous venons de voir que tout commun Diviseur de deux nombres A & B est necessairement Diviseur de leur p. g. c. d. E. Ce qu'il faut bien observer.

D'où il suit que pour trouver le p. g. c. d. de trois nombres A, B, C.

Comme tout commun Di-
viseur de trois nombres A,
B, C, est necessairement commun Diviseur des deux premiers A & B, je cherche d'a-
bord le p. g. c. d. M des
deux nombres **A** & **B** comme auparavant.

151.	A
97.	B
72.	C
54.	M
17.	N

50

Et comme tout commun Diviseur de deux
nombres A & B, est aussi commun Diviseur de leur p. g. c. d. M, je cherche ensuite le p. g. c. d. N de M & de C.

Et il est visible que le p. g. c. d. N de
M & de C, sera le p. g. c. d. des trois
nombres **A**, **B**, **C**.

V.

Pour trouver le p. g. c. d.
de quatre nombres A, B, C, D.
Je cherche d'abord le p. g.
c. d. N des trois premiers
A, B, C, & ensuite je cherche le p. g. c. d. O de D &
de N, qui sera le p. g. c. d.
des quatre nombres A, B, C, D.

151.	A
97.	B
72.	C
45.	D
54.	M
18.	N
9.	O

4

Car tout commun Diviseur des quatre
nombres A, B, C, D étant necessairement
Diviseur du p. g. c. d. M, des deux premiers
A, B, & du troisiéme C, ce commun Diviseur sera necessairement aussi Diviseur de
M, de C & de D. Ainsi il ne pourra pas
être plus grand que le p. g. c. d. O des trois

50 M, C, D. Or O étant Diviſeur de M qui diviſe A & B, O ſera Diviſeur de A, B, C, D ; & par conſequent leur p. g. c. d.

5   REGLE GENERALE.

1°. **P**Our trouver le p. g. c. d. de deux nombres A & B, il faut diviſer le grand par le petit. Et negligeant le Quotient, s'il y a un reſte, il faut diviſer le petit par ce reſte. Et s'il y a encore un reſte, il faut diviſer le précedent reſte par celui-ci, & ainſi de ſuite, juſqu'à ce qu'on trouve un reſte qui diviſe exactement celui qui le précede. Et ce dernier reſte ſera le p. g. c. d. des nombres A & B.

2°. Pour trouver le p. g. c. d. de trois nombres A, B, C, il faut chercher d'abord par la Regle précedente le p. g. c. d. M des deux premiers A & B ; il faut enſuite chercher le p. g. c. d. N de M & de C ; & N ſera le p. g. c. d. des trois nombres A, B, C.

3°. Pour trouver le p. g. c. d. de quatre nombres A, B, C, D, il faut d'abord chercher par la Regle précedente le p. g. c. d. N des trois premiers A, B, C, il faut enſuite chercher le p. g. c. d. O de N & de D ; & O ſera le p. g. c. d. des quatre nombres A, B, C, D. Et ainſi de ſuite à l'infini.

Fin de la premiere Leçon.

LEÇON SECONDE

DES

SIMPLES OPERATIONS

DE L'ARITHMETIQUE

SUR LES

FRACTIONS, OU NOMBRES ROMPUS.

DEFINITIONS.

I.

6

RACTIONS, ou Nombres rompus. Ce font des Nombres qui expriment les parties de l'Unité, dans laquelle on peut y en concevoir tant qu'on veut, foit égales, foit inégales.

Car, quoique l'unité foit le plus fimple de tous les Nombres, ce n'eft pas à dire pour cela que l'unité numerique foit la fim-

5 O plicité même. Il est bien vray que dans la parfaite simplicité, on ne peut y concevoir des parties, & que l'unité convient à cette parfaite simplicité ; mais de-là il ne s'ensuit pas que la parfaite simplicité convienne à l'unité numerique, dans laquelle on a toûjours conçû tant de parties qu'on a voulu, soit égales, soit inégales.

7   I I.

Lorsque l'on considere l'unité comme distribuée toute entiere en une seule partie, cette partie qui est l'unité même se nomme *Un-uniéme*, & s'exprime ainsi $\frac{1}{1}$. Et lorsque l'on considere l'unité comme distribuée en 2, ou 3, ou 4, ou 5, ou tel autre nombre de parties égales qu'on voudra, comme 36, ou 247, &c. chacune de ces parties

se nommera

Un deuxiéme, si c'est en	2	$\frac{1}{2}$
Un troisiéme, si c'est en	3	$\frac{1}{3}$
Un quatriéme, si c'est en	4	$\frac{1}{4}$
Un cinquiéme, si c'est en	5	$\frac{1}{5}$
Un 36e, si c'est en	36	$\frac{1}{36}$
Un 247e, si c'est en	247	$\frac{1}{247}$

& s'exprimera ainsi.

Et ainsi de suite à l'infini.

8   I I I.

Nombrant ensuite, ou ajoûtant à elle-même chacune de ces fractions primordiales $\frac{1}{2}$, $\frac{1}{3}$, $\frac{1}{4}$, $\frac{1}{36}$, $\frac{1}{247}$ &c. comme on a fait

l'unité dans la numeration des Nombres
entiers, on formera par ordre toutes les
autres fractions dont le nombre est infiniment infini.

Ainsi avec la fraction *un uniéme* $\frac{1}{1}$ on
forme les fractions *deux uniémes, trois uniémes, quatre uniémes*, &c. qu'on exprime
ainsi $\frac{1}{1}$ $\frac{2}{1}$ $\frac{3}{1}$ $\frac{4}{1}$ $\frac{5}{1}$ $\frac{36}{1}$ $\frac{247}{1}$ &c. Et ces premieres fractions ne sont pas differentes des
Nombres entiers 1. 2. 3. 4. 5. 36. 247.
&c. car comme par l'article précedent $\frac{1}{1}$
vaut 1. $\frac{2}{1}$ vaudra 2. $\frac{3}{1}$ vaudra 3. Et ainsi
de suite.

Avec la fraction $\frac{1}{2}$ *un deuxiéme*, on for-
mera les fractions $\frac{2}{2}$ *deux deuxiémes.* $\frac{3}{2}$ *trois
deuxiémes.* $\frac{4}{2}$ *quatre deuxiémes.* Et ainsi de
suite, comme $\frac{36}{2}$ *trente six deuxiémes*, &c.

Avec la fraction $\frac{1}{27}$ *un vingt septiéme*, on
forme les fractions $\frac{2}{27}$ $\frac{3}{27}$ $\frac{4}{27}$ $\frac{36}{27}$ $\frac{247}{27}$ &c.

I V.

On formera de même toutes les autres
fractions, dont chaque expression sera composée de deux Nombres. Celui qui est dessus se nomme *Numerateur*, ou premier terme, & celui qui est dessous *Dénominateur*,
ou second terme. Et nous ne considererons
dans toute cette Leçon que les fractions
dont les termes sont des Nombres entiers.

Or, comme on ne peut parvenir à la

60 connoiſſance d'une choſe que par ce qui eſt naturellement connu dans cette choſe , nous aurons une grande attention de remarquer d'abord ce que l'on peut connoître naturellement ou de ſimple vûë dans les fractions. Ainſi nous remarquerons.

10   **I.**

Que les fractions $\frac{1}{1}$ $\frac{1}{2}$ $\frac{1}{3}$ $\frac{1}{4}$ $\frac{1}{5}$ &c. dont toutes les autres derivent, vont toûjours en diminuant. De telle ſorte que $\frac{1}{1}$ vaut plus que $\frac{1}{2}$, & $\frac{1}{2}$ plus que $\frac{1}{3}$. Et ainſi de ſuite ; ce qui eſt évident, par la raiſon que plus on conçoit de parties égales dans un même tout , & plus neceſſairement chacune de ces parties eſt petite.

1   **II.**

Que le *ſecond terme* d'une fraction dénote toûjours en quel nombre de parties égales, on doit concevoir que l'unité , dont on a l'idée dans l'eſprit , eſt diſtribuée par rapport à cette fraction ; Et ſon *premier terme* marque combien la fraction vaut de ces parties.

Dans la fraction $\frac{5}{12}$, par exemple , à cauſe du ſecond terme 12 , on conſidere l'unité diſtribuée en 12 parties égales ; Et à cauſe du premier terme 5 , on conçoit que la fraction $\frac{5}{12}$ vaut 5 de ces douziémes parties,

ou, ce qui revient au même, que $\frac{5}{12}$ vaut
5 fois $\frac{1}{12}$: que $\frac{12}{5}$ vaut 12 fois $\frac{1}{5}$: que
$\frac{345}{36}$ vaut $345 \times \frac{1}{36}$. Et ainsi des autres,
ce qui est évident par la formation même
des fractions.

III.

D'où il suit que lorsque le premier terme
d'une fraction contient un certain nombre
de fois son second terme 1 fois, 2 fois, 3
fois, 36 fois, &c. la fraction vaut 1, ou
2, ou 3, ou 36, &c. ou un certain nombre entier. Car alors la fraction vaut 1
fois, 2 fois, 3 fois, 36 fois, ou un certain nombre de fois toutes les parties de
l'unité.

Ainsi les fractions $\frac{1}{1}$ $\frac{2}{2}$ $\frac{3}{3}$ $\frac{257}{257}$ &c. valent chacune 1. Car $\frac{5}{5}$ par exemple, à l'é-
gard de laquelle on conçoit, à cause de son
second terme 5, *cinq* parties dans l'unité,
vaut, à cause de son premier terme 5 égal
au second terme, toutes les *cinq* parties de
l'unité, & 1 par conséquent. Que $\frac{14}{7}$, dont
le premier terme 14 vaut 2 fois le second
terme 7, vaut 2 fois toutes les parties de
l'unité, & 2 par conséquent. Que $\frac{24}{8}$ vaut
3, que $\frac{72}{9}$ vaut 8, & ainsi des autres à
l'infini.

3   **IV.**

Que lorſque deux fractions ont un même ſecond terme, celle dont le premier terme eſt le plus grand, eſt la plus grande. Et lorſqu'elles ont un même premier terme, celle dont le ſecond terme eſt le plus grand eſt la moindre.

1°. Choiſiſſés telles fractions qu'il vous plaira qui ayent un même ſecond terme, comme $\frac{15}{12}$ & $\frac{8}{12}$. Il eſt viſible que la fraction $\frac{15}{12}$, ou $15 \times \frac{1}{12}$, dont le premier terme 15 eſt le plus grand, eſt plus grande que l'autre $\frac{8}{12}$, ou $8 \times \frac{1}{12}$, dont le premier terme 8 eſt le moindre.

2°. Choiſiſſés deux fractions quelconques telles qu'elles ayent un même premier terme comme $\frac{15}{12}$ & $\frac{15}{8}$, il eſt viſible * que $\frac{1}{12}$ étant moindre que $\frac{1}{8}$, $\frac{15}{12}$, ou $15 \times \frac{1}{12}$, ſera moindre que $\frac{15}{8}$, ou que $15 \times \frac{1}{8}$. Il en ſera de même de tous les autres exemples.

* 61.

4   **V.**

Que lorſque deux fractions ont un même ſecond terme, on en peut facilement trouve la ſomme & la différence, en prenant la ſomme & la différence de leurs premiers termes ſans toucher au ſecond terme.

Choisissés à volonté deux fractions qui 60
ayent un même second terme, comme $\frac{8}{12}$
& $\frac{5}{12}$. 1°. Je dis que pour les ajoûter
l'une à l'autre, il n'y a qu'à ajoûter
le premier terme 8 de l'une au premier
terme 5 de l'autre, & que $\frac{13}{12}$ en est
la somme. 2°. Je dis que pour ôter $\frac{5}{12}$ de
$\frac{8}{12}$, il n'y a qu'à ôter le premier terme 5
de l'une du premier terme 8 de l'autre, &
que $\frac{3}{12}$ en est la difference ; ce qui est tout
évident, & une suite de l'art. 58. Il en se-
ra de même des autres exemples.

VI.
5

Que si l'on multiplie, ou divise l'un &
l'autre terme d'une fraction par un même
nombre, on ne changera pas sa valeur.

1°. Choisissés telle fraction qu'il vous
plaira, comme $\frac{4}{7}$, & un nombre entier 6,
multipliés l'un & l'autre terme de la fraction
$\frac{4}{7}$ par l'entier 6, je dis que la fraction $\frac{24}{42}$
qui naîtra de cette operation aura la même
valeur que $\frac{4}{7}$.

Car à cause du second terme 7 de $\frac{4}{7}$ vous
devez concevoir l'unité distribuée en 7 parties égales : Si donc à cause de l'entier 6
vous subdivisés chacune de ces 7 parties
en 6, vous aurez 6×7 ou 42 subdivisions
de l'unité, telles que chacune des 4 parties

60 de $\frac{4}{7}$ en vaudra 6, & telles par conséquent que la fraction entiere $\frac{4}{7}$ en vaudra 4 × 6 ou 24. Donc $\frac{24}{42}$ vaut autant que $\frac{4}{7}$. Il en sera de même de tous les autres exemples.

2°. Choisissés telle fraction qu'il vous plaira, comme $\frac{12}{9}$, dont les termes 12 & 9 puissent être divisés chacun par quelque nombre entier 3 ; divisés les par ce nombre, & la fraction $\frac{4}{3}$ qui en viendra, sera égale, ou de même valeur que la proposée $\frac{12}{9}$.

Car la multiplication étant la preuve de la Division en multipliant l'un & l'autre terme 4 & 3 de la fraction $\frac{4}{3}$ par 3, vous aurez 24. * 12 & 9, & par conséquent $\frac{12}{9}$ est de même valeur que $\frac{4}{3}$ par la demonstration précedente. Il en sera de même des autres exemples.

On voit par cet article qu'il y a toûjours un nombre infini de fractions, dont les termes sont tous differens les uns des autres, qui seront de même valeur que telle fraction qu'on voudra proposer, comme $\frac{8}{12}$; car en multipliant successivement par 2, 3, 4, 5, &c. l'un & l'autre terme de la fraction $\frac{8}{12}$, on aura les fractions $\frac{16}{24}$ $\frac{24}{36}$ $\frac{32}{48}$ &c. de même valeur que $\frac{8}{12}$; & ainsi des autres.

VII.

D'où il suit qu'on peut multiplier une fraction par un nombre entier en deux manieres. 1°. En multipliant son premier terme par ce nombre entier ; ce qui est toûjours possible, 2°. En divisant, s'il est possible, son second terme par ce même nombre entier.

1°. Pour multiplier la fraction $\frac{3}{5}$ par l'entier 4, je multiplie le premier terme 3 de $\frac{3}{5}$ par 4, & la fraction $\frac{12}{5}$ qui en vient est le produit de $\frac{3}{5}$ par 4 *. Car il est visible *26. par cette operation que $\frac{12}{5}$ contient 4 fois $\frac{3}{5}$, ou autant de fois qu'il y a d'unités dans le Multiplicateur 4, ou que $\frac{12}{5}$ vaut la somme des fractions $\frac{3}{5}$ $\frac{3}{5}$ $\frac{3}{5}$ $\frac{3}{5}$. Il en est de même des autres exemples.

2°. Mais pour multiplier une fraction $\frac{7}{20}$ par un entier 5 tel qu'il puisse diviser exactement le second terme de la fraction $\frac{7}{20}$ (au lieu de multiplier son second terme 7 par 5, ce qui donneroit pour produit une fraction $\frac{35}{20}$, dont l'un & l'autre terme pourroient être divisés au juste par 5 & se reduire à $\frac{7}{4}$) je divise le second terme 20 de $\frac{7}{20}$ par 5, & j'ay pour produit la fraction $\frac{7}{4}$ * de même valeur que $\frac{35}{20}$, & dont *65.

60 les termes font moindres. On aura donc également le produit d'une fraction $\frac{7}{20}$ par un nombre entier 5, en divifant lorfqu'il eft poffible fon fecond terme 20 par 5, ce qui donne $\frac{7}{4}$, comme en multipliant fon premier terme 7 par 5, ce qui donne $\frac{35}{20}$.

7   VIII.

D'où il fuit encore, qu'on peut divifer en deux manieres une fraction par un nombre entier. 1°. En divifant, s'il eft poffible, fon premier terme par ce nombre entier. 2°. En multipliant fon fecond terme par ce même nombre entier, ce qui eft toûjours poffible. Ainfi,

1°. Pour divifer une fraction $\frac{24}{9}$ par un entier 6, lorfque fon premier terme en peut être exactement divifé. Je divife le premier terme 24 de la fraction $\frac{24}{9}$ par l'entier 6, & la fraction $\frac{4}{9}$ qui en vient eft au jufte le Quotient de $\frac{24}{9}$ divifé par 6. Car il eft vifible par cette operation que $\frac{4}{9}$ pourra être retranché 6 fois au jufte de $\frac{24}{9}$, & que par conféquent $\frac{4}{9}$ eft le nombre que $\frac{24}{9}$ contient 6 fois au jufte.

2°. Mais pour divifer une fraction $\frac{7}{9}$ par un entier 5 qui ne peut divifer au jufte fon

premier terme 7 (je multiplie d'abord l'un
& l'autre terme de la fraction $\frac{7}{6}$ par l'entier
5, & j'ay une fraction $\frac{35}{30}$ de même valeur que $\frac{7}{6}$ *, & dont le premier terme 35 *65.
peut être divifé par l'entier 5) ; je divife
donc ce premier terme 35 par 5, & la fra-
ction $\frac{7}{30}$ fera également le Quotient de $\frac{35}{3}$ *
& de $\frac{7}{6}$ fon égale. Mais, comme il eft inutile de multiplier le premier terme 7 par
l'entier 5, & de divifer enfuite leur produit
35 par 5, il s'enfuit que pour divifer une
fraction $\frac{7}{6}$ par un entier 5, il fuffit de multiplier, felon que la Regle le prefcrit, fon
fecond terme 6 par l'entier 5, fans toucher
au premier terme 7, & l'on aura tout d'un
coup le Quotient $\frac{7}{30}$ de $\frac{7}{6}$ divifé par 5.

IX.   8

On voit encore, par tout ce que nous venons de dire, qu'une fraction éft toûjours
le Quotient exact de fon premier terme divifé par fon fecond terme.

L'ufage principal des fractions eft de fournir toûjours au jufte le Quotient de deux
nombres propofés, ce que les Regles de la
Divifion des entiers ne donnent que rarement. Si par exemple on veut trouver le
Quotient de 25 par 7, & qu'on fe ferve
des Regles ordinaires, on trouvera 3, avec

60 un reste 4, ce qui fait connoître que le
Quotient exact de 25 par 7, ou le nombre
que 25, contient au juste 7 fois, ou le
septiéme de 25, est plus grand que 3, puisque 3 × 7 ne font que 21, & plus petit
que 4, puisque 4 × 7 font 28. Et comme
il n'y a pas de nombre entier entre 3 & 4,
il est visible qu'il faut necessairement, si l'on
veut déterminer ce Quotient au juste, avoir
recours à d'autres nombres. Ces Nombres
font les fractions dont nous traitons.

Pour diviser donc au juste 25 en 7, il
faut former une fraction, dont le nombre à
diviser 25 soit le premier terme, & le Diviseur 7 le second terme ; & la fraction $\frac{25}{7}$
sera au juste le Quotient, ou la septiéme
partie de 25, ou le nombre que 25 contient exactement 7 fois. Car par la définition des fractions $\frac{1}{7}$ est au juste la septiéme
partie d'*un*, & par conséquent $\frac{25}{7}$ ou 25
× $\frac{1}{7}$, est au juste la septiéme partie de 25,
ou de 25 × 1.

De même pour diviser 8 par 12, & en
trouver le Quotient juste, les Regles des entiers ne donnent rien ; car 12 n'est pas contenu dans 8. Cependant le nombre que 8
contient 12 fois, ou la douziéme partie de
8, est quelque chose. Pour donc en déterminer la valeur au juste, je construis une
fraction $\frac{8}{12}$, dont le premier terme est le

nombre

nombre à diviser 8, & le second terme le Diviseur 12, & $\frac{8}{12}$ est le Quotient exact de 8 divisé en 12, ou $\frac{8}{12}$ est au juste le douziéme de 8. Car $\frac{1}{12}$ est au juste le douziéme de 1, & par consequent $\frac{8}{12}$ ou $8 \times \frac{1}{12}$ est pareillement au juste le 12ᵉ de 8 ou de 8×1.

On verra de même que le Quotient de 2958 en 24 est au juste $\frac{2958}{24}$, puisque $\frac{1}{24}$ est au juste le Quotient, ou le vingt-qua-triéme de 1, & que par consequent $\frac{2958}{24}$ est pareillement au juste le Quotient, ou le vingt-quatriéme de 2958, ou de 2958×1.

X.

Que si l'on veut ensuite connoître com-bien la fraction $\frac{2958}{24}$ vaut d'unités ou d'en-tiers, on trouvera par les Regles de la Di-vision ordinaire que 2958 contient 123 fois 24, & 6 de reste, & que par consequent cette fraction vaut 123 fois toutes les par-ties de l'unité, ou 123 unités, & $\frac{6}{24}$, ce que l'on posera ainsi 123 $\frac{6}{24}$. Car elle vaut $\frac{2952}{24}$ & $\frac{6}{24}$, & on sçait * que $\frac{2952}{24}$, dont le premier terme contient au juste 123 fois le second terme 24, vaut 123. On sçait aussi * que la fraction $\frac{6}{24}$, dont l'un & l'au-tre terme peuvent être divisés par 6 vaut $\frac{1}{4}$; de sorte que la fraction $\frac{2958}{24}$, se réduit

70 enfin à $123\frac{1}{4}$, ce que nous avions promis de démontrer art. 44.

10.

XI.

Enfin l'on verra que toute fraction telle que $\frac{25}{8}$, qui vaut déja comme nous l'avons vû dès le commencement 25 fois $\frac{1}{8}$, vaut aussi par ce que nous venons de dire dans cet article $\frac{1}{8}$ de 25, que $\frac{8}{12}$ vaut également $8 \times \frac{1}{12}$, & $\frac{1}{12}$ de 8. $\frac{2958}{24}$ vaut également $2958 \times \frac{1}{24}$, & $\frac{1}{24}$ de 2958. Et ainsi des autres; ce qu'il faut bien remarquer.

1

XII.

Qu'enfin pour multiplier une fraction quelconque $\frac{25}{8}$ par son second terme 8, il n'y a qu'à ôter ce second terme, & l'entier 25 en sera le produit, ou le nombre qui contient 8 fois $\frac{25}{8}$, puisque 25 divisé par 8 est $\frac{25}{8}$.

Toutes ces remarques si aisées à concevoir, sont cependant d'une si grande importance pour la suite, qu'il faut se les rendre bien familieres avant que de passer outre, en les appliquant à un bon nombre d'exemples; car ce n'est que par la pratique, & dans un exercice continuel, que l'on peut acquerir les Sciences des Mathe-

matiques. Ce qui doit être obfervé pour 70
toute la fuite. Le calcul des Fractions eft le
point le plus effentiel des Mathematiques,
& ce n'eft que par leur moyen qu'on peut
réfoudre clairement, & de la maniere la
plus abregée, une infinité de queftions utiles dans le Commerce ; ainfi que nous le
verrons bien-tôt.

PROBLEME. I.   2

FAIRE toutes les operations de l'Arithmetique fur les Fractions.

I.   3

*Pour réduire, lorfqu'il eft poffible, une
fraction en nombre entier.* On divifera fon
premier terme par fon fecond terme, & le
Quotient fera l'entier qu'on demande.

Ainfi pour réduire $\frac{42}{7}$ en entier. Je divife 42 par 7, & trouvant le Quotient 6
fans refte, j'en conculus que $\frac{42}{7}$ vaut 6 au
jufte. Par la raifon qu'une fraction vaut autant d'unités que fon premier terme contient
de fois fon fecond terme.

Mais fi lorfqu'en divifant le premier terme d'une fraction par le fecond terme, il y
a un refte, on connoit qu'alors la fraction

70 ne peut s'exprimer que partie en entier &
partie en fraction. Ainsi l'on connoîtra que
$\frac{45}{7}$ ou $\frac{42}{7}$ & $\frac{3}{7}$ vaut 6 & $\frac{3}{7}$, à cause que
divisant 45 par 7, il vient 6 au Quotient,
& 3 de reste.

On verra de même que la fraction $\frac{5959}{25}$,
dont on connoît par la Division que le premier terme 5959 contient 231 fois le second terme 25, & 4 de reste, vaut 231
entier & $\frac{4}{25}$; ce qu'on marque ainsi 231 $\frac{4}{25}$.

Mais la fraction $\frac{8}{12}$, dont le premier
terme 8 est moindre que le second terme
12, ne peut se réduire en entiers. Il en
est de même des autres exemples.

II.

*Pour réduire une fraction complexe, ou
composée d'entier & de fraction, en fraction
simple.* On multipliera l'entier qui est avant
la fraction par son second terme, & on en
ajoûtera le produit au premier terme.

Ainsi pour réduire 6 $\frac{3}{7}$ en fraction simple, je multiplie 6 par 7, & j'ay le produit 42 que j'ajoûte à 3, & j'ay $\frac{45}{7}$ qui
vaut 6 & $\frac{3}{7}$, puisque $\frac{45}{7}$ vaut $\frac{42}{7}$ & $\frac{3}{7}$, &
que $\frac{42}{7}$ vaut 6.

De même pour réduire 135$\frac{18}{27}$ en fraction simple, je multiplie 135 par 27, &

j'ay le produit 3645 que j'ajoûte au pre- 70
mier terme 18, & je connois que $\frac{3\ 6\ 3}{2\ 7}$,
ou $\frac{3\ 6\ 4\ 5}{2\ 7}$ & $\frac{1\ 8}{2\ 7}$ vaut $135\frac{1\ 8}{2\ 7}$.

Et pour réduire $1\frac{4}{9}$, je multiplie 1 par
9, j'ajoûte le produit 9 à 4, & je connois
que $1\frac{4}{9}$ ou $\frac{9}{9}$ & $\frac{4}{9}$ vaut $\frac{13}{9}$. Et ainsi des
autres.

III.

5

*Pour réduire deux ou plusieurs fractions à
un même dénominateur ou second terme sans
changer leur valeur.*

1°. Pour deux fractions on multipliera
mutuellement chacun des termes de l'une
par le second terme de l'autre.

Ainsi pour donner un même second ter-
me aux fractions $\frac{3}{4}$ & $\frac{2}{5}$, je multiplie d'a-
bord l'un & l'autre terme 3 & 4 de $\frac{3}{4}$ par
le second terme 5 de $\frac{2}{5}$: Je multiplie ensuite les termes 2 & 5 de $\frac{2}{5}$ par le second terme
4 de $\frac{3}{4}$; ce qui ne * change pas leur valeur. $\ast 65.$
Et les fractions $\frac{15}{20}$ & $\frac{8}{20}$ auront visiblement un même second terme 20, puis-
que 5 × 4 vaut 4 × 5, & seront de même
valeur que les précedentes $\frac{3}{4}$ & $\frac{2}{5}$. Au lieu
de $\frac{15}{20}$ & $\frac{8}{20}$ on écrit $\frac{15\,.\,8}{20\,.\,20}$.

Et pour donner un même second terme à
$\frac{5}{3}$ & $\frac{3}{6}$, je puis le faire en multipliant

70 comme auparavant 2 5 & 3 par 6 ; 3 2 & 6 par 3, & avoir $\frac{2\,5\,0}{3}$ & $\frac{2\,6}{3}$. Mais confiderant qu'en multipliant feulement le fecond terme 3 de $\frac{2\,5}{3}$ par 2, j'auray le fecond terme 6 de $\frac{2\,2}{6}$, il me fuffit de multiplier l'un & l'autre terme de $\frac{2\,5}{3}$ par 2 pour avoir deux fractions $\frac{5\,0}{6}$ & $\frac{3\,2}{6}$, de même valeur que $\frac{2\,5}{3}$ & $\frac{3\,2}{6}$, & qui auront un même fecond terme 6.

Ou confiderant encore qu'en divivifant le fecond terme 6 de $\frac{3\,2}{6}$ par 2, j'auray le fecond terme 3 de $\frac{2\,5}{3}$, & que l'un & l'autre terme de $\frac{3\,2}{6}$ peut être divifé par 3. Je me contente de divifer les termes 3 2 & 6 de $\frac{3\,2}{6}$ par 2, & j'ay $\frac{2\,5}{3}$ & $\frac{1\,6}{3}$, ou $\frac{2\,5\,.\,1\,6}{3}$, de même valeur que $\frac{2\,5}{3}$ & $\frac{3\,2}{6}$, & qui ont un même fecond terme 3.

De même pour donner un même fecond terme au nombre entier 7 ou $\frac{7}{1}$ & à la fraction $\frac{3}{4}$. Il fuffit de multiplier 7 & 1 de $\frac{7}{1}$ par le fecond terme 4 de $\frac{3}{4}$. Et $\frac{2\,8}{4}$ & $\frac{4}{4}$ feront de même valeur que 7 & $\frac{3}{4}$, & auront un même fecond terme 4. Pour 1 & $\frac{3}{5}$ j'auray $\frac{5}{5}$ & $\frac{3}{5}$, &c.

2°. Pour donner un même fecond terme aux trois fractions $\frac{3}{4}\;\frac{2}{5}\;\frac{4}{3}$, je donne d'abord un même fecond terme aux deux premieres $\frac{3}{4}\;\frac{2}{5}$, & j'ay $\frac{1\,5}{2\,0}$ & $\frac{8}{2\,0}$. Enfuite je multiplie les termes 15, 8, 20 des deux $\frac{15}{20}$ $\frac{8}{20}$ par le second terme 3 de la troisiéme fraction $\frac{4}{3}$, & les termes 4 & 3 de $\frac{4}{3}$ par le second terme commun 20 de $\frac{15}{20}$ & $\frac{8}{20}$; ce qui ne change pas les valeurs de ces fractions, & j'ay $\frac{45 \cdot 24 \cdot 80}{60}$, ou $\frac{45}{60}$ $\frac{24}{60}$ $\frac{80}{60}$, qui ont un même second terme 60, & sont de même valeur que les proposées $\frac{3}{4}$ $\frac{2}{5}$ $\frac{4}{3}$.

3°. Pour donner un même second terme aux quatre fractions $\frac{3}{4}$ $\frac{2}{5}$ $\frac{4}{3}$ $\frac{5}{2}$, je donne d'abord un même second terme aux trois premieres $\frac{3}{4}$ $\frac{2}{5}$ $\frac{4}{3}$, & j'ay $\frac{45}{60}$ $\frac{24}{60}$ $\frac{80}{60}$. Je multiplie ensuite chacun de leurs termes 45, 24, 80, 60 par le second terme 2 de la quatriéme $\frac{5}{2}$, & les deux termes 5 & 2 de $\frac{5}{2}$ par le second terme commun 60 des précedentes; ce qui ne change pas la valeur de ces fractions, & j'ay $\frac{90}{120}$ $\frac{48}{120}$ $\frac{160}{120}$ $\frac{112}{120}$, qui auront un même second terme 120, & seront de même valeur, ou égales aux proposées.

Et comme tous les termes de ces fractions peuvent être divisés au juste chacun par 2; on les réduira sans changer leur valeur à $\frac{45}{60}$ $\frac{24}{60}$ $\frac{80}{60}$ $\frac{75}{60}$, ou à $\frac{45 \cdot 24 \cdot 80 \cdot 75}{60}$.

4°. On suivra toûjours le même ordre pour donner un même second terme à un plus grand nombre de fractions : ou, comme l'on dit ordinairement, pour les réduire à une même dénomination.

IV.

*Pour réduire une fraction à son exposant,
ou aux moindres termes.* On divisera l'un &
l'autre terme de la fraction par leur plus
grand commun Diviseur.

On a pû voir par tout ce que nous avons
dit jusqu'à présent, que dans le nombre immen-
sé de toutes les fractions, il y en a toûjours
un nombre infini de même valeur que telle
fraction proposée que ce soit, comme $\frac{8}{12}$,
puisqu'en multipliant les termes 8 & 12 de
cette fraction, par quelque nombre entier
que ce soit, on ne change pas sa valeur.
Ainsi $\frac{8}{12}$, $\frac{16}{24}$, $\frac{24}{36}$, $\frac{32}{48}$, $\frac{40}{60}$, &c. sont toutes
de même valeur.

Mais comme plus les termes d'une fraction, quelque petite que soit sa valeur,
sont grands, ou s'éloignent de l'unité, plus
la comprehension de cette fraction devient
penible à l'esprit, qui rapporte toûjours les
nombres à cette unité : Que la valeur de
$\frac{8}{12}$ nous est plus aisée à comprendre que
celle de $\frac{32}{48}$, quoiqu'elle soit la même ; on
voit bien qu'il est à propos, une fraction
$\frac{32}{48}$ étant proposée de trouver parmi toutes
les fractions qui peuvent lui être égales,
celle dont les termes sont les moindres. Et
pour cela, il n'y a, comme nous le venons

de dire, qu'à chercher d'abord le plus grand commun Diviseur 16 de ses deux termes 32 & 48, & diviser l'un & l'autre de ces termes par ce p. g. c. d. 16 ; ce qui donne $\frac{2}{3}$ de même valeur que $\frac{32}{48}$.

Pour réduire la fraction $\frac{1080000}{63000}$, je divise d'abord l'un & l'autre de ses termes par 1000 en retranchant trois zero de part & d'autre, & j'ay d'abord $\frac{1080}{63}$, dont je divise ensuite les termes par leur p. g. c. d. 9, & j'ay enfin $\frac{120}{7}$, ou $17\frac{1}{7}$ de même valeur que les précedentes.

Pour réduire $\frac{186}{215}$, je cherche le p. g. c. d. de ses termes que je trouve être 1, ce qui marque que la fraction $\frac{186}{215}$ ne peut être réduite à de moindres termes sans changer de valeur, ce que nous démontrerons ailleurs. On peut la réduire à $\frac{37}{43}$ & $\frac{1}{215}$ que l'on peut negliger. Car $\frac{185}{215}$ & $\frac{1}{215}$ vaut $\frac{186}{215}$ & $\frac{185}{215}$ en divisant par 5, vaut $\frac{37}{43}$.

La fraction $\frac{215}{186}$ ne peut être pareillement réduite à de moindres termes, mais on peut la réduire en entiers, & elle vaut $1\frac{29}{186}$, ou $1\frac{14}{63}$ & $\frac{1}{186}$, ou en prenant $\frac{14}{62}$ qui est un peu plus grande que $\frac{14}{63}$ & $\frac{1}{186}$, on peut la réduire à $1\frac{7}{31}$.

Pour réduire la fraction $\frac{2400000}{360000}$, je retranche d'abord, en pareil nombre, les zero

70 qui font de part & d'autre, & j'ay $\frac{240}{36}$.
Car par cette fimple operation je divife l'un
& l'autre terme par 1000, ce qui ne change point la valeur de la fraction. Enfuite je
divife l'un & l'autre terme de $\frac{240}{36}$ par leur
p. g. c. d. 12, & j'ay $\frac{20}{3}$, ou $6\frac{2}{3}$, de
même valeur que $\frac{240000}{36000}$.

2°. Pour réduire aux moindres termes les
deux fractions $\frac{36}{48}$ & $\frac{40}{48}$, qui ont un même
fecond terme, fans qu'elles ceffent de l'a-
voir.

Divifés leurs trois termes 36, 40, 48
par leur p. g. c. d. 4, & les fractions $\frac{9}{12}$
& $\frac{10}{12}$ qui en proviendront, étant de même valeur que les précedentes, feront réduites aux moindres termes, fans ceffer d'avoir
un même fecond terme.

On peut bien réduire chacune de ces fra-
ctions à de moindres termes, car $\frac{9}{12}$ vaut $\frac{3}{4}$
& $\frac{10}{12}$ vaut $\frac{5}{6}$, mais les fractions $\frac{3}{4}$ & $\frac{5}{6}$
n'auroient pas un même fecond terme.

3°. On verra de même, que pour rédui-
re aux moindres termes trois fractions $\frac{34}{48}$
$\frac{36}{48}$ $\frac{40}{48}$, qui ont un même fecond terme,
fans qu'elles ceffent de l'avoir, il faudra divifer leurs quatre termes 34, 36, 40, 48
par leur p. g. c. d. 2 & les fractions $\frac{17}{24}$ $\frac{18}{24}$ $\frac{20}{24}$
de même valeur que les précedentes, feront
réduites aux moindres termes, ce qu'on dé-

montrera ailleurs, sans cesser d'avoir un même second terme.

Et en suivant le même ordre, on pourra réduire aux moindres termes tel nombre de fractions qu'on voudra, qui ayant un même second terme, l'auront encore après l'operation.

V.

Pour évaluer une fraction, ou lui donner pour second terme tel nombre entier qu'on voudra. On multipliera par ce nombre le premier terme de la fraction proposée, & on en divisera le produit par son second terme. Le Quotient sera le premier terme de la fraction qu'on demande.

Ainsi pour réduire la fraction $\frac{52}{8}$ en un autre qui ait pour second terme le nombre entier 12. Je multiplie le premier terme 52 par 12, & j'en divise le produit 624 par le second terme 8, & posant le Quotient 78 sur une ligne, & le nombre donné 12 dessous, je connois que la fraction proposée $\frac{52}{8}$ vaut $\frac{78}{12}$.

Car en multipliant le premier terme 52 de $\frac{52}{8}$ par 12, on a une fraction $\frac{624}{8}$, qui vaut 12 fois la proposée $\frac{52}{8}$, & en divisant 624 par 8 on trouve que $\frac{624}{8}$ vaut 78 entiers, qui valent pareillement 12 fois $\frac{52}{8}$

70 par conſequent en diviſant 78 par 12, ce que l'on fait en poſant 12 ſous 78, on aura une fraction $\frac{78}{12}$, de même valeur que $\frac{26}{4}$.

Cette réduction d'une fraction à un Dénominateur donné eſt d'un grand uſage dans le Commerce. Si l'on veut par exemple diſtribuer 53 ſols à 8 pauvres, on trouve en diviſant d'abord 53 par 8 qu'il faut donner à chacun 6 ſols & $\frac{5}{8}$ de ſol. Mais comme $\frac{5}{8}$ de ſol n'eſt pas une monnoye qui ſoit en uſage, mais ſeulement $\frac{1}{12}$ de ſol qui vaut un denier, il faut réduire les $\frac{5}{8}$ de ſol qui reſtent en douziémes, ou ce qui revient au même les 5 ſols qui reſtent en deniers, en multipliant 5 par 12, ce qui fait 60, & diviſant 60 par 8, ce qui donne 7 deniers & $\frac{4}{8}$, ou $\frac{1}{2}$ de denier, ou $7\frac{1}{12}$ de ſol ; de ſorte que chaque pauvre aura 6 ſols 7 deniers & $\frac{4}{8}$ de denier, ou $6 \ 7\frac{1}{2}\over{12}$ de ſol. On voit par là qu'il n'eſt pas toûjours poſſible de réduire au juſte une fraction à un Dénominateur donné, & qu'il reſte ſouvent quelques petites parties que l'on neglige.

8   **VI.**

Pour réduire les fractions de fraction en fraction premiere. On prendra le produit de leurs

leurs premiers termes, & celui de leurs seconds termes.

On appelle *fraction premiere* un nombre qui exprime les parties de l'unité, ainsi $\frac{3}{4}$ de 1, est une fraction premiere. Mais $\frac{3}{4}$ de 5, ou $\frac{3}{4}$ de $\frac{2}{3}$, est une fraction seconde, ou une fraction de fraction. Et $\frac{3}{4}$ de $\frac{2}{3}$ de $\frac{5}{6}$, est une fraction troisiéme, ou une fraction de fraction de fraction &c.

Or $\frac{3}{4}$ de 1 est une même chose que $\frac{3}{4}$; car par la définition des fractions $\frac{1}{4}$, est le nombre que l'unité contient 4 fois ; ainsi $\frac{1}{4}$ est une même chose que $\frac{1}{4}$ de 1. Et par conséquent $\frac{3}{4}$ ou $3 \times \frac{1}{4}$ est la même chose que $3 \times \frac{1}{4}$ de 1, ou $\frac{3}{4}$ de 1. Ainsi les fractions sont elles-mêmes des fractions premieres.

Pour réduire $\frac{3}{4}$ de 5, ou $\frac{3}{4}$ de $\frac{5}{1}$ en fraction premiere, il faut multiplier le premier terme 3 de $\frac{3}{4}$ par le premier terme 5 de $\frac{5}{1}$, & le second terme 4 de $\frac{3}{4}$ par le second terme 1 de $\frac{5}{1}$, ce qui donne $\frac{15}{4}$, de même valeur que $\frac{3}{4}$ de 5. Car il est visible que pour avoir $\frac{1}{4}$ de 5, ou la quatriéme partie de 5 *, il faut diviser 5 par 4, ce qui * 57. donne $\frac{5}{4}$. Donc, puisque $\frac{5}{4}$ est $\frac{1}{4}$ de 5, 3 fois $\frac{5}{4}$ ou $\frac{15}{4}$ sera visiblement les $\frac{3}{4}$ de 5.

I

70   De même pour réduire $\frac{3}{4}$ de $\frac{2}{3}$ en fraction premiere, je multiplie 3 par 2, & 4 par 3, & $\frac{6}{12}$ vaut $\frac{3}{4}$ de $\frac{2}{3}$. Car pour avoir $\frac{1}{4}$ de $\frac{2}{3}$, ou la quatriéme partie de $\frac{2}{3}$, il faut visiblement diviser $\frac{2}{3}$ par 4, ce qui donne $\frac{2}{12}$. Et par consequent pour avoir 3 fois $\frac{1}{4}$ de $\frac{2}{3}$, ou $\frac{3}{4}$ de $\frac{2}{3}$, il faut multiplier $\frac{2}{12}$ par 3, ce qui donne $\frac{6}{12}$, ou $\frac{1}{2}$ qui vaut $\frac{3}{4}$ de $\frac{2}{3}$.

De même pour réduire $\frac{3}{4}$ de $\frac{2}{3}$ de $\frac{5}{6}$ en fraction simple, je multiplie 3 par 2, par 5, & 4 par 3 par 6 ; ce qui donne $\frac{30}{72}$, qui vaut $\frac{3}{4}$ de $\frac{2}{3}$ de $\frac{5}{6}$. Car $\frac{2}{3}$ de $\frac{5}{6}$ étant $\frac{10}{18}$, $\frac{3}{4}$ de $\frac{2}{3}$ de $\frac{5}{6}$ sera visiblement $\frac{3}{4}$ de $\frac{10}{18}$, qui est $\frac{30}{72}$ ou $\frac{5}{12}$. Il en sera de même des autres à l'infini.

9

VII.

Pour ajoûter une fraction à une autre, ou trouver la somme de deux ou de plusieurs fractions.

On leur donnera un même second terme, & on ajoûtera les premiers termes des nouvelles fractions.

1°. Soient $\frac{1}{4}$ & $\frac{1}{5}$ deux fractions propo-
75. sées, * je leur donne un même second terme, & j'ay $\frac{5}{20}$ & $\frac{4}{20}$, dont la somme est

visiblement $\frac{23}{20}$, qui se réduit à $1\frac{3}{20}$.	70

2°. Pour ajoûter $\frac{85}{15}$ $\frac{114}{24}$ $\frac{37}{6}$ $\frac{27}{9}$ $\frac{273}{35}$. Pour plus grande facilité, je les réduis d'abord aux moindres termes $5\frac{2}{3}$, $4\frac{3}{4}$, $6\frac{1}{6}$, 3, $7\frac{4}{5}$, & laissant à part les entiers 5, 4, 6, 3, 7. J'ajoûte d'abord $\frac{2}{3}$ à $\frac{3}{4}$, & j'ay $\frac{17}{12}$, ou $1\frac{5}{12}$. J'ajoûte ensuite $1\frac{5}{12}$ à $\frac{1}{6}$, ou $\frac{2}{12}$, & j'ay $1\frac{6}{12}$, ou $1\frac{1}{2}$. J'ajoûte ensuite $1\frac{1}{2}$ à $\frac{4}{5}$, & j'ay $1\frac{13}{10}$ ou $2\frac{3}{10}$. Et ainsi de suite, s'il y avoit un plus grand nombre de fractions à ajoûter. J'ajoûte enfin la somme 25 des entiers 5, 4, 6, 3, 7 à $2\frac{3}{10}$; Et $27\frac{3}{10}$ est visiblement la somme des fractions proposées.

On auroit pû trouver la même somme en donnant un même second terme à toutes ces fractions, & ajoûter ensuite leurs premiers termes; mais la Méthode précedente est plus courte & plus facile.

## VIII.	10

Pour soustraire ou ôter une fraction d'une autre, & en trouver la difference.

On les réduira à un même second terme, & on ôtera ensuite leurs premiers termes l'un de l'autre.

Ainsi pour ôter $\frac{2}{5}$ de $\frac{3}{4}$, * je leur donne	*75. d'abord un même second terme, & j'ay $\frac{8}{20}$

80 & $\frac{15}{20}$. J'ôte ensuite le premier terme 8 de l'une, du premier terme 15 de l'autre. Et
*64. $\frac{7}{20}$ qui restent, étant * visiblement la difference de $\frac{15}{20}$ à $\frac{8}{20}$, sera aussi la difference des fractions $\frac{3}{4}$ & $\frac{2}{5}$, de même valeur que $\frac{15}{20}$ & $\frac{8}{20}$.

Et pour ôter $\frac{58}{18}$ de $\frac{78}{15}$, je les réduis d'abord à $3\frac{2}{9}$ & $7\frac{3}{5}$, je donne ensuite un même second terme aux fractions $\frac{2}{9}$ & $\frac{3}{5}$, & j'ay à ôter $3\frac{10}{45}$ de $7\frac{27}{45}$, j'ôte 10 de 27, & l'entier 3 de l'entier 7 ; & j'ay pour reste $4\frac{17}{45}$.

Pour ôter $3\frac{21}{27}$ de $9\frac{15}{25}$, je réduis les fractions $\frac{21}{27}$ & $\frac{15}{25}$ aux moindres termes, & j'ay à ôter $3\frac{7}{9}$ de $9\frac{3}{5}$. Je donne un même second terme aux fractions $\frac{7}{9}$ & $\frac{3}{5}$, & j'ay à ôter $3\frac{35}{45}$ de $9\frac{27}{45}$. Mais comme 35 ne peut être ôté de 27, je réduis *un* des 9 entiers de $9\frac{27}{45}$ en fraction, lequel entier vaut $\frac{45}{45}$, & j'ay à ôter $3\frac{35}{45}$ de $8\frac{45}{45}$ & $\frac{27}{45}$; ou de $8\frac{72}{45}$, j'ôte donc enfin 35 de 72, & l'entier 3 de l'entier 8, & j'ay $5\frac{37}{45}$; l'usage apprendra à faire cette operation avec promptitude & facilité.

3. IX.

Pour multiplier une fraction par une autre,

Après avoir réduit les entiers en fraction, ce qui est necessaire.

On multipliera la fraction à multiplier par le premier terme du Multiplicateur, & on divisera le provenu par son second terme.

Ainsi pour multiplier $\frac{3}{4}$ par $\frac{6}{5}$, je multiplie d'abord $\frac{3}{4}$ par 6, & vient $\frac{18}{4}$ que je divise par 5, & j'ay pour produit $\frac{18}{20}$, ou $\frac{9}{10}$.

Car * multiplier un nombre $\frac{3}{4}$ par un autre $\frac{6}{5}$, c'est en trouver un *troisiéme* Z, qui contienne le *premier* $\frac{3}{4}$, de la même maniere que le *second* $\frac{6}{5}$ contient l'unité. Or * $\frac{6}{5}$ ne contient que les $\frac{6}{5}$ de l'unité. Il faut donc que la fraction Z que je cherche ne contienne ou ne soit que les $\frac{6}{5}$ de $\frac{3}{4}$.

Or, il est visible que pour avoir d'abord $\frac{1}{5}$ de $\frac{3}{4}$, il faut diviser $\frac{3}{4}$ par 5, ce qui donne $\frac{3}{20}$, & que pour avoir 6 fois $\frac{1}{5}$ ou $\frac{6}{5}$ de $\frac{3}{4}$, il faut multiplier $\frac{3}{20}$ par 6; ce qui donne $\frac{18}{20}$ pour le produit de $\frac{3}{4}$ par $\frac{6}{5}$ comme auparavant. Et on pourra appliquer le même raisonnement à tout autre exemple.

Il faut observer que dans les fractions le produit doit souvent être moindre que la fraction à multiplier ; sçavoir , lorsque le Multiplicateur est moindre que l'unité ,

80 comme $\frac{3}{4}$; car alors il ne faut pas poser au produit tout le nombre à multiplier, mais seulement les $\frac{3}{4}$ de ce nombre.

Pour se guider dans cette operation, il faut considerer que lorsqu'on a par exemple à multiplier $\frac{3}{4}$ par $\frac{6}{5}$, & qu'on multiplie d'abord $\frac{3}{4}$ par 6, on a un produit $\frac{18}{4}$ trop grand ; car ce n'est pas par 6 qu'il faloit multiplier $\frac{3}{4}$, mais seulement par $\frac{6}{5}$, qui n'est que le cinquiéme de 6. Il faut donc diviser le provenu $\frac{18}{4}$ par 5 pour avoir le veritable produit $\frac{18}{20}$ de $\frac{3}{4}$ par $\frac{6}{5}$, comme auparavant.

Pour multiplier $\frac{25}{12}$ par $\frac{3}{5}$, je multiplie $\frac{25}{12}$ par 3, en divisant son second terme 12 par 3, & vient $\frac{25}{4}$, que je divise par 5, en divisant son premier terme 25 par 5, & j'ay $\frac{5}{4}$ pour produit de $\frac{25}{12}$ par $\frac{3}{5}$.

Pour multiplier $\frac{4}{3}$ par $\frac{3}{5}$, je multiplie d'abord $\frac{4}{3}$ par 3, & j'ay $\frac{4}{1}$, que je divise ensuite par 5, en multipliant son second terme 1 par 5. Et j'ay enfin $\frac{4}{5}$ pour produit de $\frac{4}{3}$ par $\frac{3}{5}$.

Pour multiplier $5\frac{4}{9}$ par $7\frac{2}{3}$, je réduis les entiers en fraction, & j'ay $\frac{49}{9}$ & $\frac{23}{3}$, je multiplie ensuite $\frac{49}{9}$ par 23, & il vient $\frac{1127}{9}$, que je divise par 3, & j'ay $\frac{1127}{27}$ ou $41\frac{20}{27}$ pour produit de $5\frac{4}{9}$ par $7\frac{2}{3}$.

X.

Pour diviser une fraction par une autre, &
en trouver le quotient juste.

Après avoir réduit les entiers en fraction,
ce qui est necessaire.

On divisera la fraction à diviser par le
premier terme du Diviseur, & on en multipliera le provenu par son second terme.

Ainsi pour diviser $\frac{3}{4}$ par $\frac{6}{5}$, je divise d'a-
bord $\frac{3}{4}$ par 6, & vient $\frac{3}{24}$, que je multiplie par 5, & j'ay $\frac{15}{24}$ quotient de $\frac{3}{4}$ divisé
par $\frac{6}{5}$.

Car * diviser un nombre $\frac{3}{4}$ par un autre * 39.
$\frac{6}{5}$, c'est en trouver un *troisiéme*, que le *pre-*
mier $\frac{3}{4}$ contienne de la même façon que le
second $\frac{6}{5}$ contient l'unité.

Or * $\frac{6}{5}$ ne contient que les $\frac{6}{5}$ de l'unité. * 61.
Il faut donc que $\frac{3}{4}$ ne contienne ou ne soit
au juste que les $\frac{6}{5}$ du nombre que je cherche.

Donc pour avoir d'abord $\frac{1}{5}$ du nombre
que je cherche, il faut que je divise $\frac{3}{4}$, qui
en est les $\frac{6}{5}$, par 6, ce qui donne $\frac{3}{24}$ égal
à $\frac{1}{5}$ du nombre que je cherche : Et qu'ensuite je multiplie $\frac{3}{24}$ par 5 pour avoir toutes les 5 parties de ce nombre.

(80 Donc $\frac{15}{24}$ sera comme auparavant le quotient juste de $\frac{3}{4}$ par $\frac{6}{5}$. Et l'on pourra aisément appliquer le même raisonnement à tout autre exemple.

Il faut remarquer que dans la division des fractions le quotient peut souvent être plus grand que le nombre à diviser ; sçavoir, lorsque le Diviseur est moindre que l'unité, puisque le quotient d'un nombre par l'unité est ce nombre même, & que plus le Diviseur est petit, & plus le quotient doit être grand.

Pour se guider dans cette operation, il faut considerer que lorsqu'on a par exemple à diviser $\frac{3}{4}$ par $\frac{6}{5}$, & qu'on divise d'abord $\frac{3}{4}$ par 6, on a un quotient $\frac{3}{24}$ trop petit, car ce n'est pas par 6 qu'il falloit diviser $\frac{3}{4}$, mais seulement par $\frac{6}{5}$, qui n'est que le cinquiéme de 6 : D'où il suit, que le quotient que l'on cherche doit être 5 fois aussi grand que le précedent, il faut donc multiplier $\frac{3}{24}$ par 6 pour avoir le veritable quotient $\frac{15}{24}$ de $\frac{3}{4}$ par $\frac{6}{5}$ comme auparavant.

Pour diviser $\frac{12}{25}$ par $\frac{3}{5}$, je divise $\frac{12}{25}$ par 3, en divisant 12 par 3, & vient $\frac{4}{25}$, que je multiplie par 5, en divisant 25 par 5, & j'ay $\frac{4}{5}$ quotient de $\frac{12}{25}$ par $\frac{3}{5}$.

Pour diviser $\frac{8}{3}$ par $\frac{4}{3}$, je divise $\frac{8}{3}$ par 4, & il vient $\frac{2}{3}$ que je multiplie par 9, & $\frac{18}{3}$

ou $\frac{6}{1}$ ou 6, est le quotient de $\frac{2}{3}$ par $\frac{4}{9}$. 80

Et pour diviser $\frac{4}{9}$ par $\frac{8}{3}$, je divise $\frac{4}{9}$ par 8, & j'ay $\frac{4}{72}$, que je multiplie par 3, & $\frac{12}{72}$ ou $\frac{1}{6}$, est le quotient de $\frac{4}{9}$ par $\frac{8}{3}$, bien different du quotient $\frac{18}{3}$ ou $\frac{6}{1}$ de $\frac{8}{3}$ par $\frac{4}{9}$.

Pour diviser un nombre entier 12 par une fraction $2\frac{3}{4}$ (ce qui est bien different de diviser une fraction $2\frac{3}{4}$ par un entier 12). Au lieu de 12 je pose $\frac{12}{1}$, & au lieu de $2\frac{3}{4}$ je pose $\frac{11}{4}$ en réduisant l'entier 2 en fraction. Ensuite je divise $\frac{12}{1}$ par 11, & j'ay $\frac{12}{11}$ que je multiplie par 4, & j'ay le quotient $\frac{48}{11}$ ou $4\frac{4}{11}$ de 12 par $2\frac{3}{4}$, bien different du quotient $\frac{11}{48}$ de la fraction $2\frac{3}{4}$ ou $\frac{11}{4}$, par l'entier 12.

PROBLEME II. 3

FAIRE les operations de l'Arithmetique sur les fractions decimales.

Les operations que nous venons de prescrire à l'égard des fractions generales se font avec une si grande facilité sur les fractions decimales, qu'elles méritent une attention particuliere, d'autant mieux que l'on peut toûjours réduire à très peu près une fraction quelconque, ou le quotient d'une division, en fractions decimales.

80 On nomme fractions decimales celles qui se forment par la numeration des fractions $\frac{1}{1}$ $\frac{1}{10}$ $\frac{1}{100}$ $\frac{1}{1000}$, &c. telles que sont 36, ou $\frac{36}{1}$ $\frac{9}{10}$ $\frac{21}{100}$ $\frac{254}{1000}$, &c.

4 **I.**

1°. Lorsque les Numerateurs des fractions decimales ne surpassent pas 9, & que leurs Denominateurs augmentent selon l'ordre des Nombres 1. 10. 100. 1000. &c. il n'y a, pour ajoûter ces fractions, qu'à joindre leurs Numerateurs & souscrire le dernier Dénominateur. Ainsi la somme de $36 \frac{8}{10} \frac{7}{100} \frac{5}{1000}$ est $\frac{36875}{1000}$, & pour en voir la raison, il n'y a qu'à réduire le nombre entier 36, & chacune de ces fractions au Dénominateur 1000 de la derniere. Car puisque 36, ou $\frac{36}{1}$ vaut $\frac{36000}{1000}$, que $\frac{8}{10}$ vaut $\frac{800}{1000}$, que $\frac{7}{100}$ vaut $\frac{70}{1000}$, & que la somme des Numerateurs 36000. 800. 70. 5. vaut 36875, on voit évidemment que $\frac{36875}{1000}$ est la somme des fractions précedentes.

2°. Lorsque les Dénominateurs n'augmentent pas dans l'ordre des nombres 1. 10. 100. 1000, &c. il n'y a qu'à mettre des zero à la place de celles qui manquent. Ainsi la somme de $36. \frac{7}{100} \frac{5}{10000}$ est $\frac{3607005}{100000}$. Car 36 vaut $\frac{3600000}{100000}$, & $\frac{7}{100}$

vaut $\frac{7005}{1000000}$. Et 3600000. 7000. 5. vaut 8 o $_{3}$607005.

3°. D'où il fuit que pour réduire une fraction decimale en ses parties, il n'y a qu'à défaire ce qu'on a fait dans l'article précedent.

Ainfi, Pour réduire $\frac{36875}{1000}$ en entiers, on aura 36. $\frac{875}{1000}$, en féparant des autres les chifres du Numerateur qui répondent à l'unité du Dénominateur,

Et pour fes autres parties, on aura 36. $\frac{8}{10}$ $\frac{7}{100}$ $\frac{5}{1000}$, on verra de même que $\frac{3607005}{1000000}$ vaut 36. $\frac{7005}{100000}$, ou 36. $\frac{7}{100}$ $\frac{5}{100000}$

4°. Pour rendre l'expreffion des fractions décimales plus commode, on fe contente de féparer par un point les entiers des autres parties de la fraction. Ainfi on eft convenu que 36.875 & $\frac{36875}{1000}$ étoient deux expreffions équivalentes, le nombre des chifres qui font après le point étant toûjours égal au nombre des zero du Dénominateur, c'eft-à-dire, que 36.875 vaut 36 unités & 875 milliemes, ou 36 unités, 8 dixiémes, 7 centaines, 5 milliemes; & que 36.07005, vaut 36 unités, 7 centiémes, 5 cens milliémes. Et lorfqu'il n'y a point d'entiers dans la fraction, comme dans $\frac{765}{1000}$, on met o avant le point, ainfi o. 765 eft l'expreffion abregée de la fraction précedente, &

0.095 vaut $\frac{95}{1000}$, & 0. 005 vaut $\frac{5}{1000}$.

Il faut se rendre ces expressions bien familieres, avant que de passer aux operations suivantes.

II.

1°. Pour ajoûter deux ou plusieurs fractions décimales, il n'y a qu'à les poser l'une sous l'autre, les entiers sous les entiers, les dixiémes sous les dixiémes, les centiémes sous les centiémes, &c. & faire l'addition à l'ordinaire, ainsi qu'on le voit icy.

$$\begin{array}{r} 35.7802 \\ 1.053 \\ 4.2687 \\ 15.86 \\ \hline 53.12007. \end{array}$$

2°. Pour soustraire une fraction décimale de l'autre, il n'y a qu'à les poser de même, la petite sous la grande, & faire la soustraction à l'ordinaire.

$$\begin{array}{r} 578.302 \\ 49.5732. \\ \hline 528.7288. \end{array}$$

On verra clairement la raison de ces opérations, en remettant ces fractions dans leur forme ordinaire, & leur donnant un même Dénominateur. Car $\frac{5287288}{10000}$ & $\frac{495732}{10000}$ vaut $\frac{5783020}{120000}$, & la seconde retranchée de la troisiéme vaut la premiere.

3°. Pour multiplier une fraction décimale

male 34.632 par une autre 0.5234. On
multipliera d'abord les
nombres qui les expri-
ment, comme s'ils
étoient des nombres en-
tiers. Mais pour sça-
voir après quel chifre
il faut mettre le point
ou pour connoître com-
bien le produit doit
contenir d'entiers, ce
qui regle tout le reste,
il faut que la fraction

$$
\begin{array}{r}
34.632 \\
0.5234 \\
\hline
138528 \\
103896 \\
69264 \\
17\ 3160 \\
\hline
18.1263888
\end{array}
$$

du produit contienne autant de chifres qu'il
y en a dans la fraction des deux racines,
c'est-à-dire, *sept* dans cet exemple ; Ainsi
je mets le point après le septiéme chifre,
en commençant à compter du côté des unités, & je connois que le produit de 34.632
par 0.5234 est 18.1263888, ou 18 entiers & 1263888 dix millioniémes. Car
le nombre decimal 34.632 vaut $\frac{34632}{1000}$, &
0.5234 vaut $\frac{5234}{10000}$. Or le produit de ces
fractions est $\frac{181263888}{10000000}$, dont le Dénominateur doit contenir autant de zero
que les deux Dénominateurs ensemble des
précedentes, & qui vaut par consequent
18.1263888.

4°. *Pour diviser une fraction decimale par
une autre.* On divisera les nombres qui les

80 expriment l'un par l'autre, comme s'ils étoient des nombres entiers, & pour sçavoir après quel chifre du quotient il faut mettre le point, on retranchera du nombre des chifres de la fraction du Dividende celui de la fraction du Diviseur.

Ainsi le quotient de 18.1263888, dont la fraction contient 7 chifres, par 0.5234, dont la fraction en contient 4, est 34.632, dont la fraction en doit contenir 3 ; ce qu'on démontrera de la même maniere que dans la Multiplication.

§ **III.**

Pour réduire une fraction en fractions décimales, ou approcher autant qu'on voudra de la juste valeur du quotient d'une division imparfaite : ou qui laisse un reste.

On joindra au premier terme de la fraction, ou au reste de la division, autant de zero qu'on voudra, & on continuera à diviser ce reste par le Diviseur, separant par un point les précedens chifres du quotient, de ceux que l'on trouvera par cette operation.

Ainsi s'il faut diviser 32466 en 23, on trouvera d'abord par les Regles de la Division le quotient 1411. Mais comme il reste 13, ou que ce quotient est au juste $1411\frac{13}{23}$, pour connoître combien la fraction $\frac{13}{23}$ vaut de dixièmes, de centièmes, de milliémes, 80 &c. je mets un point au quotient.

Et posant d'abord o après 13, ce qui réduit les 13 unités qui restent en 130 *dixié-* *mes,* je continuë à di-viser 130 en 23, & je trouve 5, que je pose à la suite des chifres du quotient, (j'aurois posé o, si 23 n'eût pas été con-tenu dans 130).

$$32466$$
$$23$$
$$1411.5652 \ \&c.$$
$$94..$$
$$26.$$
$$36$$
$$130$$
$$150$$
$$120$$
$$50$$

Et comme il reste 15 dixiémes, je pose encore o après 5, ce qui réduit les 15 dixié-mes qui restent en 150 *centiémes,* je conti-nuë ensuite à diviser 150 en 23, & je trou-ve 6 que je pose au quotient.

Et comme il reste 12 *centiémes,* je pose encore o après 12, ce qui réduit les 12 *cen-* *tiémes* en 120 *milliémes,* je continuë ensuite à diviser 120 en 23, & je trouve 5 que je pose au quotient.

Et comme il reste 5 milliémes, je pose encore o, ce qui réduit les 5 milliémes qui restent en 50 dix milliémes, que je divise en 23 ; & ainsi de suite, tant qu'il me plaît, ou jusqu'à ce que je trouve une division juste, ce qui arrive quelque fois.

80 Par ce moyen on peut réduire à très-peu près toutes les fractions, ou les quotiens des divisions en fractions décimales, sur lesquelles on peut ensuite operer, comme il a été enseigné ; ce qui est très-commode & d'un grand usage dans l'Arithmetique-Pratique.

AVERTISSEMENT.

Le calcul des fractions est d'une si grande importance dans les Mathematiques, qu'il faut se le rendre bien familier si l'on y veut faire du progrès en peu de temps. Mais la pratique de ce calcul n'est pas ce qu'il contient de plus important, c'est la raison des Regles que nous y avons prescrites & démontrées, à quoi il faut avoir le plus d'attention.

On trouvera à la fin de cet Ouvrage un grand nombre de questions que l'on résoudra avec une grande facilité par le moyen des fractions, sur lesquelles on pourra s'exercer pour s'en rendre l'usage de plus en plus familier.

Fin de la seconde Leçon.

L'Auteur expliquera dorénavant ces Leçons au College Royal, depuis cinq heures du soir jusqu'à six.

LECON TROISIE'ME 80.

DES

OPERATIONS COMPOSE'ES

DE L'ARITHMETIQUE

Où l'on traite de la *composition* des Puiſſances des Nombres, tant Entiers que Rompus, & de leur *Réſolution*.

DEFINITIONS.

I.

A premiere *Puiſſance* d'un nombre eſt le produit de l'unité par ce nombre.

Sa *ſeconde* *Puiſſance* eſt le produit de la premiere par ce même nombre.

Sa *troiſiéme* *Puiſſance* eſt le produit de la ſeconde par ce même nombre. Et ainſi de ſuite. Ainſi,

K iij

80

La 1e. est 32×1,   ou   32
La 2e. est 32×32,   ou   1024
La 3e. est 32×1024,   ou   32768
La 4e. est 32×32768,   ou 1048576
La 5e. est   33555432

Et ainsi de suite à l'infini.

La premiere puissance de 5 est 5×1, ou 5.
Sa seconde puissance est 5×5, ou 25.
Sa troisiéme puissance est 5×25, ou 125.
Sa quatriéme puissance est 5×125, ou 625.
Sa 5e. puissance est 5×625, ou 3125.
Et ainsi de suite.

La premiere puissance de 2 est 2×1, ou 2.
Sa seconde puissance est 2×2, ou 4.
Sa troisiéme puissance est 2×4, ou 8.
Sa quatriéme puissance est 2×8, ou 16.
Sa 5e. puissance est 2×16, ou 32 &c.

La premiere puissance de 1 est 1×1, ou 1.
Sa seconde puissance est 1×1, ou 1.
Sa troisiéme puissance est 1×1, ou 1.
Sa 4e. puissance est toûjours 1×1, ou 1.
Et ainsi de suite.

La 1e. puissance de 10 est 10×10, ou 100.
Sa seconde puissance est 10×100, ou 1000.
Sa 3e. puissance est 10×1000, ou 10000.
Sa 4e. puissance est 10×10000, ou 100000.
Sa 5e. puissance est 10×100000, ou 1000000.
Et ainsi de suite.

La 1e. $\quad$ est $\frac{3}{4} \times 1$, ou $\qquad\qquad\qquad \frac{3}{4}$ 80

La 2e. $\quad$ est $\frac{3}{4} \times \frac{3}{4}$, ou $\qquad\qquad\qquad \frac{9}{16}$

La 3e. $\quad$ est $\frac{3}{4} \times \frac{9}{16}$, ou $\qquad\qquad\qquad \frac{27}{64}$

La 4e. $\quad$ est $\frac{3}{4} \times \frac{27}{64}$, ou $\qquad\qquad\qquad \frac{81}{256}$

La 5e. $\quad$ est $\frac{3}{4} \times \frac{81}{256}$, ou $\qquad\qquad\qquad \frac{243}{1024}$

Et ainſi de ſuite à l'infini.

(puiſſance de $\frac{3}{4}$)

II. $\qquad\qquad\qquad\qquad\qquad\qquad$ 8

On nomme *Racine* le nombre qui a formé une certaine puiſſance. Ainſi,

32 eſt la Racine premiere de $\qquad\qquad\qquad$ 32

32 eſt la Racine ſeconde de $\qquad\qquad\qquad$ 1024

32 eſt la Racine troiſiéme de $\qquad\qquad$ 32768

32 eſt la Racine quatriéme de $\qquad$ 1048576

32 eſt la Racine cinquiéme de $\qquad$ 33554432

Et ainſi de ſuite.

Un eſt la Racine 1e. 2e. 3e. 4e. 5e. &c. de 1

$\frac{3}{4}$ eſt la Racine premiere de $\qquad\qquad\qquad \frac{3}{4}$

$\frac{3}{4}$ eſt la Racine ſeconde de $\qquad\qquad\qquad \frac{9}{16}$

$\frac{3}{4}$ eſt la Racine troiſiéme de. $\qquad\qquad \frac{27}{64}$

$\frac{3}{4}$ eſt la Racine quatriéme de $\qquad\qquad \frac{81}{256}$

Et ainſi de ſuite à l'infini.

III. $\qquad\qquad\qquad\qquad\qquad\qquad$ 9

On nomme *Quarré* la ſeconde puiſſance,
& *Cube* la troiſiéme. Ainſi,

Le Quarré de 32 eſt 1024, le Cube de

30 32 eſt 32768, & 32 eſt la Racine ſeconde ou Quarrée de 1024, 32 eſt la Racine troiſiéme ou Cube de 32768.

Le Quarré de 3 eſt 9, le Cube de 3 eſt 27, & 3 eſt la Racine Quarrée de 9. 3 eſt la Racine Cube de 27.

Le Quarré de $\frac{3}{4}$ eſt $\frac{9}{16}$, le Cube de $\frac{3}{4}$ eſt $\frac{27}{64}$. Et $\frac{3}{4}$ eſt la racine quarrée de $\frac{9}{16}$, $\frac{3}{4}$ eſt la racine Cube de $\frac{27}{64}$.

10   IV.

Extraire ou *tirer* la racine propoſée d'un nombre entier, c'eſt trouver le nombre, qui étant multiplié par lui-même, en commençant par l'unité, autant de fois que la racine que l'on propoſe a de degrés, produiſe le nombre donné.

Ainſi tirer la racine ſeconde ou quarrée de 36, c'eſt trouver le nombre, qui étant multiplié deux fois par lui-même, en commençant par l'unité, donne le nombre 36, & ce nombre eſt 6, puiſque 6 fois 1 eſt 6, & 6 fois 6 eſt 36.

Tirer la racine troiſiéme ou Cube de 64, c'eſt trouver le nombre, qui étant multiplié trois fois par lui-même, en commençant par l'unité, donne le nombre 64, & ce nombre eſt 4, car 4 × 1 eſt 4, 4 × 4 eſt 16, & 4 × 16 eſt 64, &c.

PROBLEME I.   I

EXTRAIRE *ou tirer la racine proposée d'un nombre entier.*

On suppose que l'on sçache tirer cette racine d'un nombre, lorsqu'elle ne doit pas surpasser *neuf.*

Pour cet effet, on peut s'aider de la Table suivante, qui contient par ordre les Puissances des neuf premiers nombres, & que l'on peut aisément continuer à l'infini.

Puissances

1es.	2es.	3es.	4es.	5es.	
1.	1.	1.	1.	1.	&c.
2.	4.	8.	16.	32.	&c.
3.	9.	27.	81.	243.	&c.
4.	16.	64.	256.	1024.	&c.
5.	25.	125.	625.	3125.	&c.
6.	36.	216.	1296.	7776.	&c.
7.	49.	343.	2401.	16807.	&c.
8.	64.	512.	4096.	32768.	&c.
9.	81.	729.	6561.	59049.	&c.

Cela posé, pour aider l'attention des Commençans, je proposerai d'abord la Regle generale que j'ay trouvée pour la resolution de ce Problême, ensuite je marquerai les voyes par où j'ay passé pour y parvenir, ce qui en fera la demonstration.

90

2 *REGLE GENERALE.*

POur tirer la racine quelconque d'un nombre proposé Z.

On separera par tranche le nombre Z, en commençant du côté des unités, & enfermant dans chaque tranche autant de chifres que la racine a de degrez. Ainsi on le separera de 2 en 2 chifres, s'il s'agit de tirer la racine seconde ou quarrée. De 3 en 3, s'il s'agit de tirer la racine troisiéme ou cube. De 4 en 4, s'il s'agit de tirer la racine quatriéme. De 5 en 5, s'il s'agit de tirer la racine cinquiéme, &c. Et on connoîtra par le nombre des tranches le nombre des chifres dont la racine doit être composée.

Pour trouver le premier chifre, on tirera la racine proposée de la premiere tranche la plus éloignée des unités; La racine quarrée, s'il s'agit de tirer la racine quarrée de Z; La racine Cube, s'il s'agit de tirer la racine Cube de Z; La racine quatriéme, s'il s'agit de tirer la racine quatriéme de Z, & ainsi des autres. Sans se mettre en peine que cette premiere tranche contienne autant de chifres que les autres. Et on aura le premier chifre de la racine R de Z, que l'on posera sous les dizaines de Z, s'il a deux tranches; Sous les centaines, s'il a trois tranches; Sous les mille, s'il a quatre tranches. Et ainsi de suite.

Pour trouver le fecond chifre.

1°. On formera la puiffance requife du nombre R déja trouvé, & on l'ôtera de la premiere tranche du nombre Z.

2°. On abaiffera auprès du refte le premier chifre de la feconde tranche, & on divifera le tout par le nombre des dégrez de la racine.

3°. On divifera ce nouveau nombre par la puiffance du nombre R, qui precede celle qu'on vient d'ôter de la premiere tranche, & le quotient fera le fecond chifre, que l'on potera à la fuite du premier.

Pour trouver le troifiéme chifre & les fuivans, on fuivra le même ordre.

1°. On formera la puiffance requife du nombre R déja trouvé, & on l'ôtera immédiatement des premieres tranches du nombre Z.

2°. On abaiffera le premier chifre de la tranche fuivante, & on divifera le tout par le nombre des degrez.

3°. On divifera ce nouveau nombre par la puiffance du nombre R, qui précede celle qu'on vient d'ôter, & le quotient fera le chifre demandé, que l'on potera à la fuite des autres déja trouvés.

Remarques. L'invention du quatriéme chifre & des fuivans étant de plus en plus longue, on donnera dans les exemples le moyen de l'abreger : Et de plus, fi après avoir trouvé trois chifres il en faut encore trouver deux autres, on pourra le faire par une même operation, en abaissant seulement deux chifres auprès du reste au lieu d'un, & achever l'operation à l'ordinaire.

Et si l'on a déja trouvé 5 chifres, & qu'il en faille encore trouver 2. 3. 4. & même 5 autres, on pourra le faire par une même operation, en abaissant autant de chifres du nombre Z auprès du reste, que l'on en veut trouver d'autres. Et ainsi de suite.

On peut abreger ces Regles pour l'extraction de la racine quarrée, ainsi que nous le verrons dans les exemples. Mais pour l'extraction de toutes les autres racines ces Regles prescrivent une voye beaucoup plus courte, plus simple & plus uniforme que toutes celles qu'on a pratiquées jusqu'à present.

I. EXEMPLE.

Pour tirer la racine seconde ou quarrée du nombre Z, je partage ce nombre par tranches, en commençant du côté des unités enfermant deux chifres dans chaque tranche, & comme il y a quatre tranches, je connois qu'il y aura quatre chifres dans la racine.

$$
\begin{array}{l}
42\ 60\ 17.\ 29.\ Z \\
\hline
6\ 60.\ 65\ 27.\ R \\
1\ 25. \\
\hline
35\ 17. \\
13\ 02. \\
\hline
9\ 13\ 29. \\
1\ 30\ 47. \\
\hline
00\ 00.
\end{array}
$$

Et pour trouver le premier chifre, je 90
tire la racine quarrée de la premiere tranche, difant la racine quarrée de 42 n'eft
pas 7, puifque 7 fois 7 font 49, qui ne
peut être retranché de 42, mais 6, puifque 6 fois 6 font 36, qui peut être retranché de 42, je pofe 6 fous les mille du
nombre Z vers R.

Et pour trouver le fecond chifre.

1°. Je forme la feconde puiffance 36 du nombre 6 déja trouvé, je l'ôte de la premiere
tranche 42, & refte 6 que je pofe deffous.

2°. J'abaiffe le chifre fuivant 6, & au
lieu de divifer le tout 66 par le nombre
des dégrez 2, ou d'en prendre la moitié,
je double le nombre 6, ce qui fait 12, que
je pofe fous 66.

3°. Et au lieu de voir combien de fois
la moitié du nombre 66 contient la racine,
ou la premiere puiffance 6, qui précede
immediatement la feconde 36 qu'on vient
d'ôter, je vois, ce qui revient au même,
combien de fois le nombre 66 contient le
double 12 de cette racine, & je trouve 5,
que je pofe vers R.

Et pour trouver le troifiéme chifre.

1°. (Au lieu de former la feconde puif-
fante du nombre 65 déja trouvé, & l'ôter
immediatement des deux premieres tranches, ainfi que la Regle generale le prefcrit pour abreger,) j'abaiffe le chifre fui-

90 vant 0, je pose sous 0 le second chifre trouvé 5, & je dis 5 ⋈ 5 font 25, de 30 reste 5, que je pose dessous, & je retiens 3. 5 ⋈ 2 font 10, & 3 que j'ay retenu font 13, de 16 reste 3, & je retiens 1. 5 ⋈ 1 font 5, & 1 font 6, de 6 ne reste rien.

2°. J'abaisse le chifre suivant 1. Je double le nombre trouvé 65, disant 5 & 5 font 10, je pose 0 sous 1, & je retiens 1. 6 & 6 font 12 & 1 font 13, que je pose sous 32.

3°. Je dis en 321 combien de fois 130, ou plus simplement en 32 combien de fois 13 ? 2 fois, que je pose vers R.

Et pour trouver le quatriéme chifre, je recommence l'operation.

1°. J'abaisse le chifre suivant 7, je pose le chifre trouvé 2 sous 7, & je dis 2 ⋈ 2 font 4, de 7 reste 3. 2 ⋈ 0 est 0, de 1 reste 1. 2 ⋈ 3 font 6, de 15 reste 9, & je retiens 1. 2 ⋈ 1 font 2 & 1 font 3, de 3 ne reste rien.

2°. J'abaisse le chifre suivant 2, je double le nombre trouvé 652, ce qui fait 1304, que je pose sous 9132.

3°. Je dis en 9132 combien de fois 1304 ? 7 fois, que je pose vers R.

Et pour voir s'il ne reste rien, je continuë l'operation.

J'abaisse le chifre suivant 9, je pose le

chifre trouvé 7 fous 9, & je dis 7 ⋈ 7 font 9 0
49, de 49 refte 0, & je retiens 4. 7 ⋈ 4
font 28, & 4 font 32, de 32 refte 0,
& je retiens 3. 7 ⋈ 0 eft 0, & 3 font 3,
de 3 refte 0. 7 ⋈ 3 font 21, de 21 refte
0, & je retiens 2. 7 ⋈ 1 font 7, & 2
font 9, de 9 ne refte rien.

Pour preuve je forme le quarré du nombre 6527, que je trouve égal au nombre
propofé Z.

II. 4

Pour tirer la
racine quarrée
du nombre Z.

$$7\ 86\ 97\ 72\ 09\ Z$$

$$3\ 86 \qquad 2\ 8\ 0\ 5\ 3\ R$$

$$48$$

Je le fépare
par tranches de
deux en deux,
en commençant
du côté des uni-
tés, & comme
je trouve 5 tran-
ches, je connois
que la racine au-
ra 5 chifres.

$$2\ 97$$
$$5\ 60$$

$$2\ 97\ 72$$
$$56\ 05$$

$$17\ 47\ 09$$
$$5\ 61\ 03$$

$$64\ 00$$

Pour trouver
le premier chi-
fre, je tire la
racine quarrée
de la premiere

L lj

90 tranche 7 , & j'ay 2 que je pose sous le cinquiéme rang vers R.

Pour trouver le second chifre.

1°. Je dis 2 × 2 font 4 , de 7 reste 3, que je pose sous 7.

2°. J'abaisse 8 , & je double 2 , ce qui fait 4 , que je pose sous 8.

3°. Je dis en 38 combien de fois 4 ? 8 fois , que je pose vers R.

Pour trouver le troisiéme chifre.

1°. J'abaisse le chifre suivant 6 , sous lequel je pose le chifre 8 que je viens de trouver , & je dis 8 × 8 font 64 , de 66 reste 2 , & je retiens 6. 8 × 4 font 32 , & 6 font 38 , de 38 ne reste rien.

2°. J'abaisse le chifre suivant 9 , & je double 28 , ce qui fait 56 , que je pose sous 29.

3°. Je dis en 29 combien de fois 56 ? 0 , que je pose vers R.

Pour trouver le quatriéme chifre , je recommence l'operation.

1°. J'abaisse le chifre suivant 7 , sous lequel je pose le chifre 0 , que je viens de trouver , & je dis 0 × 0 est 0 , de 7 reste 7. 0 × 6 est 0 , de 9 reste 9. 0 × 2 est 0 , de 2 reste 2.

2°. J'abaisse le chifre suivant 7 , & je double 280 , ce qui fait 560 , que je pose sous 2977.

3°. Je dis en 2977 combien de fois 560 ?

ou plus simplement en 29 combien de fois 9 ⊙
5 ? 5 fois, je pose 5 vers R.

Pour trouver le cinquième chifre, je recommence l'operation.

1°. J'abaisse le chifre suivant 2, sous lequel je pose le chifre 5 , que je viens de trouver, & je dis 5 ⋈ 5 font 25 , de 32 reste 7 , & je retiens 3. 5 ⋈ 0 est 0, & 3 font 3 , de 7 reste 4. 5 ⋈ 6 font 30, de 37 reste 7 , & je retiens 3. 5 ⋈ 5 font 25, & 3 font 28 , de 29 reste 1.

2°. J'abaisse le chifre suivant 0, & je double 2805 , ce qui fait 5610 , que je pose sous 17470.

3°. Je dis en 17 combien de fois 5 ? 3 fois, je pose 3 vers R.

Et pour voir s'il n'y a point de reste , je continuë l'operation.

J'abaisse le chifre suivant 9 , sous lequel je pose le dernier chifre trouvé 3 , & je dis 3 ⋈ 3 font 9 , de 9 reste 0, 3 ⋈ 0 est 0, de 0 reste 0. 3 ⋈ 1 est 3 , de 7 reste 4. 3 ⋈ 6 font 18, de 24 reste 6 , & je retiens 2. 3 ⋈ 5 font 15 , & 2 font 17 , de 17 ne reste rien.

Et je connois enfin que la racine quarrée de 786977209 est un peu plus grande que 28053 , dont le quarré 786970809 , est moindre que le nombre Z ; mais moindre que 28054 , dont le quarré 787026926 , est beaucoup plus grand que le nombre Z.

90 Dans une premiere lecture, on pourra paſſer l'article ſuivant.

5

III.

Pour approcher autant qu'on voudra en fractions décimales de la valeur de la racine quarrée d'un nombre Z, dont on ne peut trouver la racine en entiers.

Après avoir trouvé comme auparavant le nombre entier 28053, & le reste 6400, on poſera un point après le nombre R, & une tranche de zero après le reſte 6400.

On doublera enſuite le nombre trouvé R, poſant les unités 6 ſous le premier zero ajoûté. Et l'on dira en 64000 combien de fois 56106, ou plus ſimplement en 64 combien de fois 56 ? 1 fois,

$$
\begin{array}{l}
28053.11406\ \&c.\ R \\[2pt]
\hline
64\ 00\ 00 \\
56\ 10\ 61 \\
\hline
7\ 89\ 39\ 00 \\
5\ 61\ 06\ 21 \\
\hline
2\ 28\ 22\ 79\ 00 \\
56\ 10\ 62\ 24 \\
\hline
3\ 80\ 30\ 04\ 00 \\
5\ 61\ 06\ 24\ 40 \\
\hline
3\ 80\ 30\ 04\ 00\ 00 \\
56\ 10\ 62\ 44\ 06 \\
\hline
3\ 66\ 49\ 35\ 64\ \&c.
\end{array}
$$

que l'on posera vers R ; après le point. On 9 0
auroit posé o , si le nombre superieur eut
été plus petit que l'inferieur.

Et pour trouver le chifre suivant, on posera le chifre trouvé 1 sous le second zero,
& on dira 1×1 est 1 , de 10 reste 9 , &
je retiens 1. 1×6 est 6 & 1 font 7 , de
10 reste 3 , & je retiens 1. 1×0 est 0 &
1 est 1 , de 10 reste 9 , & je retiens 1.
1×1 est 1 & 1 font 2 , de 10 reste 8 , &
je retiens 1. 1×6 est 6 & 1 font 7 , de 14
reste 7 , & je retiens 1. 1×5 est 5 & 1
font 6 , de 6 ne reste rien.

On posera encore une tranche de zero
après le reste 78939 , & réiterant la même
operation , on trouvera un second chifre.

Et ainsi de suite tant qu'on voudra.

Ou plus simplement , ayant trouvé l'entier 28053 , composé de 5 chifres, on en
pourra trouver 4 ou même 5 pour la fraction , en joignant au reste 6400 quatre ou
cinq zero , ce qui donnera le nombre à
diviser M. *Voyez la figure suivante.*

On doublera le nombre trouvé 28053 ,
ce qui donnera le Diviseur N.

On divisera M par N , & on trouvera
la fraction décimale 11406 , que l'on posera
vers R , & tout le nombre R approchera de
si près de la racine du nombre Z , qu'il ne
s'en faudra pas de la cent milliéme partie de
l'unité qu'il ne l'atteigne.

90   Pour continuer l'aproximation par cette voye, il faut, après avoir trouvé autant de chifres décimales qu'on en a trouvé en entiers, prendre le quarré de tout le nombre R, & l'ôter du nombre Z, suivi d'autant de tranches de zero qu'on a trouvé de chifres pour la fraction, joindre au reste autant de zero qu'il y a de chifres dans le nombre R, & diviser le tout par le double du nombre R, ce qui fournira à la fraction, encore autant de chifres qu'on en a déja trouvé, tant en entier qu'en fraction, c'est-à-dire, dix. Et ainsi de suite.

$$28053.11406 \ R$$
$$\overline{}$$
$$6400.00000 \ M$$
$$56106 \ N$$
$$11406$$
$$\overline{}$$
$$78940$$
$$228340$$
$$391600$$
$$54964$$

Ou plus simplement, au lieu de former ce grand quarré on prendra le doubl 56106 des entiers 28053, on lui joindra les chifres 11406 de la fraction, on multipliera le tout par la fraction 11406, & on ôtera ce produit du reste M 6400, suivi d'autant de tranches de zero qu'il y a de chifres dans la fraction, c'est à dire, de 6400.0000000000, & on aura le même reste qu'auparavant, sur lequel on operera, comme il a été dit.

IV.

Pour tirer la racine troifiéme ou cube du nombre Z, je le fépare d'abord par tranches de 3 en 3 chifres, & je connois par le nombre *trois* des tranches, que la racine doit avoir trois chifres.

Pour trouver le premier chifre, je tire la racine troifiéme ou cube de la premiere tranche : difant, la racine cube de 278 n'eft pas 7 ; car 7 × 1 font 7 & 7 × 7 font 49, & 7 × 49 font 343 , je pofe donc 6 fous les centaines de Z vers R.

Pour trouver le fecond chifre.

1°. Je forme la feconde 36 , & la troifiéme puiffance 216 du nombre 6 déja trouvé, comme on le voit vers A ; je pofe cette troifiéme puiffance 216 fous la premiere tranche de Z ; je l'en ôte, & j'ay le refte 61.

277.167.808 Z

216.	652 R
61.1	
20.3	

274.625
   2.542.8
    847.6

A.6.	B.65
36.	65
216.	
	325
	390
	4225
	65
	21125
	25350
	274625

90 2°. J'abaisse le chifre suivant 1 auprès du reste 61, je divise le tout par le nombre 3 des dégrés, & j'ay le nombre 203.

3°. Je dis en 203 combien de fois 36 (seconde puissance du nombre 6 qui précede la troisiéme que l'on vient d'ôter) & je trouve qu'il y est contenu 5 fois, & 5 est le second chifre de la racine que je pose vers R.

Pour trouver le troisiéme chifre, je réïtere la même operation.

1°. Je forme à part la seconde 4225, & la troisiéme puissance 274625 du nombre 65 déja trouvé, comme on le voit vers B ; & posant cette troisiéme puissance sous les deux premieres tranches de Z, j'en fais la soustraction, & j'ay le reste 2542.

2°. J'abaisse le chifre suivant 8 auprès de ce reste, & j'ay le nombre 25428, que je divise par le nombre 3 des dégrés, & j'ay le nombre 8476.

3°. Je dis en 8476 combien de fois 4225 (seconde puissance de 65, qui précede immediatement la troisiéme qu'on vient d'ôter,) & je trouve qu'il y est 2 fois, je pose 2 vers R.

Et pour voir si j'ay bien operé, & s'il n'y a point de reste, je forme la troisiéme puissance du nombre entier R, que j'ôte de tout le nombre Z, & comme il ne reste rien, je connois que le nombre trouvé

R (652) eſt au juſte la racine troiſiéme 90
du nombre Z.

V.   7

Pour tirer la racine troiſiéme ou cube du nom-bre Z.

    Je le ſépare de trois en trois chifres, en com-mençant du cô-té des unités, & je connois par le nombre des tran-ches 5, qu'elle doit avoir 5 chi-fres.

    Et pour trou-ver le premier chifre, je dis la racine cube de 13 eſt 2, que je' poſe ſous les dizaines de mille vers Z.

    Et pour trou-ver le ſecond chifre.

    1°. Je forme la ſeconde & la troiſiéme

$$13.875.804.827.257 \quad Z$$

$$\begin{array}{ll}
8. & 24029 \quad R \\
5.8 & \\
1.9 & \\
\end{array}$$

$$\begin{array}{l}
13.824.000. \\
\quad 51.804.82 \\
\quad\quad 17.268.27 \\
\quad\quad\quad 5.748.27 \quad\quad 57600 \quad M \\
\end{array}$$

$$\begin{array}{ll}
A \; 2 & B \; 24 \\
\;\; 4 & \quad 24 \\
\;\; 8 & \\
& \quad\quad 96 \\
& \quad 48 \\
& \quad 576.00 \\
& \quad\quad 24 \\
& \quad 2304 \\
& \quad 1152 \\
& \quad 13824.000 \\
\end{array}$$

'9 0 puiſſance de 2 , comme on le voit vers A, j'ôte la troiſiéme 8 de 13 , & j'ay le reſte 5.

2°. J'abaiſſe le chifre ſuivant 8 , & j'ay 58, dont je prends le tiers 19.

3°. Je dis en 19 combien de fois 4, ſeconde puiſſance de 2 ? 4 fois, je poſe 4 vers R.

Et pour trouver le troiſiéme chifre.

Je forme la ſeconde & troiſiéme puiſſance du nombre 24 déja trouvé, comme on le voit vers B , j'ôte la troiſiéme 13824 des deux premieres tranches 13875 8, & j'ay le reſte 51. J'abaiſſe le chifre ſuivant 8 , & j'ay le nombre 518 , dont je prends le tiers 172 , qui ne contient point la ſeconde puiſſance 576 de 24 , je poſe o vers R.

Et pour trouver le 4e. & 5e. chifre, je forme la ſeconde 57600, & la troiſiéme puiſſance 13824000 du nombre déja trouvé 240, ce qui ſe fait en joignant deux zero au quarré , & trois zero au cube de 24, comme on le voit vers B. J'ôte ce cube des trois premieres tranches, & j'ay le reſte 51804, auprès duquel j'abaiſſe deux chifres 82 , & j'ay le nombre 5180482, dont je prends le tiers 1726827, que je diviſe par le quarré 57600, que je mets à côté vers M , & il vient 29 que je poſe vers R.

Et pour voir ſi j'ay bien operé, & s'il
n'y

n'y a point de reste, je forme le cube 90
1387417257689 de tout le nombre
24029, que j'ôte du nombre Z; & comme il y a un reste N, je connois que la racine cube du nombre Z est un peu plus
grande que 24029, mais moindre que
24030, dont le cube 13875904827000
est plus grand que Z.

VI. 8.

Pour approcher autant qu'on voudra en
fractions decimales de la juste valeur de
la racine troisiéme ou cube d'un nombre
Z, dont on n'aura pû trouver la racine en
entiers.

On mettra un point après les entiers
trouvés R, & on continuera l'operation,
en posant en effet, ou par la pensée seulement, après le nombre Z, autant de
tranches de zero que l'on voudra trouver
e chiffres dans la fraction. On posera les
ouveaux chiffres vers R après le point,
ces chiffres formeront la fraction deci-
ale que l'on demande.

Dans l'exemple précedent, après avoir
té le cube M du nombre déja trouvé
4029, comme on a déja trouvé *cinq* chi-
res on pourra en trouver *quatre* & même
inq autres par une simple division, en joi-
nant quatre ou cinq zero au reste N, &

M

divisant le tiers P de ce nombre par le quarré Q du nombre 24029 déja trouvé ; Le quotient S sera la fraction décimale que l'on joindra au nombre 24029 en les séparant d'un point, comme on le voit vers R. Et il ne s'en faudra pas de la 10000 partie de l'unité que ce nombre R n'atteigne à la juste valeur de la racine cube du nombre Z.

$$13875804847257 \quad Z$$
$$24029.9423 \quad R$$
$$13874172576389 \quad M$$
$$16322408680000 \quad N$$
$$5440802893333 \quad P$$
$$577392841 \quad Q$$
$$9423 \quad S$$
$$2442673243$$
$$1331018793$$
$$1762331113$$

Si l'on veut encore en approcher de plus près, on réiterera l'operation. On formera la seconde & troisiéme puissance de tout le nombre R, on l'ôtera du nombre Z, suivi d'autant de tranches de trois zero chacune qu'on aura de chifres dans la fraction décimale. On joindra au reste autant de zero moins un qu'on aura déja trouvé de chifres vers R, tant en entier qu'en fraction ; & divisant le tiers du tout par le quarré, ou la seconde puissance que l'on aura formée, on trouvera pour la fraction autant de nouveaux chifres que l'on aura mis de zero. Et ainsi de suite.

VII.

Pour trouver la racine cinquiéme du nombre Z.

On suivra toûjours la même Regle. On le séparera par tranches de 5 en 5, en commençant du côté des unités.

Et pour trouver le premier chifre, on dira la racine cinquiéme de 365 est 3, que l'on posera sous les centaines de Z vers R.

Et pour trouver le second chifre.

1°. On formera la cinquiéme puissance A 243 du nombre 3 déja trouvé, que l'on ôtera de la premiere tranche, & on aura le reste 122.

2°. On abaissera le chifre suivant 6, &

$$365.62762.58329 \quad Z$$

243	325 R
122.6	
24.5	

335.54432.
30.08330.5
6.01666.1

B

A 3
9
27
81
243

32
32
64
96
1024
32
2048
3072
32768
32
65536
98304
1048576
32
2097152
3145728
P 33554432

90 on aura le nombre 1226, que l'on divisera par le nombre 5 des degrés, & on aura le nombre 245.

3°. On dira en 245 combien de fois 81 (quatriéme puissance de 3), qui précede immediatement la cinquiéme qu'on vient d'ôter) 3 fois ; mais comme la cinquiéme puissance de 33 est trop grande pour pouvoir être retranchée des deux tranches, je ne mets que 2 vers R.

Et pour trouver le troisiéme chifre, je réitere l'operation.

1°. Je forme la cinquiéme puissance P du nombre 32 déja trouvé, je l'ôte des deux premieres tranches, & j'ay le reste 3008330.

2°. J'abaisse le chifre suivant 5, je divise le tout par le nombre des degrés 5, & j'ay le nombre 601661.

3°. Je dis, en 601661 combien de fois 1048576 (quatriéme puissance de 32) 5 fois, que je pose vers R, &c.

VIII.

Pour démontrer ces Regles, on remarquera.

1°. Qu'un nombre quelconque, tel que 9703 est toûjours plus grand que le nombre décimal 1000, qui a autant de chifres & moindre que le nombre decimal 10000, qui a un chifre de plus ; Et qu'un nombre

9783 moindre qu'un nombre décimal 10000, 9 0 a toûjours moins de chifre que ce décimal; ce qui eſt évident.

2°. Que la racine d'un nombre décimal, dont la premiere tranche eſt l'unité eſt un nombre décimal, qui a autant de chifres que le premier a de tranches, ce qu'on apperçoit de ſimple vûë.

Ainſi la racine feconde ou quarrée de 1 00 00 00 00, qui a 5 tranches, eſt 10000, qui a 5 chifres ; car 10000 x 10000 donne 1 00 00 00 00. Par la même raiſon la racine troiſiéme de 1 000 000 000, qui a 4 tranches eſt 1000, qui a quatre chifres. La racine cinquiéme de 1 00000 00000, qui a trois tranches eſt 100, qui a trois chifres. Et ainſi des autres.

3°. Qu'un nombre Z étant propoſé, on ſçaura combien ſa racine fe- conde ou quarrée

73 57 98 64 27. Z
1 00 00 00 00. A
1 00 00 00 00 00. B

par exemple doit avoir de chifres, en le ſéparant par tranches de 2 en 2 chifres.

Car ſi l'on poſe l'unité 1 au lieu des chifres de la premiere tranche, & o ſous chacun de ſes autres chifres, on aura un nombre décimal A, dont la racine aura autant de chifres que Z aura de tranches ; ainſi la racine du nombre Z, qui eſt viſi- blement plus grand que A, n'en pourra pas avoir moins.   M iij

Et si l'on prend le nombre décimal B, qui ait une tranche de plus, sa racine à la verité, aura bien un chifre de plus que le nombre Z n'aura de tranches ; mais le nombre B étant visiblement plus grand que Z, la racine de Z sera moindre que la racine de B, & aura par consequent un chifre de moins. La racine seconde du nombre Z ne pourra donc avoir ni plus ni moins de chifres qu'il a de tranches, il en sera de même des autres racines du nombre Z, & de tous ceux que l'on voudra proposer.

4°. Que le produit de deux nombres, tels que 52514, & 325 ne peut avoir plus de chifres que ses deux produisans ensemble, & qu'il ne peut en avoir qu'un de moins.

Car si au lieu du nombre 325 vous prenez le nombre décimal 1000 qui a un chifre de plus, vous verrés que le produit 52314000, qui est necessairement plus grand que le produit proposé, n'a pas pourtant plus de chifres que les deux nombres ensemble 52314 & 325.

Et pour démontrer que le produit de ces deux mêmes nombres ne peut avoir qu'un chifre de moins, au lieu du premier 52314, prenés le nombre décimal 10000, & au lieu du second 325 le décimal 100 qui ayent chacun autant de chifres que les nombres proposés, le produit 1000000 des nom-

bres 10000, & 100, qui eſt neceſſaire- 100
ment plus petit que le produit propoſé,
n'aura pourtant qu'un chifre de moins que
les deux nombres propoſés enſemble, à
plus forte raiſon les deux autres.

5°. Qu'on peut toûjours diſtinguer dans
un nombre propoſé quelconque, tel que
53243 deux parties, dont l'une 50000 ſera la valeur du premier chifre, & aura autant de chifres que le nombre propoſé
53243, & l'autre 3243 ſera la valeur de
tous ſes autres chifres : ou dont l'une 53000
ſera la valeur des deux premiers chifres,
& l'autres 243 la valeur de tous les autres : ou dont l'une 53200 ſera la valeur
des trois premiers chifres, & l'autre 43
la valeur de tous les autres, & ainſi de ſuite.

Le premier de ces nombres aura toûjours autant de chifres que le nombre propoſé, & le ſecond autant de chifres de
moins, que le premier contiendra de chifres du nombre propoſé.

IX.

Pour la racine ſeconde ou quarrée, on
remarquera que dans la formation du quar-
té ou de la ſeconde puiſſance d'un nombre propoſé Z, tel que 53243 c'eſt une
même choſe de multiplier tout d'un coup
ce nombre Z par le même nombre X que
de le multiplier de la maniere qui ſuit.

Je diſtingue d'abord dans les nombres Z

100 & X la valeur 50000 du premier chifre de la valeur 3243 de tous les autres. Je nomme A la premiere partie & B la seconde. Et,

1°. Je multiplie la premiere partie A de Z par la premiere partie A de X ; sçavoir, 50000 par 50000, & j'ay la seconde puissance de la premiere partie A, que je désigne par AA, laquel contiendra toûjours deux fois autant de zero que la seconde partie B, a de chifres. On a mis des points à la place des zero pour éviter la confusion.

```
                              53243  Z
                              53243  X
                              ―――――――
  25 . . . . . . . . .  AA
   . 16215 . . . . .    AB
   . 16215 . . . . .    AB
   . . 10 5 1 70 49     BB
  ―――――――――――――――――――
  28 34 81 70 49        ZZ
  ―――――――――――――――――――
  25 00 00 00 00        AA
   2 34 81 70 49        M
   1 67 40 85 24        N
```

2°. Je multiplie la même premiere partie A de Z par la seconde partie B de X ; sçavoir, 50000 par 3243, & j'en désigne le produit par AB, & puisque A à un chifre de plus que B, le produit AA aura pour l'ordinaire un chifre de plus que le produit AB, & il est visible que les deux produits AA, AB, seront ensemble égaux au produit de la premiere partie A du nombre Z par tout le nombre X.

Je multiplie la seconde partie B de Z par la premiere A de X ; sçavoir, 3243

par 50000, ce qui donne encore un pro-100
duit AB femblable au précedent.

3°. Enfin je multiplie la même feconde
partie B de Z par la feconde partie B de X;
fçavoir, 3243 par 3243, ce qui donne
un quatriéme produit BB, que je forme à
part pour éviter la confufion, & qui par
la même raifon qu'auparavant aura pour
l'ordinaire un chifre de moins que les deux
précedens AB, AB.

Et les deux derniers produits AB, BB con-
tiendront vifiblement le produit de la feconde partie B de Z par tout le nombre X.
Et par conféquent la fomme ZZ des quatre produits AA, AB, AB, BB, contien-
dront le produit total du nombre Z par le
nombre X, & fera par conféquent le quarré, ou la feconde puiffance du nombre Z.

Par où je connois que le quarré ou la
feconde puiffance ZZ d'un nombre Z eft
toûjours neceffairement compofée du quarré
ou de la feconde puiffance AA de fon premier chifre fuivie de deux fois autant de
zero qu'il y a de chifres dans fa feconde
partie B de Z, c'eft-à-dire, que ce quarré
AA eft toûjours placé dans la premiere
tranche du quarré total ZZ, qui ne peut
avoir plus de tranches que fa racine Z a
de chifres.

En tirant donc la racine feconde ou quarrée de cette premiere tranche, ainfi que la

100 Regle generale le preſcrit, on ne peut manquer de trouver le premier chifre 5 de la racine Z.

Pour le ſecond chifre, il eſt viſible que ſi l'on ôte le quarré AA de ce premier chifre, le reſte M contiendra les deux produits AB, AB de la valeur du premier chifre A par tous les autres B, & le quarré BB de tous les autres.

Or, on voit que ſi ce reſte M ne contenoit que les deux produits AB, AB de la valeur du premier chifre A par tous les autres B, & qu'il ne contînt pas le dernier produit BB, on pourroit connoître aiſément chacun des autres chifres. 1°. En prenant la moitié du reſte M qui ne contiendroit plus qu'un de ces produits AB. 2°. En diviſant ce nouveau nombre N par le premier chifre A.

Mais quoique ce dernier produit BB empêche qu'on ne puiſſe trouver ainſi tout d'un coup tous les chifres de la racine Z, ce produit étant reculé d'un rang vers les unités, n'empêche pas qu'on ne puiſſe commencer cette diviſion, & trouver le chifre ſuivant 3.

Et c'eſt pour cette raiſon que pour trouver le ſecond chifre la Regle generale preſcrit 1°. D'ôter de la premiere tranche le quarré du premier chifre, & d'abaiſſer le chifre ſuivant auprès du reſte. 2°. De pren-

dre la moitié du tout. 3°. De diviser ce
nouveau nombre par ce premier chiffre.

Ou ce qui revient au même, au lieu de
prendre la moitié du tout, de doubler le
premier chiffre, & de voir combien de fois
ce double du premier chiffre est contenu
dans ce tout.

Pour le troisiéme chiffre.

Pouvant ainsi connoître les deux premiers chiffres de la racine quarrée d'un
nombre ZZ, pour découvrir la méthode
qu'il faut suivre pour trouver le troisiéme.

Il faut distinguer dans la racine Z deux
parties A & B, dont l'une A contienne la
valeur des deux premiers chiffres ; sçavoir,
53000, & l'autre B la valeur de tous les
autres ; sçavoir, 243, & former la puissance ZZ comme auparavant, laquelle contiendra.

1°. Le quarré AA
des deux premiers
chiffres 53 de la ra-
ine Z, suivi de deux
ois autant de zero
u'il y a de chiffres
ans la seconde par-
ie B, lequel quar-
é sera par conse-
uent contenu tout
ntier dans les deux
remieres tranches
u nombre ZZ.

53 243	M
53 243	N
2809	AA
12 879 ...	AB
12 879 ...	AB
5 90 49	BB
2 83 48 17 04 9	ZZ
2809	AA
2 58	M
129	N

100   2°. Deux produits AB, AB de la valeur des deux premiers chifres 53000 par les autres 243, lesquels à cause que A (53000) à deux chifres de plus que B (243) auront deux chifres de moins que le produit AA.

3°. Le quarré BB des autres chifres 243, qui par la même raison aura deux chifres de moins que les deux précedens.

Par où l'on voit bien clairement la raison de la Regle generale, qui prescrit que pour trouver le troisiéme chifre.

1°. Il faut ôter des deux premieres tranches le quarré AA des deux premiers chifres, & abaisser le chifre suivant auprès du reste M.

2°. Diviser M par le nombre des dégrés 2, ou prendre la moitié N du tout M.

3°. Diviser N par le nombre A déja trouvé, ce qui donne le troisiéme chifre 2, sans crainte que le produit BB reculé de deux rangs par rapport au produit AB, empê he l'effet de la division.

Pour le quatriéme chifre & les suivans, on connoîtra, en suivant le même ordre, que le nombre ZZ contient, 1°. Le quarré AA de ses trois premiers chifres A, qui aura autant de chifres que ZZ. 2°. Deux produits AB, AB de ces trois chifres par les suivans, qui auront trois chifres de moins que le précedent, ou en general autant de chifres

chifres de moins qu'on a déja trouvé de 100 chifres. 3°. Le quarré BB des autres chifres, qui aura aussi le même nombre de chifres de moins que les précedens.

D'où il suit qu'en ôtant des trois premieres tranches le quarré BB des trois premiers chifres, & abaissant les deux chifres suivans auprès du reste M, prenant la moitié N de ce nombre, je puis, en divisant le nombre N, qui contient le produit AB, par les trois premiers chifres A de Z déja trouvés ; je puis, dis-je, trouver les deux chifres 43 qui restent, sans que le produit BB, qui se trouve éloigné de trois rangs puisse nuire à cette division.

Et comme ce quarré, qui empêche que je ne puisse trouver tous les autres chifres, continuant la division, sera d'autant plus reculé, que le nombre A, qui a toûjours autant de chifres que Z, en aura plus que le nombre B ; on voit la raison pour laquelle, après avoir trouvé 5 chifres, on n peut trouver quatre autres en continuant

```
              5 3243  Z
              5 3243  X
             ───────────
28 30 24 . . . . . .  AA
     2 28 76 . .      AB
     2 28 76 . .      AB
           18 49      BB
─────────────────────────
28 34 81 70 49        ZZ
─────────────────────────
28 30 24 . . . . .    BB
     4 57 70 49       M
     2 28 85 24       N
```

400 la division, & après en avoir trouvé 9, on en peut trouver 8 autres, & ainſi de ſuite.

A l'égard de l'abregé qu'on a pratiqué dans les exemples, on voit bien qu'après avoir ôté le quarré 36 du premier chifre 6 de la racine R, il ne s'agit plus que d'ôter du reſte 660 des deux premieres tranches 4260, dont il faut ôter le quarré des deux premiers chifres, il ne s'agit plus, dis-je, que d'ôter de ce reſte 660 les deux produits de 6 par 5, ou le produit du double 12 de 6 par 5, & le quarré de 5 reculé d'un rang ; ce que l'on pratique aiſément, en poſant ce ſecond chifre 5 après 12, multipliant 125 par 5, & l'ôtant à meſure de 660, ce qui donne le même reſte 35, qu'on auroit eu en ôtant immédiatement des deux premieres tranches 4260 le quarré 4225 de 65. Il en eſt de même des autres tranches.

$$
\begin{array}{cccc}
42 & 60 & 17 & 29 \\
\hline
6 & 60. & 6527 & \text{R} \\
1 & 25 & & \\
\hline
 & 35 & 17 & \\
 & 13 & 02 & \\
\hline
 & 9 & 13 & 29 \\
 & 1 & 30 & 47 \\
\hline
\end{array}
$$

X.

Pour la racine troiſiéme ou cube, on conſiderera que c'eſt une même choſe de mul

tiplier tout
d'un coup le
quarré ZZ,
par sa racine
Z, pour en
avoir le cu-
be ou la troi-
siéme puiss-
sance ZZZ,
que de le fai-
re par parties
de la maniere
qui suit.

Ayant for-
é le quarré
Z comme
uparavant,
ar raport au
remier chi-
res de Z.

```
                       53243  Z
                       53243  X
                       ------
      25 . . . . . . . . . . . . AA
   16215 . . . . . AB
   16215 . . . . AB
  10517049  BB
      ----------------
   2834817049  ZZ
  125 . . . . . . . . . . . . . . AAA
  8 107 5 . . . . . . . . AAB
  8 107 5 . . . . . . . AAB
  8 107 5 . . . . . . . AAB
  1 611 664 139 907  Y
      ----------------
  150 934 164 139 907  ZZZ
  125
  25 9
  8 6
```

1°. Je multiplie sa premiere partie AA
r la premiere partie A (50000) de la
acine Z, ce qui donne le cube AAA,
e la valeur du premier chifre A, qui
ontiendra autant de tranches que le cube
ZZ, & qui étant suivi d'autant de tranches
e zero de trois chacune, qu'il y a des
hifres dans B, sera contenu tout entier
ans la premiere tranche de ZZZ; ain-
, en tirant la racine troisiéme de cette
ranche, on doit trouver le premier chi-
es de la racine Z.   N ij

200   2°. Je multiplie encore le même nombre AA par B (3243), dont le produit AAB aura un chifre de moins que AAA.

Je multiplie enſuite chacun des deux produits AB, AB par A, ce qui donne deux autres produits AAB , AAB pareils au précedent.

Ces trois produits ſeront formés de la ſeconde puiſſance AA du premier chifre A par tous les autres B ; ainſi s'il n'y avoit point d'autres produits, on pourroit trouver tous les autres chifres , 1°. En ôtant le cube 125 de la premiere tranche 150. 2°. En diviſant par le nombre des dégrés 3 le reſte 25934 &c. 3°. En diviſant le tiers 86 &c. de ce reſte par la ſeconde puiſſance 25 du premier chifre 5.

3°. Mais pour achever de former le cube ZZZ, il faut encore multiplier chacun des 2 produits AB, AB par B ; puis le produit BB par A, & enſuite par B, ce qui donne encore les produits ABB, ABB, ABB, BBB, dont je prends la ſomme Y , laquelle aura pour l'ordinaire un chifre de moins que les produits AAB, AAB, AAB.

52585245.....	AAB
52585245......	ABB
52583245....	ABB
34106789907	BBB

| 1611664139907 | Y |

Et il eſt viſible que la ſomme ZZZ

des produits AAA, AAB, AAB, AAB, Y, eft 100
égale au produit de ZZ par Z, ou au cube
ZZZ de Z, comme on le voit page 147.

Ce dernier produit Y empêche qu'on ne
puiffe trouver par la divifion dont nous venons
de parler tous les autres chifres de la racine ;
mais comme Y a ordinairement un chifre
de moins que les produits qui le précedent,
il ne peut empêcher qu'on ne puiffe trouver par cette divifion le fecond chifre ; & c
lorfqu'Y a autant de chifres que les produits précedens, on eft en danger de prendre
pour le fecond chifre de la racine un nombre
trop grand, ce qui arrive quelquefois.

En formant le quarré de Z par rapport
à fes deux premiers chifres, à fes trois premiers chifres &c. Et fon cube par rapport
aux nouvelles parties de ce quarré ; On verra la raifon de la continuation de la Regle
generale, ce qu'on pourra facilement étendre à toutes les autres racines, fans qu'il
foit befoin d'entrer dans un plus long détail.

PROBLEME II.

EXTRAIRE *ou tirer la Racine propofée d'une fraction.*

I.

On réduira la fraction aux moindres ter-

100mes, & on tirera la racine de l'un & l'autre de ses termes.

Ainsi, pour tirer la racine quarré de $\frac{16}{36}$, je réduis d'abord cette fraction aux moindres termes, & j'ay $\frac{4}{9}$, de même valeur que $\frac{16}{36}$, & tirant ensuite la racine quarrée de 4, & la racine quarrée de 9, la fraction $\frac{2}{3}$ qui en vient, est visiblement la racine quarrée ou seconde de $\frac{4}{9}$. Car 1 multiplié par $\frac{2}{3}$ fait $\frac{2}{3}$, & $\frac{2}{3}$ par $\frac{2}{3}$ fait $\frac{4}{9}$, quarré ou seconde puissance de $\frac{2}{3}$.

Pour tirer la racine troisiéme ou cube de $13\frac{101}{125}$, je rappelle l'entier 13 en fraction, & j'ay $\frac{1728}{125}$: Et comme elle est réduite aux moindres termes, je tire la racine cube 12 de 1728 & la racine cube 5 de 125. Et la fraction $\frac{12}{5}$ est au juste la racine troisiéme ou cube de $13\frac{101}{125}$. Car en multipliant 1 par $\frac{12}{5}$, & le produit $\frac{12}{5}$ par $\frac{12}{5}$, & le produit $\frac{144}{25}$ par $\frac{12}{5}$, on a la fraction proposée $\frac{1728}{125}$ ou $13\frac{101}{125}$, cube ou troisiéme puissance de $\frac{12}{5}$.

Pour tirer la racine cinquiéme de $\frac{26624}{63118}$, je la réduis aux moindres termes $\frac{1024}{243}$. Et tirant la racine cinquiéme de l'un & l'autre de ses termes, j'ay $\frac{4}{3}$, qui est la racine cinquiéme de $\frac{26624}{63118}$, ou de $\frac{1024}{243}$. Ce qui se démontre de la même maniere.

Et il en sera de même des autres.

Mais il arrive le plus souvent qu'on ne peut ainsi trouver au juste les racines de l'un & l'autre terme d'une fraction. Et alors.

II.

4

Pour déterminer au plus près la valeur d'une racine quelconque d'une fraction proposée.

Après l'avoir réduite aux moindres termes, & tenté de tirer la racine de son second terme. Si l'on ne trouve point de reste, on tirera à l'ordinaire la même racine de son premier terme.

Mais s'il y a un reste dans l'extraction de la racine du second terme, on fera en sorte que ce second terme soit une puissance parfaite, en multipliant l'un & l'autre terme de la fraction par la puissance moindre d'un degré que la racine proposée. Ainsi,

Pour tirer la racine seconde de $\frac{49}{25}$, je commence par tirer la racine seconde de son second terme 25, & trouvant 5 au juste, je tire la racine seconde de son premier terme 49, que je trouve être entre 6 & 7. D'où je conclus, que la racine seconde de $\frac{49}{25}$ est entre $\frac{6}{5}$ & $\frac{7}{5}$. Car la seconde puissance de $\frac{6}{5}$ est $\frac{36}{25}$, moindre que

100 $\frac{12}{35}$, & la seconde puissance de $\frac{2}{5}$ est $\frac{49}{25}$, plus grande que la proposée $\frac{39}{25}$.

Mais pour tirer la racine seconde de $\frac{38}{24}$, je la réduis d'abord à son exposant $\frac{19}{6}$, & ne pouvant tirer la racine seconde de son second terme 6, je multiplie les termes 19 & 6 de $\frac{19}{6}$ par 6, & j'ay $\frac{19 \times 6}{6 \times 6}$, ou $\frac{114}{6 \times 6}$, de même valeur que $\frac{19}{6}$, dont par ce moyen le second terme 6×6 est une seconde puissance parfaite qu'il est inutile de former, & dont la racine est 6 ; tirant donc ensuite la racine seconde du premier terme 114, je trouve que la racine seconde de $\frac{18}{24}$ est entre $\frac{10}{6}$ & $\frac{11}{6}$.

Pour tirer la racine troisiéme de $\frac{21}{375}$, après l'avoir réduite aux moindres termes $\frac{31}{125}$, je tire d'abord la racine troisiéme de son second terme 125, & trouvant 5 au juste, je tire ensuite tout simplement la racine troisiéme de son premier terme 31, & je connois que la racine troisiéme de $\frac{31}{125}$, ou de son égale $\frac{21}{125}$ est entre $\frac{3}{5}$ & $\frac{4}{5}$.

Mais pour tirer la racine troisiéme de $\frac{267}{93}$, après l'avoir réduite à son exposant $\frac{114}{31}$, je tente de tirer d'abord la racine troisiéme de son second terme 31, & trouvant un reste je multiplie l'un & l'autre terme de $\frac{114}{31}$ par la seconde puissance 31×31 de 31, & j'ay la fraction $\frac{114 \times 31 \times 31}{31 \times 31 \times 31}$

ou $\frac{120125}{3^1 2 \times 3^1 2 \times 3^1 2}$, dont le ſecond terme eſt
une troiſiéme puiſſance parfaite, dont la
racine eſt 3 1. Tirant donc enſuite la racine troiſiéme du premier terme 120125 de
cette derniere fraction, je trouve que la
racine troiſiéme de $\frac{725}{31}$, ou de ſon égale
$\frac{121}{93}$ eſt entre $\frac{48}{31}$ & $\frac{50}{31}$.

Pour tirer la racine cinquiéme de $\frac{121}{217}$,
après l'avoir réduite à ſon expoſant $\frac{15}{32}$, &
tiré la racine cinquiéme de ſon ſecond terme 32. Je tire ſimplement la racine cinquiéme de ſon premier terme 15, & je
trouve que la racine cinquiéme de $\frac{121}{2810}$,
ou de ſon égale $\frac{15}{32}$ eſt entre $\frac{1}{2}$ & $\frac{2}{4}$, ou entre $\frac{1}{2}$ & 1.

Mais pour tirer la racine cinquiéme de
$\frac{14}{34}$, après l'avoir réduite à ſon expoſant $\frac{1}{6}$.
Comme ſon ſecond terme 3 n'eſt pas une
cinquiéme puiſſance parfaite. Pour le rendre tel, je multiplie l'un & l'autre de ſes
termes par la quatriéme puiſſance $3\times3\times3\times3$
de ſon ſecond terme 3, & j'ay $\frac{1\times1\times1\times1\times11}{3\times3\times3\times3\times3}$,
ou $\frac{637}{243}$, dont le ſecond terme 243 eſt une
cinquiéme puiſſance parfaite, dont la racine eſt 3. Tirant donc enſuite la racine cinquiéme de ſon premier terme 637, je trouve que la racine cinquiéme de $\frac{14}{34}$, ou de
ſon égale $\frac{637}{243}$ eſt entre $\frac{3}{3}$ & $\frac{4}{3}$, ou entre 1
& $\frac{4}{3}$. Et il en eſt de même des autres.

III.

Pour approcher autant qu'on voudra & à l'infini de la racine proposée d'une fraction.

1°. On peut toûjours le faire en approchant également de la racine de l'un & l'autre de ses termes. Car il est visible que plus les termes d'une fraction approcheront de la juste valeur des racines des termes d'une autre fraction, plus cette fraction approchera de la juste valeur de la racine de la fraction proposée.

Mais pour plus de facilité, on réduira d'abord la fraction aux moindres termes, & on fera en sorte que son second terme soit une puissance parfaite, on en tirera la racine. Ensuite posant un pareil nombre de zero, & autant qu'on voudra dans l'un & l'autre de ses termes, on continuera à tirer la racine de la nouvelle fraction, laquelle approchera de plus en plus de la juste valeur de la racine de la fraction proposée.

Ainsi pour approcher de plus en plus de la racine seconde de la fraction $\frac{165}{35}$, je la réduis à son exposant $\frac{21}{5}$, & voyant que son second terme 5 n'est pas une seconde puissance parfaite. Je multiplie ses termes par son second terme 5, & j'ay $\frac{110}{9}$, de même valeur que $2\frac{1}{5}$ ou $\frac{165}{35}$, dont je ti-

re d'abord la racine seconde, que je trouve être plus grande que $\frac{11}{3}$, mais moindre
que $\frac{12}{3}$. Posant ensuite un pareil nombre
de zero, & autant que l'on voudra dans
l'un & l'autre des termes de $\frac{110}{30}$, j'ay
$\frac{11000\ \&c.}{30000\ \&c.}$, de même valeur que $\frac{110}{30}$,
ou $\frac{363}{27}$, & dont la racine seconde que je
continuë à tirer, & dont j'ay déja trouvé
$\frac{11}{3}$ est $\frac{11116\ \&c.}{30000\ \&c.}$, ou $\frac{11}{3}\ \frac{3}{30}\ \frac{51}{300}\ \frac{6}{3000}$ &c.
& dont on pourra de plus en plus appro-
cher, en continuant de tirer la racine de
la fraction précedente, en sorte qu'en l'état
où elle est, il ne s'en faut pas de la trois-
milliéme partie de l'unité qu'elle n'atteigne
à la racine exacte de $\frac{363}{27}$.

Et si je veux réduire cette approximation
en fractions décimales, je n'auray qu'à diviser l'un & l'autre terme de la fraction
$\frac{11116}{30000}$, ou de $\frac{111160}{300000}$ par son second terme 3, sans y comprendre les zero ; Et la
fraction décimale $\frac{37853}{10000}$, ou 3.7853,
qui vaut $3\frac{7}{10}\ \frac{8}{100}\ \frac{5}{1000}\ \frac{3}{10000}$, sera à
peu près de même valeur que la fraction
$\frac{111160}{30000}$.

Et l'on suivra le même ordre pour tirer
les racines troisiéme, quatriéme, cinquié-
me &c. de la même fraction $\frac{363}{27}$ ou $\frac{11}{3}$,
ou de tout autre nombre rompu.

100

IV.

On voit par ce que nous venons de dire sur l'approximation des racines des fractions, la raison de la regle de l'approximation des racines des nombres entiers, que nous avons prescrite dans le Problême précedent.

Car le nombre entier 1038 par exemple, étant égal à la fraction $\frac{1038\ldots\&c.}{1\ldots\&c.}$ dont les termes peuvent être augmentés d'autant de zero qu'on voudra en mettre également de part & d'autre, sans qu'elle change de valeur, la racine quarrée par exemple de l'entier 1038, que l'on trouve être entre 32 & 33, ou $\frac{11}{1}$ & $\frac{11}{1}$, sera à moins d'un milliéme près égale à la racine quarrée de la fraction précedente, laquelle est entre $\frac{1}{1}$ & $\frac{1}{1}$, ou entre la fraction décimale 32.218 & 32.219, & dont la valeur est $32\frac{1}{10}\frac{1}{100}\frac{8\text{ ou }9}{1000}$.

Et on ne pourra jamais atteindre par aucune voye à la juste valeur des racines de ces nombres entiers, qui n'ont pas des nombres entiers pour racines : ou de ces fractions, dont les seconds termes ayant pour racines des nombres entiers, les premiers termes n'ont pas des nombres entiers pour racines, ce que nous démontrerons dans la suite.

LECON QUATRIE'ME 100

DES

PROPRIETE'S FONDAMENTALES

DES NOMBRES.

PROBLEME. I. 7

XPRIMER les Nombres & les operations de l'Arith-metique d'une maniere gene-rale.

I.

On désignera les Nombres par les Let-tres de l'Alphabet a, b, c, d, e, f, &c. évitant de désigner deux Nombres differens par une même lettre, ce qui mettroit de la confusion.

Et pour faire cette désignation on se ser-vira du signe (==) qui signifie *égale*. Ainsi pour marquer que l'on désigne le nombre 36 par a, & 12 par b, on pose $a = 36$ &

O

200 $b = 12$, ce qui signifie que *a* désigne 36, & que *b* désigne 12, ou comme l'on dit communément, que *a* égale 36, & que *b* égale 12 ; on se sert encore de ce signe *a* (36), *b* (12).

Pour désigner qu'un nombre *a* est plus grand qu'un autre *b*, on se servira du signe (>), & du signe (<) pour désigner qu'il est moindre. Ainsi $a > b$ signifie que *a* est plus grand que *b*, & $b < c$ signifie que *b* est moindre que *c*, la pointe du signe de l'inégalité étant toûjours tournée du côté du moindre nombre.

§. II.

Deux nombres tels que 36 & 9 étant désignés par les lettres *a* & *b*.

1°. Pour en désigner la *somme*, on se servira du signe (+) qui signifie *plus* ou *addition*. Ainsi $a + b$ désignera la somme 45 de 36 & 9, ou on aura $a + b = 45$.

2°. Pour en désigner la *difference*, on se servira du signe (—) qui signifie *moins* ou *soustraction*. Ainsi $a - b$ désignera la difference 27 de 36 & 9 : ou on aura $a - b = 27$.

3°. Pour en désigner le *produit*, on se servira du signe (x) qui signifie *multiplié par*, ou *multiplication*. Ainsi $a \times b$ désignera le produit 324 de 36 par 9 : ou on aura $a \times b = 324$.

On désigne aussi ce même produit en
joignant immédiatement les lettres. Dans
cet exemple les expressions $a \times b$, & ab désignent également le même nombre 324.
Ainsi $a \times b = 324$, $ab = 324$.

4°. Pour en désigner le *quotient*, on se
servira du signe [( ], qui signifie *divisé par*,
ou *division*. Ainsi $a(b$ désignera le quotient
4 de 36 divisé par 9 : ou on aura $a(b = 4$.

Voicy en abregé tous ces Signes, dont
il faut se rendre la signification bien familiere.

le Signe	signifie		le Signe	signifie	
=	égale		+	plus	
( )	égale		—	moins	
$\wedge$	plus grand		$\times$	multiplié par	
$\vee$	moindre		(	divisé par	

III.

9

1°. Pour ajoûter à $a+b$, ou au nombre désigné par $a+b$, un autre nombre c,
on posera $a+b+c$, & pour ajoûter à
$a+b+c$ un autre nombre d, on posera
$a+b+c+d$, &c.

Si $a=36$, $b=12$, $c=3$, $d=5$, on aura $a+b$ (36 + 12) = 48, $a+b+c$ (36
+12+3) = 51, $a+b+c+d(51+5)$
= 56, &c.

Pour ajoûter à un nombre b le même
nombre b, on posera $b+b$, & pour ajoûter b à $b+b$, on posera $b+b+b$, & ainsi

100 de fuite. Mais on abregera ces expreſſions en poſant $2b$, au lieu de $b+b$, $3b$ au lieu de $b+b+b$, $4b$ au lieu de $b+b+b+a$ &c.

Si $b = 12$, on aura b, ou $1b = 12$, $b+b$, ou $2b = 24$, $b+b+b$, ou $3b = 36$, $4b = 48$, $5b = 5 \times 12$, ou 60, &c.

Pour ajoûter au nombre déſigné par $5b$, le nombre $3d$, on poſera $5b + 3d$; mais pour ajoûter $3b$ à $5b$, au lieu de poſer $5b + 3b$, on pourra poſer $8b$: on verra de même que $36b + 15b$ ſe réduit à $51b$, que $36b + 12c + 8c$ ſe réduit à $36b + 20c$, mais $36b + 12c + 8d$ ne peut ſe réduire.

Enfin, pour ajoûter à un nombre litteral $25b + 15c$, le nombre 37, exprimé par chifres, on poſera $25b + 15c + 37$: ou $37 + 25b + 15c$, & pour y ajoûter encore 15, on poſera $15 + 37 + 25b + 15c$, & comme $15 + 37 = 52$, on pourra poſer $52 + 25b + 15c$.

2°. Pour ôter de $b - c$ un autre nombre d, on poſera $b - c - d$, & pour ôter de $b - c - d$ un autre nombre e, on poſera $b - c - d - e$, &c.

Si $b = 36$, $c = 12$, $d = 3$, $e = 5$, on aura $b - c$ $(36 - 12) = 24$, $b - c - d$ $(24 - 3) = 21$, $b - c - d - e$ $(21 - 5) = 16$, & ainſi de ſuite.

Pour ôter de $b - d$ le même nombre d, on poſera $b - d - d$, ou $b - 2d$,

& pour en ôter encore d, on posera $b - d$ 100
$- d - d$, ou $b - 3d$, &c.

Si $b = 36$, & $d = 3$, on aura $b - d - d$,
ou $b - 2d (36 - 3 - 3)$, ou $(36 - 6) = 30$,
& $b - 3d (36 - 9) = 27$, &c.

Et pour ôter du nombre $5b$ le nombre
$3d$, on posera $5b - 3d$; mais pour ôter $3b$
de $5b$, au lieu de $5b - 3b$, on pourra poser
$2b$. On verra de même que $36b - 15b$,
se réduit à $21b$, que $13b - 15c - 7c$ se réduit à $13b - 8c$, que $13b - 15c - b - c$ se
réduit à $12b - 14c$, que $12b - 7b - 3b -$
$4c - 4c$; mais que $13b - 15c - 7d$ ne peut se
réduire.

Enfin pour ôter de $27 + 12b$ le nombre
9 exprimé par chifres, on posera $27 +$
$12b - 9$, ou $27 - 9 + 12b$, & comme
$27 - 9 = 18$, on posera $18 - 12b$, & pour
ôter 48 de $27 + 12b$, on posera $27 + 12b$
$- 48 = 12b - 21$.

3°. Pour multiplier le produit ab par un
autre nombre c, on posera abc, & pour
multiplier abc par d, on posera $abcd$, &
ainsi de suite.

Si $a = 7$, $b = 4$, $c = 2$, $d = 5$, on aura ab
$(7 \times 4 (= 28$, abc $(7 \times 4 \times 2$, ou $28 \times 2) = 56$,
$abcd$ $(56 \times 5) = 280$.

Pour multiplier b par b, on posera bb,
& bb multiplié par b sera bbb, & bbb par
b sera $bbbb$, &c. Pour abreger, au lieu
de b, bb, bbb, $bbbb$, on posera b^1, b^2,

100 b^3, b^4, &c. ce qui est bien different de $1b$, $2b$, $3b$, $4b$, &c.

Si $b = 7$, ou aura b, ou $b^1 = 1 \times 7$, ou 7, bb ou $b^2 = 7 \times 7$ ou 49, bbb ou $b^3 = 7 \times 7 \times 7$, ou 49×7, ou 343, $b^4 = 343 \times 7$, ou 2401, &c. Au lieu que b, ou $1b = 7$, $b + b$, ou $2b = 7 + 7$ ou 14, $b + b + b$ ou $3b = 7 + 7 + 7$, ou 3×7, ou 21, $4b = 4 \times 7$ ou 28, &c. $4b$ ne désigne qu'une simple addition $b + b + b + b$ d'un même nombre b réïterée 4 fois, en commençant par zero, ou une simple multiplication de b par 4, au lieu que b^4 désigne une multiplication réïterée 4 fois de 1 par b, par b, par b, par b, ou une quatriéme puissance, dont b est la racine.

Pour multiplier un nombre litteral a par un nombre exprimé par les chiffres, comme 7, on posera $7a$, de même $ab \times 7 = 7ab$, $abbc \times 7 = 7abbc$, &c.

Maintenant pour ajoûter au produit ab le produit ac, on posera $ab + ac$; mais pour ajoûter ab à ab, au lieu de poser $ab + ab$, on pourra poser $2ab$. On verra de même que $5ab + 3ab = 8ab$, que $25abc + 12abc = 37abc$, que $25abc - 12abc = 13abc$. Mais que, ni $25abc + 12abb$, ni $25abc - 12abd$ ne peuvent se réduire, parce que abc, & abb, ou abd ne peuvent désigner un même nombre, & qu'il faut necessairement pour pouvoir faire ces abregés que

les produits litteraux foient parfaitement 100
femblables.

Pour multiplier ab par cd, ou abc par
$defg$, ou a^3 par b^4, ou a^3 par a^4, ou $a^3 b^2$
par $a^4 b^5$, ou $5ab$ par $7bc$, ou $12aab^3$
par $25a^3 b^4$, &c. La Regle eft bien
de multiplier l'un par l'autre les chifres qui
font devant, & qu'on nomme coefficiens,
& les lettres par les lettres, & de conclu-
re que $ab \times cd = abcd$, que $abc \times defg = abcdefg$,
que $a^3 \times b^4 = a^3 b^4$, que $a^3 \times a^4 = a^3 a^4 =$
$aaaaaaa = a^7$, en ajoûtant, lorfqu'il s'agit
d'une même lettre, les chifres qui font
après les lettres, & qu'on nomme *expofant*
que $a^3 b^2 \times a^4 b^3 = a^3 b^2 a^4 b^3 = a^3 a^4 b^2 b^3 = a^7 b^5$,
que $5ab \times 7bc = 5 \times 7 \times ab \times bc = 35abbc$, que
$12a^2 b^3 \times 25a^3 b^4 c = 12 \times 25 a^2 b^3 a^3 b^4 c = 300a^5$
$b^7 c$, & ainfi de fuite.

4°. Que pour divifer ab par c, on pofera $ab(c$. Mais le quotient de ab par b eft
a, puifque le divifeur b multiplié par le
quotient a, donne le nombre à divifer ab,
ou $ab(b = a$, puifque $b \times a = ba = ab$, que
$abc(b = ac$, puifque $b \times ac = bac = abc$, que
$abdd(ad = bd$, puifque $ad \times bd = adbd = abdd$,
que $4abdd(ad = 4bd$, puifque $4bd \times ad =$
$4bdad = 4abdd$, que $15abcdefg(15cef = abdg$,
[ce qui fe fait en retranchant du nombre
à divifer toutes les racines 15, c, e, f du
Divifeur, & mettant le produit $abdg$ de
celles qui reftent au quotient], puifque

100   $15\,cef \times abdg = 15\,cefabdg = 15\,abcdefg.$

Que $28\,abcd\,(7ad = 4bc$ [en divisant le coefficient 28 par 7, & le produit litteral $abcd$ par ad], puisque $7ad \times 4bc = 28\,abcd$, que $12a^7\,(4a^3 = 3a^4$, en divisant les coefficiens 12 & 4, & ôtant de l'exposant 7 l'exposant 3], puisque $4a^3 \times 3a^4 = 12a^7$, que $300\,a^5b^7c\,(12a^2b^3 = 25\,a^3b^4c$, &c.

Que $ab(c = \dfrac{ab}{c}$, que $6aabc\,(9acd = \dfrac{6aabc}{9acd} = \dfrac{2ab}{3d}$, [en divisant de part & d'autre par $3ac$,] que $6a^5b^4c^2\,(3a^2bc^4 = \dfrac{6a^5b^4c^2}{3a^2bc^4} = \dfrac{2a^3b^3}{c^2})$ en divisant de part & d'autre par $3a^2bc^2$, & ainsi des autres.

Mais toutes ces operations pour être bien entenduës, ont besoin de la demonstration des propositions suivantes.

10   **IV.**

1°. Un nombre z est toûjours égal à toutes ses parties prises ensemble, & plus grand que telle partie que ce soit, ainsi si 35, 40, 27, 12, sont toutes les parties du nombre 114, on aura $114 = 35 + 40 + 27 + 12$, & $114 > 40$, ou si a, b, c, d, sont toutes les parties du nombre z, on aura $z = a + b + c + d$, & $z > b$, ou $z > b + c + d$.

C'est sur ce principe que sont fondées

les Regles de l'Arithmetique que nous avons d'abord prescrites, dans lesquelles on a fait par parties ce qu'on ne pouvoit pas faire tout d'un coup, à cause des bornes étroites de nôtre esprit.

2°. Deux nombres égaux à un troisiéme, sont égaux entre eux. Ainsi, si $38 = 23 + 15$, & que $38 = 26 + 12$, on aura $23 + 15 = 26 + 12$, ou si $z = b + c$, & que $z = m + n$, on aura $b + c = m + n$.

3°. A un nombre on peut toûjours ajoûter un autre nombre, & en ôter un plus petit. Et si à des nombres égaux, on ajoûte des nombres égaux, les sommes seront égales. Et si à des nombres égaux, on ajoûte des nombres inégaux, les sommes seront inégales, & la plus grande sera celle qui sera formée par le plus grand nombre ajoûté. Ainsi, si $38 = 23 + 15$, on aura $38 + 12 = 23 + 15 + 12$, & $38 + 12 > 23 + 15 + 5$, ou si $z = a + b$, on aura $z + d = a + b + d$, & si $c > d$, on aura $z + c > a + b + d$.

4°. Si à des nombres égaux, on ôte des nombres égaux, les differences seront égales. Et si à des nombres égaux, on ôte des nombres inégaux, les differences seront inéales, & la plus grande sera celle qui vienra du plus petit des nombres retranchés. t si à des nombres inégaux, on ôte des mbres égaux, les differences seront inéales, & la plus grande sera celle qui vien

110 dra du plus grand des nombres inégaux. Ainsi, si $38 = 26 + 12$, on aura $38 - 15 = 26 + 12 - 15$. Si $z = a + b$, on aura $z - c = a + b - c$, & si $c > d$, on aura $z - d > a + b - c$, & $c - m > d - m$.

5°. Si l'on multiplie des nombres égaux par des nombres égaux, les produits seront égaux : Et si l'on multiplie des nombres égaux par des nombres inégaux, les produits seront inégaux, & le plus grand sera celui qui viendra du plus grand des Multiplicateurs. Si le premier Multiplicateur est double ou triple, &c. le premier produit sera aussi double ou triple, &c. du second. Ainsi si $z = 5$, on aura $az = ab$, & si a est triple de d, on aura az triple de dz.

6°. Si l'on divise des nombres égaux par des nombres égaux, les quotiens seront égaux : Et si l'on divise des nombres inégaux par des nombres égaux, les quotiens seront inégaux, & le plus grand sera celui qui viendra du plus grand des nombres à diviser. Et si l'on divise des nombres égaux par des nombres inégaux, les quotiens seront inégaux, & le plus grand sera celuy qui viendra du moindre Diviseur. Si le second Diviseur est double ou triple, &c. du premier, le premier quotient sera double ou triple, &c. du second.

7°. Les puissances & les racines pareilles de nombres égaux, sont des nombres égaux :

Et les puissances & les racines pareilles des 110
nombres inégaux sont inégales, de telle
sorte que la plus grande puissance sera pro-
duite par la plus grande racine, & la plus
grande racine proviendra de la plus grande
puissance. Toutes ces propositions sont évi-
dentes, & n'ont pas besoin de demonstration.

V.   **1**

1°. La Numeration de l'unité, soit par
addition ou par soustraction, produit toûjours un nombre entier.

Car on voit bien qu'en ajoûtant 1 à 0,
ce qui fait 1 ; 1 à 1, ce qui fait 2 ; 1
à 2, ce qui fait 3 ; 1 à 3, ce qui
fait 4, &c. & ainsi de suite à l'infini ;
Ou en ôtant l'unité 1 d'un nombre entier tout formé, comme ôtant 1 de 24,
ce qui fait 23 ; ôtant 1 de 23, ce qui
fait 22 ; ôtant 1 de 22, ce qui fait 21, &
ainsi de suite jusqu'à 0 ; on voit bien, dis je,
que de quelque maniere qu'on fasse la Numeration, soit par l'addition, ou par la
soustraction de l'unité, elle ne peut jamais
donner qu'un nombre entier.

2°. L'addition de nombres entiers n'é-
tant qu'une numeration abregée, elle ne
peut jamais donner pour somme qu'un
nombre entier.

Car, quoique l'on puisse trouver tout

110 d'un coup, selon les Regles de l'addition, la somme 60 de deux nombres 36 & 24. On peut aussi trouver la même sommé 60 en ajoûtant à 36 l'unité 24 fois, selon les Regles de la numeration. Ainsi cette somme sera toûjours un nombre entier.

3°. La soustraction de nombres entiers, n'est de même qu'une numeration abregée, dont la difference est toûjours par consequent un nombre entier.

Car, quoique l'on puisse tout d'un coup trouver, selon les Regles de la soustraction, la difference des deux nombres 36 & 24 : on peut trouver aussi la même difference 12, en ôtant de 36 l'unité 24 fois, selon les Regles de la numeration.

4°. La Multiplication de nombres entiers n'étant qu'une addition abregée [ainsi qu'on l'a demontré dans les Regles de cette operation] & l'addition une numeration abregée, la Multiplication n'est aussi qu'une numeration abregée ; Et par consequent la Multiplication de nombres entiers ne peut jamais donner pour produit qu'un nombre entier.

5°. La formation des puissances d'un nombre entier n'étant aussi qu'une Multiplication composée d'un même nombre entier, elle ne pourra donner pour produit qu'un nombre entier.

6°. La division de nombres entiers n'é-
tant

tant pas à proprement parler une Souftra- **110**
ction, ni par conféquent une numeration
abregée, peut fouvent donner pour Quotiens des nombres qui ne foient pas entiers.

Car, quoique la Divifion de nombres
entiers ne fe faffe ordinairement que par la
voye de la Souftraction, on ne peut pas
pour cela la confiderer comme une pure
fouftraction compofée ; puifqu'on n'a pas
principalement en vûë dans la divifion de
trouver aucun refte, mais de trouver une
certaine partie égale d'un nombre, ce qui
fait que la divifion de nombres entiers donne
fouvent des quotiens qui ne font pas des
nombres entiers.

Ainfi le quotient de 12 divifé en 5, ou le
nombre que 12 contient 5 fois au jufte,
ou la cinquiéme partie de 12, étant plus
grande que 2, puifque 2 fois 5 ne font
que 10, & moindre que 3, puifque 3
fois 5 font 15, plus grand que 12, c'eft
une neceffité, n'y ayant point de nombre
entier entre 2 & 3, que le quotient de
12 divifé en 5 ne puiffe être déterminé au
jufte par un nombre entier.

7°. Il en eft de même de l'extraction
des racines, car la racine feconde de 12
par exemple étant plus grande que 3, (puifque 3×3 ne font que 9, & que 12 eft
plus grand que 9), & moindre que 4

P

110 (puifque 4×4 font 16, plus grand que 12) la racine de 12 eft donc entre 3 & 4 ; Or, entre 3 & 4, il n'y a point de nombres entiers. La racine feconde de 12 ne peut donc être un nombre entier. Il en eft de même de fa racine troifiéme, quatriéme, &c. On démontrera dans la fuite que ces racines ne peuvent non plus être égales à des fractions, ou nombres rompus, & qu'elles font incommenfurables.

VI.

2

1°. De quelque façon qu'on ajoûte plufieurs nombres, b, c, d, e, f, g, h, &c. ou un à un comme b à c, & leur fomme à d, & leur fomme à e, & ainfi de fuite : ou deux à deux, ou trois à trois, &c : ou generalement qu'on les diftribuë en tant de bandes que l'on voudra, comme en deux, b, c, d, & e, f, g, h, qu'on prenne à part la fomme de chacune de ces bandes, & enfuite la fomme de ces fommes, on aura toûjours une même fomme z : comme auffi dans quelque ordre que ce foit qu'on les ajoûte. Puifque les parties ne peuvent jamais qu'égaler leur tout, & que la fomme z fera toûjours le tout des nombres b, c, d, e, f, g, h, de quelque maniere

b.	37
c.	45
d.	21
e.	12
f.	39
g.	53
h.	14
z.	221

qu'ils puissent être arrangés.

D'où il suit que si après avoir ajoûté plusieurs nombres dans un certain ordre, comme dans celui des lettres b, c, d, e, f, g, h, & trouvé une somme z, on les ajoûte dans un ordre tout different, tel que seroit celui des lettres e, c, f, d, h, b, g, ou de bas en haut, & ensuite de haut en bas, & qu'on trouve toûjours pour somme le même nombre, on aura une preuve qu'on a bien operé.

VII.   3

Si l'on ajoûte la difference z de deux nombres a & b au petit nombre b, on aura le grand nombre a.

Car la difference z étant l'excès dont a surpasse b, z & b seront les parties de a, qui par conséquent étant mises ensemble doivent former le tout a.

a. 257
b. 69

z. 188

On verra aussi que si d'un nombre a on retranche le nombre b, & que du reste z on retranche le nombre c, & du reste y le nombre d, & ainsi de suite, le dernier reste sera toûjours le même que celui qu'on trouveroit en retranchant tout d'un coup du nombre a la somme de tous les nombres b, c, d, &c.

110   D'où il fuit que fi après avoir ôté d'un nombre a un autre b, & trouvé la difference χ, on ajoûte enfuite χ à b, & qu'on trouve pour fomme le même nombre a, ce fera une marque qu'on aura bien operé.

a.	3 5 4
b.	4 2
χ.	3 1 2

4   VIII.

Le Produit ab d'un nombre a par un autre nombre b, eft égal au Produit ba du nombre b par le nombre a.

a.	16
b.	7
ab.	1 1 2
ba.	1 1 2

Défignez par a & b tels nombres qu'il vous plaira, comme 16 & 7. Pofés dans une rangée MN autant de points qu'il y a d'unités dans a. Pofés l'une fur l'autre autant de pareilles rangées de ces points qu'il y a d'unités dans b. Il eft clair,

M $a = 16$ N

1°. Que l'efpace MNO contiendra autant de points que le produit de a par b contient d'unités. Ainfi le nombre de ces points eft égal au produit de a par b.

2°. Que la colonne NO contient autant 110
de points qu'il y a d'unités dans *b*. Et que
l'espace MNO contient autant de colon-
nes NO , que le nombre *a* contient
d'unités , & par conséquent autant de points
que le produit de *b* par *a* contient d'unités,
donc le produit $ab = ba$. Ce qu'il faloit démontrer.

D'où il suit, que si dans la Multiplication de deux nombres *a* & *b*, vous avez
d'abord multiplié *a* par *b*, & trouvé le
produit z ; si ensuite vous multipliés *b* par
a, & que vous trouviés pour produit le
même nombre z , ce sera une marque que
vous aurez bien operé.

IX.

Plusieurs nombres *a* , *b* , *c* , *d* , *e* &c. étant
proposez pour être multipliés, si vous multipliés d'abord le premier *a* par *b*, & leur
produit *ab* par *c*, & le produit *abc* par *d*,
& ainsi de suite, vous aurez le même nombre que vous auriez en multipliant le premier *a* par le produit *bcde* de tous les autres.

Choisissez tels nombres qu'il vous plaira,
comme   7 , 5 , 3 , 2 , 4, &c.
désignez les par les lettres *a* , *b* , *c* , *d* , *e*, &c.

Posez dans une rangée MN autant de

110 points qu'il y a d'unités dans *a*, & dans l'espace MNO autant de pareilles rangées qu'il y a d'unités en *b*. Il est visible que cet espace contiendra autant de points qu'il y a d'unités dans le produit *ab*.

Posés dans l'espace MNP autant de fois toutes les rangées précedentes qu'il y a d'unités dans *c*, & vous verrez que cet espace contiendra autant de points qu'il y a d'unités dans le produit *abc*.

Posés dans l'espace MNQ autant de fois toutes les rangées précedentes qu'il y a d'unités dans *d*, & vous verrez que l'espace MNQ contiendra autant de points que le produit *abcd* contient d'unités, & ainsi de suite.

Vous verrez encore que la colonne NO contient autant de point qu'il y a d'unités dans *b*, que la colonne NP en contient autant qu'il y a d'unités dans le produit *bc*: que la colonne

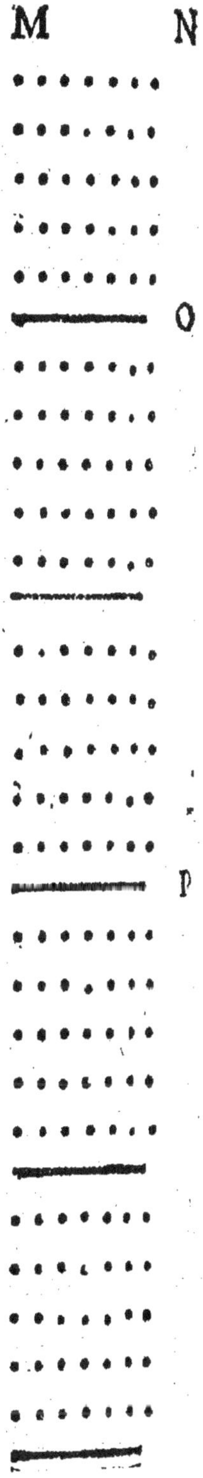

NQ en contient autant qu'il
y a d'unités dans le produit
bcd, & ainsi de suite.

D'où il suit que l'espace
MNOPQ &c. contient au-
tant de rangées MN, qu'il
y a d'unités dans la colonne NOPQ &c. & par
conséquent autant de points
qu'il y a d'unités dans le
produit de *a* par *bcd* &c.

Donc le produit de *a* par *b*, de *ab* par
c, de *abc* par *d*, &c. est égal au produit
de *a* par *bcd* &c. C. Q. F. D.

X. 6

De quelque maniere qu'on multiplie plusieurs nombres *a*, *b*, *c*, *d*, *e*, *f*, *g*, &c.
1 à 1, ou 2 à 2, ou 3 à 3, &c. ou
plus generalement, encore si les ayant dif-
tribués en 2 bandes, ou en 3 bandes, ou
en 4 bandes, &c. & formé les produits
de chacune de ces bandes, on prene le
produit de ces produits ; On aura toûjours
un même nombre.

Soient les nombres 9. 8. 7. 6. 5. 4. 3. 2.
désignés par   *a. b. c. d. e. f. g. h.*
dont il faille former le produit.

1°. Je multiplie d'abord ces nombres
un à un ; sçavoir, le nombre *a* par *b*, &

110 le produit *ab* par *c*, & le produit *abc* par *d*, & le produit *abcd* par *e*, & le produit *abcde* par *f*, & le produit *abcdef* par *g*, & le produit *abcdefg* par *h* (ou 9 par 8, & le produit 72 par 7, & le produit 504 par 6, & le produit 3024 par 5, & le produit 15120 par 4, & le produit 60480 par 3, & le produit 181440 par 2) & j'ay enfin le produit *abcdefgh*, ou z (362880) de tous ces nombres.

2°. Je diſtribuë enſuite ces mêmes nombres en deux bandes quelconques, comme *a*, *b*, *c*, *d*, *e*, *f*, *g*, *h*, & formant d'abord, ſelon la premiere maniere, le produit *abc* (504) des nombres de la premiere bande, & le produit *defgh* (720) des nombres de la ſeconde bande, je multiplie *abc* (504) par *defgh* (720) & je dis que ce produit ſera le même nombre z (362880) que j'ay trouvé par la premiere maniere.

Car nous venons de voir que c'eſt le même de multiplier le produit *abc*, qu'on peut regarder comme un nombre ſimple (504) par *d*, & *abcd* par *e*, & *abcde* par *f*, & *abcdef* par *g*, & *abcdefg* par *h*, que de multiplier tout d'un coup *abc* par *defgh*.

Il en ſera de même ſi l'on diſtribuë ces nombres en 3 bandes *a*, *b*, *c*, *d*, *e*, *f*, *g*, *h*. Car on verra toûjours que c'eſt le mê-

me de multiplier *ab* par *cde*, que de mul- 110
tiplier *a* par *b*, *ab* par *c*, par *d*, par *e*, ce
qui donne également le produit *abcde*, &
qu'enfuite c'eft le même de multiplier *abcde*
par *f*, par *g*, par *h*, que de le multiplier
par leur produit *fgh*. Et ainfi de fuite en
quelque nombre de bandes que l'on diftribuë plufieurs nombres.

On verra de même que le produit de
aa par *aa* eft *aaaa*, ou a^4, que $aaa \times aa$
$\times aaaa$, ou $a^7 \times a^2 \times a^4 = a^9$, ou *aaaaaaaaa*, &c.

D'où il fuit qu'une quatriéme puiffance
a^4, ou *aaaa*, eft une feconde puiffance d'u-
ne feconde puiffance, ou un Quarré-quarré,
qu'une fixiéme puiffance a^6 eft le quarré
$a^3 a^3$ d'une troifiéme puiffance a^3, ou un
Quarré-cube : ou le cube $a^2 \times a^2 \times a^2$ d'une
feconde puiffance a^2 : ou un Cube-quarré,
& ainfi des autres.

XI.

7

D'où il fuit qu'on peut tirer la Racine
quatriéme d'un nombre, en tirant d'abord
la Racine feconde ou quarrée de ce nombre, & enfuite la racine feconde ou quar-
ée de cette premiere racine.

Qu'on peut tirer la Racine fixiéme d'un
ombre, en tirant d'abord fa racine fecon-
e ou quarrée, & enfuite la racine troifié-
e ou cube de cette racine, &c.

200 En quelqu'ordre ou arrangement qu'on multiplie plusieurs nombres, on aura toûjours un même produit.

Choisissez tels nombres qu'il vous plaira, comme 9. 8. 7. 6. 5. 4. 3. 2. désignez les par *a. b. c. d. e. f. g. h.* multipliez les selon la premiere méthode dans l'ordre des lettres *a*, *b*, *c*, *d*, *e*, *f*, *g*, *h*, multipliez les ensuite dans tel autre ordre qu'il vous plaira, comme *d*, *h*, *g*, *e*, *a*, *f*, *b*, *c*, il faut démontrer que leur produit *dhgeafbc*, dans leur second arrangement, sera le même que le produit *abcdefgh* : Ou que le produit de 6 par 2, par 3, par 5, par 9, par 4, par 8, par 7, selon l'ordre *dhgeafbc* est égal au produit de 9 par 8, par 7, par 6, par 5, par 4, par 3, par 2, selon l'ordre *abcdefgh*.

Le point de la difficulté consiste à faire voir comment le nombre *a*, qui dans le produit *dhgeafbc* occupe la cinquiéme place, peut passer à la premiere sans troubler l'égalité. Pour cela, on n'a qu'à se ressouvenir que ce produit peut être également formé par les produits *dhg*, *ea*, *fbc*, & que par conséquent *dhgeafbc*=*dhgxeaxfbc*. Or le produit *ea*=*ae*, & c'est le même de multiplier *dhg* par *ae*, que de le multiplier par *a*, & ensuite par *e*. D'où il suit que *dhgeafbc*=*dhgaefbc*, ou *a* se trouve à la quatriéme place.

Par un semblable raisonnement vous placerez a à la troisiéme place, car vous verrez que $dhgaefbc=dhxgaxefbc=dhxagxefbc=dhagefbc$; Puis vous placerez a à la seconde place, & enfin à la premiere, sans troubler l'égalité. Vous placerez de la même façon b à la seconde place, c à la troisiéme, & ainsi des autres, & par conséquent vous trouverez que le produit $dhgeafbc=abcdefgh$.

D'où s'ensuivent les Regles que nous avons prescrites pour la Multiplication des nombres exprimés par des lettres; sçavoir, que le Produit du produit ab par le produit cd est égal au Produit $abcd$, de a par b, par c, par d: ou que $ab\times cd=abcd$, que $bef\times adgc=befadgc=abcdefg$, que $25\,a^3b^2\times a^2b^4=75\,a^5b^6$, c'est-à-dire, qu'il faut multiplier les co-efficiens, ou les nombres 25 73 qui sont devant, & ajoûter les exposans des puissances d'une même lettre; car $25\,a^3b^2\times 3\,a^2b^4=25\times a\times a\times a\times b\times b$ $3\times a\times a\times b\times b\times b\times b=25\times 3\times a\times a\times a\times a\times a\times b\times b\times b$ $b\times b\times b=75\,a^5b^6$, & ainsi des autres.

XII.

Si dans une division qui se fait sans reste, on multiplie le quotient b par le Diviseur a, on aura le nombre à diviser y.

110 Car dans la division le quotient b est le nombre que le Dividende y contient autant de fois qu'il y a d'unités dans le Diviseur a.

Et dans la Multiplication, le produit y de a par b, contient b autant de fois qu'il y a d'unités en a. Donc le produit de a par b est le même que le nombre à diviser y.

D'où il suit que l'on peut conclure que la division est bonne, & qu'on en a trouvé au juste le vray quotient. Lorsqu'en multipliant le quotient par le Diviseur, le produit qui en vient est le même nombre que le nombre à diviser.

XIII.

Que chacune des racines 9.8.7.6.5.4.3.2. designées par les lettres $a.b.c.d.e.f.g.h$ qui a formé un produit y (362880), & chacun des produits bd (48), ou ceh (105) ou $bdef$, &c. formé par quelques-uns de ces mêmes nombres, est un Diviseur exact du produit y : Et le produit des autres racines en est le quotient.

Par exemple si l'on divise le produit y (362880), ou $abcdefgh$ des nombres 9, 8, 7, 6, 5, 4, 3, 2, par c (7) le quotient sera au juste le produit $abdefgh$ (51840) des autres racines 9, 8, 6, 5, 4, 3, 2, puisqu'en multipliant ce quotient $abdefgh$ (51840) produit des nombre 9, 8, 6, 5, 4, 2,

5, 4, 3, 2 par *c* (7) on aura le produit 110 *abdefghc*, ou *abcdefgh* des nombres 9, 8, 7, 6, 5, 4, 3, 2, qui par la supposition est le nombre à diviser 362880.

Pareillement si l'on divise le même produit *abcdefgh* (362880) par le produit *bdg* (144) de quelques-unes de ses racines, 8, 6, 3, le quotient sera au juste le produit *acefh* (12520) des autres racines 9, 7, 5, 4, 2, puisque ce produit *acefh* (12520) des racines 9, 7, 5, 4, 2, multiplié par le Diviseur *bdg* (144) des nombres 8, 6, 5, donne le produit *acefbdgh* = *abcdefgh*, des nombres 9, 8, 7, 6, 5, 4, 3, 2, qui par la supposition est le nombre à diviser 632880.

Il en sera de même des autres exemples. D'où il suit generalement, que pour diviser un produit litteral quelconque *abcdefg* par un autre *ceg*, dont toutes les lettres se trouvent parmi celles du précedent, il n'y a qu'à retrancher les lettres *ceg* du Diviseur de celles du nombre à diviser, & le produit *abef* de celles qui resteront sera au juste le quotient de la division : ou que *abcdefg* (*ceg* = *abdf*.

On verra de même que $15a^4b^3$ ($5aab$ = $3aabb$, puisque $5aab \times 3aabb = 15a^4b^3$, c'est-à-dire, qu'il faut diviser les co-efficiens l'un par l'autre, & retrancher les uns des autres les exposans des puissances d'une même lettre, &c. Q

PROBLEME II.

TROUVER le plus grand commun Diviseur de deux ou plusieurs nombres A, B, ou A, B, C, D, &c. ou le plus grand nombre M, qui puisse diviser sans reste chacun de ces nombres.

Avant que de proceder à cette operation, il faut remarquer.

I.

Qu'un nombre entier A (18) peut toûjours être exactement divisé par l'unité, & par lui-même. Car tout nombre entier, contient toûjours au juste plusieurs fois l'unité, & se contient une fois au juste. Mais un nombre ne peut jamais être divisé au juste par un nombre Y plus grand que lui, puisque le grand   A 18 ne peut jamais estre exactement   Y 19 contenu dans le petit.

II.

Qu'un nombre Z Diviseur exacte de chacune des parties *b*, *c*, *d*, *e*, &c. d'un nombre A, est aussi Diviseur exact de ce nombre A.

Ce qui est évi-
dent : si par exem- $A = b + c + d + e$ Z
ple le nombre Z   30 6   3   9 12 3
est au juste 2 fois

dans b, 1 fois dans c, 3 fois dans d, 4
fois dans e ; ce nombre Z sera au juste 2
$+ 1 + 3 + 4$, ou 10 fois dans $A = b + c$
$+ d + e$.

150

III. 3

D'où il suit que si un nom-   A   54
bre Z divise au juste un nom-   B   9
bre B, & que B divise au ju-   Z   3
ste un autre nombre A ; le nom-
bre Z divisera ce nombre A.

Car le nombre B divisant au juste le
nombre A, on aura $A = B + B + B + B$ &c.
ou à plusieurs B, au juste.

Ainsi Z divisant B, & par conséquent
chacune des parties $B + B + B$ &c. de A
Z divisera A.

IV. 4

Mais si un nombre Z divise au juste une
partie b d'un nombre A, & ne divise pas
l'autre c, ce nombre Z
ne divisera pas le tout $A = b + c$. Z
A. Car pour qu'il le   30 = 21 + 9. 7
divise, il faut necessai-

Q ij

120 rement qu'il divise l'autre partie C de A.

§. V.

D'où il suit que si divisant un nombre a par un autre b, quelque puisse être son quotient q, on trouve un reste c; & que divisant b par c, on trouve un autre reste d; & que divisant c par d, on trouve un autre reste e, & ainsi de suite. Quels que puissent être les quotiens q, r, f, t, &c. tout commun diviseur Z de a & de b, sera aussi diviseur de chacun des restes c, d, e, &c.

a.	438.	
b.	102.	4
c.	30.	3
d.	12.	2
e.	6.	2
Z.	3.	

Car par cette operation le nombre a étant un tout, dont le produit qb du diviseur b par le quotient q, sera une partie, & le reste c l'autre, tout commun Diviseur de a & b, étant diviseur du tout a & d'une de ses parties $qb = b + b + b + b$ &c. sera aussi diviseur du reste c, qui est l'autre partie du tout a. Et par-là le même nombre z étant diviseur de b & de c, ce nombre z sera par la même raison diviseur du reste d; & ainsi de suite, ce qu'il falloit démontrer.

VI.

6

Si après avoir divisé un nom-	*a* 438
bre *a* par un autre *b*, & trou-	*b* 102
vé un reste *c* &c. comme au-	*c* 30
paravant, on parvient enfin à	*d* 12
un reste *m*, qui divise exacte-	*m* 6

ment le precedent, ce dernier

reste *m* sera le plus grand commun diviseur des deux nombres A & B.

Car ce dernier reste *m* divisant exacte-ment le précedent *d*, & se divisant soy-même au juste. Ce nombre *m* divisera cha-cune des parties $m+d+d$ &c. de *c*, & par conséquent *m* divisera *c*.

Et par-là *m* divisant *d* & *c*, & par con-séquent chacune des parties $d+c+c+c$ &c. de *b*, *m*, divisera *b*. Et par-là *m* divisant *c* & *b*, & par conséquent chacune des parties $c+b+b+b+b$ &c. de *a*, *m* divisera *a*, donc *m* sera commun diviseur de *a* & de *b*.

Or, par l'article précedent, tout commun diviseur de deux nombres *a* & *b*, étant necces-sairement diviseur de chacun des restes *c*, *d*, *c*, &c. & par conséquent du dernier reste *m*, ce diviseur ne peut être plus grand que le nombre *m* qu'il divise, ou dans lequel il est contenu, donc *m* est le plus grand commun diviseur des deux nombres *a* & *b*.

120

7   **VII.**

Il fuit de ce que nous venons de dire, que tout commun divifeur χ de deux nombres a & b, eft neceffairement divifeur de leur plus grand commun divifeur m, puifque tout commun divifeur χ de deux nombres a & b, eft divifeur de chacun des reftes c, d, e, & du dernier m, par conféquent qui eft leur plus grand commun divifeur.

8   *REGLE GENERALE.*

1°. **P**Our trouver le plus grand commun divifeur de deux nombres a & b, on divifera a par b, & s'il y a un refte c, on divifera b par c, & s'il y a encore un refte d, on divifera c par d, & ainfi de fuite, jufqu'à ce qu'on ait trouvé un refte m, qui divife au jufte celui qui le précede immediatement ; ce dernier refte m fera le plus grand commun divifeur des deux nombres a & b.

Ainfi, pour trouver le plus   A 54
grand commun divifeur des deux   B 18
nombres 54 & 18, je divife 54
par 18, & comme la divifion de 54 & 18
fe fait fans refte, je connois que 18 eft le
plus grand commun divifeur de 54 & de 18.

Pour trouver le plus grand commun diviſeur de 387 & de 54, je diviſe 387 par
54, & trouvant un reſte 9,
je diviſe 54 par 9, & comme   A 387
la diviſion ſe fait ſans reſte,   B   54
je connois que 9 eſt le plus   C   9
grand commun diviſeur de 387 & 54.

Pour trouver le plus grand
commun diviſeur de 438 &   A 438
de 102, je diviſe 438 par   B 102
102, & trouvant le reſte 30,   C   30
je diviſe 102 par 30 : & trou-   D   12
vant le reſte 12, je diviſe 30   E   6
par 12 : & trouvant le reſte
6, je diviſe 12 par 6 : Et comme 6 diviſe 12 ſans reſte, je connois que 6 eſt le
plus grand commun diviſeur de 438 &
de 102.

Pour trouver le plus grand   269
commun diviſeur de 269 & 49,   49
je diviſe 269 par 49 ; & trouvant   24
le reſte 24, je diviſe 49 par 24;   1
& trouvant le reſte 1, qui diviſe
24 au juſte, je connois que 1 eſt le plus
grand commun diviſeur de 269 & 49.

Il en eſt de même des autres exemples.

2°. Pour trouver le plus grand commun
diviſeur de trois nombres A, B, C, je
cherche d'abord, comme auparavant, le
plus grand commun diviſeur *m* des deux
premiers A & B, enſuite je cherche le plus

120 grand commun diviseur *n* de C & *m*, & *n* sera le plus grand commun diviseur des trois nombres A. B. C.

Car le plus grand commun diviseur des nombres A, B, C étant par-là commun diviseur de A & de B, sera necessairement diviseur de leur plus grand commun diviseur *m*, & ne pourra par conséquent être plus grand que le plus grand commun diviseur *n* de C & de *m*, donc *n* divisant C & *m*, & par conséquent A & B que *m* divise, *n* sera le plus grand commun diviseur de A, B, C.

A	438
B	102
C	57
—	—
m	6
n	3

Pour trouver le plus grand commun diviseur de quatre nombres A, B, C, D, je cherche d'abord le plus grand commun diviseur *n* des trois premiers A, B, C, & ensuite le plus grand commun diviseur *p* de *n* & de D, & ce nombre *p* sera le plus grand commun diviseur des quatre A, B, C, D.

A	144
B	90
C	72
D	45
—	—
m	54
n	18
p	9

Car tout commun diviseur de A, B, C, D, étant aussi commun diviseur du plus grand commun diviseur *m* des deux premiers A, B, & du troisième C, ce nombre sera necessairement diviseur du plus grand commun diviseur *n* de *m* & de C;

ainſi il ne pourra pas être plus grand que 120
le plus grand commun diviſeur *p* de *n* &
de D ; & le nombre *p* diviſeur de D &
de *n*, le ſera des autres nombres A, B,
C que *n* diviſe. Le nombre *p* ſera donc le
plus grand commun diviſeur des quatre
nombres A, B, C, D. Et ainſi de ſuite
à l'infini.

PROBLEME III.

TROUVER le plus petit multiplié
de deux ou pluſieurs nombres A, B,
ou A, B, C, &c. ou le plus petit nombre *z* que A, B, C, &c. diviſent chacun
ſans reſte.

Avant que de proceder à cette operation,
il faut remarquer.

I.

Que ſi l'on diviſe deux nombres *a*, *b*, ou pluſieurs *a*, *b*,
c, &c. par leur plus grand commun diviſeur *z*, leurs quotiens
p : *q*, ou *p*, *q*, *r*, &c. ſeront
premiers entr'eux, ou n'auront
que l'unité pour leur plus grand
commun diviſeur.

a	438
b	102
c	54
z	6
p	73
q	17
r	9

Car on voit clairement que les nombres

120 a, b, c, &c. que l'on suppose ici pouvoir être divisés chacun par χ (6), c'est-à dire, distribués chacun en 6 parties égales, pourroient être divisés chacun par 2×6 ou 3×6, ou 4×6, &c. ou distribués chacun en 12 ou 18, ou 36, &c. parties égales, si chacune de leurs premieres parties p, q, r, &c. pouvoient être subdivisées en 2, ou en 3, ou en 4, &c. Et que les nombres a, b, c, &c. n'auroient pas le nombre χ (6) pour plus grand commun diviseur, mais 2χ (12), ou 3χ (18), ou 4χ (24) &c. si les quotiens p, q, r, &c. des nombres a, b, c, &c. divisés par χ pouvoient être subdivisés en 2, ou 3, ou 4, &c. parties égales, ce qui est évident.

Donc χ ne peut être le plus grand commun diviseur de deux ou plusieurs nombres a, b, ou a, b, c, &c. que leurs quotiens p, q, ou p, q, r, &c. ne soient premiers entre eux, ou n'ayent l'unité pour leur plus grand commun diviseur.

10   II.

Que si l'on multiplie deux ou plusieurs nombres p, q, ou p, q, r, &c. premiers entre eux par quelque nombre χ, ce nombre χ sera le plus grand commun diviseur des produits a, b, ou a, b, c, &c.

Car χ sera au moins commun diviseur

des nombres a, b, c, &c. & si
on divise ces nombres chacun
par z, on aura pour quotiens
les nombres p, q, r, &c.

Or, z étant commun diviseur
es nombres a, b, c, &c. z se-
a diviseur de leur plus grand
ommun diviseur, & par con-
equent ce plus grand commun
iviseur ne pourra être autre que z, ou
z, ou $3z$, ou $4z$, &c.

Mais si $2z$, ou $3z$, ou $4z$, &c. pouvoient
iviser chacun des nombres a, b, c, &c.
urs quotiens ne seroient que la deuxiéme,
u troisiéme, ou quatriéme, &c. partie
es nombres p, q, r, &c. quotiens des
êmes nombres a, b, c, &c. divisés par
: d'où il s'ensuivroit que les nombres p,
, r, &c. pourroient être divisés chacun
ar 2, ou 3, ou 4, &c. & ne seroient pas
ar conséquent premiers entre eux.

Donc, si les nombres p, q, r, &c. sont
emiers entre eux, leurs produits a, b, c,
c. par z, ne pourront avoir que z pour
ur plus grand commun diviseur,

130

p	73
q	17
r	9
z	6
a	438
b	102
c	54

III.

Que tout multiple x de deux nombres
, b, est necessairement multiple de leur
us petit multiple z.

230 C'eſt-à-dire, que ſi l'on diviſe x par z, il ne peut y avoir de reſte ; car s'il y avoit un reſte r, ce reſte ſeroit moindre que le diviſeur z, & chacun des nombres a, b, diviſant x au juſte, & ſa partie z, ou $2z$, ou $3z$, &c. chacun des nombres a, b diviſeroit auſſi au juſte l'autre partie r de x ; ainſi r moindre que z ſeroit multiple de r, & dans ce cas z ne ſeroit pas le plus petit multiple de a, b.

D'où il ſuit, que ſi z eſt le plus petit multiple de a, b ; z diviſera au juſte le multiple x de a, b.

x	96
z	14
r	17
a	12
b	8

IV.

Qu'enfin ſi un nombre x multiple de deux nombres a, b, n'eſt pas leur plus petit multiple z, les quotiens p, q de x diviſé par a, b ne ſeront pas premiers entre eux.

x	192	z	64
a	24	a	24
b	16	b	16
p	8	c	3
q	12	d	4

Car par l'article précedent le plus petit multiple z de a, b ſera diviſeur de x. Ainſi, ſi le quotient de x par z eſt 3, par exemple, ou que x ſoit au juſte 3 fois auſſi grand que z, & que a, b diviſant x au juſte jufte leurs quotiens foient p, q.

Il eft vifible que les quotiens p, q de x par a, b, feront pareillement au jufte ζ fois auffi grands que les quotiens c, d de ζ par a, b; ainfi les quotiens p, q auront ζ pour commun divifeur, & ne feront pas par conféquent premiers entre eux. Il en fera de même des autres exemples.

REGLE GENERALE. 3,

1°. POur trouver le plus petit multiple ζ de deux nombres a, b, cherchés d'abord le plus grand commun divifeur m de a, b, divifés enfuite l'un des deux nombres b par m, & multipliés en le quotient q par l'autre a; le produit aq fera le plus petit multiple ζ de a, b.

a.	90.
b.	36.
m.	18.
q.	2.
aq.	180. ζ

Car en divifant a, b par leur plus grand commun divifeur m, les quotiens p, q feront premiers entre eux, & n aura $mp = a$, $mq = b$, $mpq = aq$.

a.	90. mp.
b.	36. mp.
m.	18.
p.	5.
q.	2.
ζ	
aq.	180. mpq.

Or, mpq eft multiple de mp ou a, & de q ou b, & en divifant aq ou mpq par a,

130 ou mp, le quotient est q, & en le divisant par b ou mq, le quotient est p, donc les quotiens p & q du nombre aq ou mpq par b, étant premiers entre eux, le nombre aq est le plus petit multiple z de a & b, puisque par l'article précedent, si le nombre aq, multiple de a, b, n'étoit pas leur plus petit multiple z, les quotiens c, d ne seroient pas premiers entre eux.

2°. Pour trouver le plus petit multiple de trois nombres a, b, c, cherchez d'abord le plus petit multiple z des deux premiers a, b, cherchez ensuite le plus petit multiple y de z & c, le nombre y sera le plus petit multiple des trois nombres a, b, c.

a.	90
b.	36
c.	25
z.	180
y.	900

Car le plus petit multiple de trois nombres a, b, c étant necessairement multiple de chacun de ces nombres, & multiple par consequent des deux premiers a, b, *ce nombre sera necessairement multiple de leur plus petit multiple z, il ne pourra donc être moindre que le plus petit multiple y de z & c. Or y étant multiple de z, qui est multiple de a, b & de c; y sera multiple, & par consequent le plus petit multiple des trois nombres a, b, c.

131 3°. Pour trouver le plus petit multiple de quatre nombres a, b, c, d, cherchez d'abord le plus petit multiple y des trois

premiers *a* , *b* , *c* , cherchez
enfuite le plus petit multiple
x de *y* , *d*. Et *x* fera le plus
petit multiple des quatres *a* ,
b , *c* , *d*.

 Car le plus petit multiple
de *a* , *b* , *c* , *d*, étant neceffairement multiple de chacun de
ces nombres , & par confe-
quent multiple des trois premiers *a* , *b* , *c* ,
ce nombre fera multiple de leur plus petit
multiple *y* , donc il ne pourra être moindre que le plus petit multiple *x* des nombres *y* & *d* , donc *x* multiple de *d* & de *y* ,
qui eft multiple de *a* , *b* , *c* , étant par-là
multiple de *a* , *b* , *c* , *d* , fera leur plus petit multiple ; & ainfi de fuite à l'infini.

	130
a.	90
b.	36
c.	25
d.	21
z.	180
y.	900
x.	2700
	*131

PROBLEME IV.

TROUVER fucceffivement & par
ordre tous les nombres 1. 3. 5. 7. 11.
13. 17. &c. qui ne font multiples que de
l'unité , & qu'on nomme *fimples* ou *premiers*.

I.   4

On remarquera que tout nombre eft
toûjours ou fimple ou multiple de quelque
nombre fimple.

130   Ainsi 360 par exemple peut
bien être multiple de 180, &
180 de 90, & 90 de 45, &
45 de 15 &c. mais comme ces
nombres vont toûjours en dimin-
nuant, il ne peut se faire qu'on ne
parvienne enfin à un nombre tel
que 15, qui ne puisse plus être
divisé que par un nombre tel que 5 ou 3,
qui ne pourra plus être multiple que de
l'unité, & qui par conséquent sera un nombre simple.

360
180
90
45
15
5

Or ce nombre simple 5 divisant 15, &
15 divisant 45, le nombre 5 divisera 45.
Par la même raison 5 divisant 45, & 45
divisant 90, le nombre 5 divisera 90. Et
ainsi de suite. Le nombre simple 5 divisera
donc le nombre proposé 360. Et par consequent tout nombre proposé sera toûjours,
ou simple, ou multiple de quelque nombre
simple.

§ II.

On remarquera encore que tout multiple d'un nombre simple, moindre que le
quarré de ce nombre, est nécessairement
multiple d'un autre nombre simple moindre
que le précedent.

Ainsi, le multiple 42 du nombre simple 7 par exemple, étant moindre que le
quarré 49 de 7, sera multiple de quel-

qu'autre nombre simple moindre que 7. 130
Car en divisant 42 par 7 on aura necessairement un quotient 6 moindre que 7, lequel sera ou simple, ou multiple d'un
nombre simple 3, moindre que 6, & par
conséquent moindre que 7, lequel nombre
simple sera diviseur de 42 ; il en est de
même des autres exemples.

III.

6

Remarqués encore qu'il y a une infinité
de nombres simples, car soit a, b, c, d,
e, &c. telle multitude de nombres simples
qu'il vous plaira, prenez en le produit $abcde$,
ajoûtés l'unité à ce produit, le nombre
$abcde + 1$, sera composé de deux parties,
dont l'une $abcde$ pourra être divisée au juste par chacun des nombres simples qui
l'ont formée, & l'autre 1 ne pourra être
divisée par aucun de ces nombres ; le nombre $abcde + 1$, ne pourra donc être divisé
par aucun des nombres simples précedens,
ce nombre sera donc ou simple ou multiple de quelques - autres nombres simples
differens de ceux qu'on aura déja trouvés.

IV.

7

Remarqués enfin que dans la suite des
nombres 1. 2. 3. 4. 5. 6. 7. 8. 9. 10.
11. 12. 13. 14. 15. 16. 17. 18. &c. tous

230 les multiples de 2 qu'on nomme nombres *pairs*, y sont disposés de deux en deux. Ceux de 3 de trois en trois ; ceux de 4 de quatre en quatre. Et ainsi de suite, ce qui est évident.

La même chose s'observe dans la suite des nombres *impairs* 1. 3. 5. 7. 9. 11. 13. 15. 17. 19. 21. 23. 25. &c. tous les multiples de 3 y sont disposés de trois en trois ; ceux de 5 de cinq en cinq ; ceux de 7 de sept en sept ; & ainsi de suite.

§ V.

Or, comme il n'y a de tous les nombres pairs que 2 qui soit simple, les autres étant tous multiples de 2 ; tous les autres nombres simples sont necessairement compris dans la suite des nombres impairs.

Ainsi, si on les pose par ordre dans une table, & qu'on efface d'abord tous les multiples du nombre simple 3 , & qui y sont tous disposés de *trois* en *trois* ; tous les nombres 2. 3. 5. 7. 11. 13. 17. 19. 23. jusqu'au quarré 25 du premier nombre 5 qui n'aura pas été effacé seront simples.

Et si en commençant par ce quarré 25 on efface tous les multiples de 5 disposés de *cinq* en *cinq*, tous les nombres précedens & les nombres 29. 31. 37. 41. 43. 47. compris entre 25 & le quarré 49 du

nombre simple 7 immédiatement suivant, 130
qui n'auront pas été effacés par cette derniere operation, seront simples.

1.	3.	5.	7.	9.
11.	13.	15.	17.	19.
21.	23.	25.	27.	29.
31.	33.	35.	37.	39.
41.	43.	45.	47.	49.
51.	53.	55.	57.	59.
61.	63.	65.	67.	69.
71.	73.	75.	77.	79.
81.	83.	85.	87.	89.
91.	93.	95.	97.	99.
101.	103.	105.	107.	109.
111.	113.	115.	117.	119.
121.	123.	125.	127.	129.
131.	133.	135.	137.	139.
141.	143.	145.	147.	149.
151.	153.	155.	157.	159.
161.	163.	165.	167.	169.
171.	173.	175.	177.	&c.

Et si en commençant par ce quarré 49
on efface tous les multiples de sa racine 7
disposés de 7 en 7, tous les nombres précedens & les nombres 53. 59. 61. 67. 71.
73. 79. 83. 89. 97. 101. 103. 107. 109.

130 113. Compris entre le quarré 49 & le quarré 121 du nombre simple 11 immédiatement suivant, qui n'auront pas été effacés par cette derniere operation, seront simples; & ainsi de suite.

Car ayant d'abord effacé tous les multiples de 3, le premier nombre 5 de ceux qui n'auront pas été effacés par cette operation, ne pouvant être multiple des nombres premiers 2. 3. qui le précedent, puisqu'on les a tous effacés ou retranchés, ne pourra pas être multiple des nombres simples qui le suivent, qui sont tous plus grands que lui, ce nombre 5 sera donc simple. & on pourroit commencer par le cinquiéme nombre 15 qui suit à en effacer tous les multiples : Mais comme tous les multiples de 5, qui sont entre 5 & son quarré 25, tels que sont les nombres 10. 15. 20. seront necessairement multiples de quelque nombre simple moindre que 5, ces multiples ayant déja été effacés par les operations précedentes, n'ont plus besoin de l'être.

Et comme par les mêmes raisons le premier nombre 7 de ceux qui n'auront pas été effacés par l'operation précedente, sera premier, & que tous les multiples de 7 jusqu'à son quarré 49, ont tous déja été effacés ; on voit bien clairement que par cette derniere operation, generalement tous

les nombres composés depuis o jusqu'à 121 130
quarré de 11 ont tous été effacés, & que
par conséquent ceux qui ne l'ont pas été
sont simples.

En continuant donc l'operation, & effaçant tous les multiples de 11, en commençant par son quarré 121, tous les nombres
qui n'auront pas été effacés jusqu'au quarré
169 du nombre simple 13, qui suit immédiatement 11, seront simples. Et ainsi
de suite à l'infini.

VI. 9

On peut extremement abreger & sim-
plifier cette operation, en ne posant d'abord
que des points dans la Table precedente au
lieu des nombres impairs, comme on le
voit dans la Table suivante, mettant au-
dessus de chaque colonne les cinq nombres
1. 3. 5. 7. 9. & à côté de chaque rangée les nombres o. 1. 2. 3. 4. 5. 6. 7. 8.
9. 10. &c. jusqu'à 99. Car en joignant le chifre d'à côté d'un certain point
au chifre de dessus, on aura le nombre
dont ce point tient la place. Ainsi le nombre dont le quatriéme point de la douziéme rangée tient la place, est 137.

Cette premiere Table contiendra tous les
nombres impairs, depuis o jusqu'à 1000.
Une seconde Table pareille à la précedente,

430

0000
——————

	1	3	5	7	9
0	.	.	.	.	A
1	.	.	A	.	.
2	A	.	B	A	.
3	.	A	B	.	A
4	.	.	A	.	C
5	A	.	B	A	.
6	.	A	B	.	A
7	.	.	A	C	.
8	A	.	B	A	.
9	C	A	B	.	A
10	.	.	A	.	.
11	A	.	B	A	C
12	D	A	B	.	A
13	.	C	A	.	.
14	A	D	B	A	.
15	.	A	B	.	A
16	C	.	A	.	E
17	A	.	B	A	.
18	.	A	B	D	A
19	.	.	A	.	.
20	A	C	B	A	D
21	.	A	B	C	A
22	E	.	A	.	.
23	A	.	B	A	.
24	.	A	B	E	A

	1	3	5	7	9
25	.	D	A	.	C
26	A	.	B	A	.
27	.	A	B	.	A
28	.	.	A	C	F
29	A	.	B	A	B
30	C	A	B	.	A
31	.	.	A	.	D
32	A	F	B	A	C
33	.	A	B	.	A
34	D	C	A	.	.
35	A	.	B	A	.
36	G	A	B	.	A
37	C	.	A	B	.
38	A	.	B	A	.
39	F	A	B	.	A
40	.	E	A	D	.
41	A	C	B	A	.
42	.	A	B	C	A
43	.	.	A	G	.
44	A	.	B	A	.
45	D	A	B	.	A
46	.	.	A	.	C
47	A	D	B	A	.
48	E	A	B	.	A
49	.	F	A	G	.

oooo

	1	3	5	7	9			1	3	5	7	9
50	A	.	B	A	.		75	.	A	B	.	A
51	C	A	B	D	A		76	.	C	A	B	.
52	.	.	A	F	H		77	A	.	B	A	G
53	A	E	B	A	C		78	D	A	B	.	A
54	.	A	B	.	A		79	C	E	A	.	F
55	G	C	A	.	H		80	A	D	B	A	.
56	A	.	B	A	.		81	.	A	B	G	A
57	.	A	B	.	A		82	.	.	A	.	.
58	C	D	A	.	G		83	A	C	B	A	.
59	A	.	B	A	.		84	I	A	B	C	A
60	.	A	B	.	A		85	H	.	A	.	.
61	E	.	A	.	.		86	A	.	B	A	D
62	A	C	B	A	F		87	E	A	B	.	A
63	.	A	B	C	A		88	.	.	A	.	C
64	.	.	A	.	D		89	A	G	B	A	I
65	A	.	B	A	.		90	F	A	B	.	A
66	.	A	B	H	A		91	.	D	A	C	.
67	D	.	A	.	C		92	A	.	B	A	.
68	A	.	B	A	B		93	C	A	B	.	A
69	.	A	B	F	A		94	.	H	A	.	E
70	.	G	A	C	.		95	A	.	B	A	C
71	A	H	B	A	.		96	K	A	B	.	A
72	C	A	B	.	A		97	.	C	A	.	D
73	F	.	A	D	.		98	A	.	B	A	H
74	A	.	B	A	C		99	.	A	B	.	A

230 & au haut de laquelle on aura mis 1000 au lieu des 0000 qu'on a mis au haut de celle-ci, contiendra tous les nombres impairs, depuis 1000 jufqu'à 2000 ; & ainfi de fuite.

On operera enfuite fur ces points comme fi c'étoit fur les nombres mêmes dont ils tiennent la place, & que l'on peut fi facilement connoître au befoin. Et au lieu des points qui fe trouvent à la place des multiples de 3, on pofera la lettre A, la lettre B au lieu des points qui fe trouvent à la place des multiples de 5, & qui ne font point occupés par la lettre A. La lettre C au lieu des points qui fe trouvent à la place des multiples de 7, & qui ne font pas déja occupés par les lettres précedentes A. B. Et ainfi de fuite.

Et on trouvera de foi-même plufieurs facilités pour faire l'operation. Par exemple on verra que les lettres A vont en diagonale. Les lettres B font toutes comprifes dans la colonne du milieu. Enfin, au lieu de compter un à un, on pourra compter de cinq en cinq, de 125 en 125, de 250 en 250, de 500 en 500 &c.

Et lors qu'on aura achevé l'operation pour une lettre, on en pourra faire aifément la preuve, en voyant par la divifion fi le nombre auquel on eft enfin parvenu, eft multiple du nombre premier pour lequel on a operé. On

On remarquera encore que dans cette 130
Table le même ordre pour les multiples de
3 & de 5 revient toûjours de 3000 en
3000 ; de sorte qu'en faisant imprimer trois
de ces Tables avec les lettres A & B seulement, on en pourroit composer une Table indefinie , sur laquelle il n'y auroit plus
qu'à operer sur les multiples des autres
nombres premiers 7. 11. 13. &c.

VII.   10

On mettra ensuite par ordre dans une
Table tous les nombres qui ne seront mar-
qués que d'un point , & qui seront les
nombres simples que l'on demande.

TABLE

DES

OMBRES SIMPLES

OU PREMIERS.

Ette Table qui contient les Nombres
simples compris depuis 0 jusqu'à 1000
uffit pour trouver les diviseurs des Nom-
res jusqu'à 1000000 quarré de 1000.

S

130

1. 101. 239. 397. 569. 733. 911.
2. 103. 241. 401. 571. 739. 919.
3. 107. 251. 409. 577. 743. 923.
5. 109. 257. 419. 587. 751. 929.
7. 113. 263. 421. 593. 757. 937.
11. 127. 269. 431. 599. 761. 941.
13. 131. 271. 433. 601. 769. 947.
17. 137. 277. 439. 607. 773. 953.
19. 139. 281. 443. 613. 787. 967.
23. 149. 283. 449. 617. 797. 971.
29. 151. 293. 457. 619. 809. 977.
31. 157. 307. 461. 631. 811. 983.
37. 163. 311. 463. 641. 821. 991.
41. 167. 313. 467. 643. 823. 997.
43. 173. 317. 479. 647. 827. &c.
47. 179. 331. 487. 653. 829.
53. 181. 337. 491. 659. 839.
59. 191. 347. 499. 661. 853.
61. 193. 349. 503. 673. 857.
67. 197. 353. 509. 677. 859.
71. 199. 359. 521. 683. 863.
73. 211. 367. 523. 691. 877.
79. 223. 373. 541. 701. 881.
83. 227. 379. 547. 709. 883.
89. 229. 383. 557. 719. 887.
97. 233. 389. 563. 727. 907.

PROBLEME IV.

TROUVER tous les diviseurs entiers d'un nombre entier : Ou trouver tous les nombres entiers qui peuvent être exactement contenus dans ce nombre.

I.

On remarquera d'abord que le produit

$a.$	$b.$	$c.$	$d.$	$e.$	&c.	χ
11.	7.	13.	17.	19.	&c.	5

$ab.$	$abc.$	$abcd.$	&c.
77.	1001.	17017.	&c.

$ab.$ $abc.$ $abcd.$ &c. de plusieurs nombres simples $a. b. c. d. e.$ &c. ne peut avoir pour diviseur aucun autre nombre simple χ different de ceux qui l'ont produit.

Car 1°. Tous les diviseurs du nombre simple χ, étant χ & 1, & χ ne pouvant pas être diviseur du nombre simple a, il n'y aura que l'unité qui puisse être commun diviseur de a & de χ : ou a & χ seront simples entre eux.

$a.$	11
$b.$	7
$\chi.$	5
$ab.$	17
$b\chi.$	35

Or, multipliant a & χ par b, * b sera le * plus grand commun diviseur de ab & de $b\chi$. Et χ ne pouvant être diviseur de ce

140 plus grand commun diviseur b, qui est un nombre simple, par la supposition z ne sera pas commun diviseur de ab & de bz.

Donc z diviseur de bz ne pourra l'être de ab.

2°. Tous les Diviseurs du nombre simple z étant z & 1, & z n'étant pas diviseur du produit ab, par ce que nous venons de démontrer, il n'y aura que l'unité qui puisse être le plus grand commun diviseur de ab & de z : ou ab & z seront simples entre eux.

$ab.$	77
$c.$	13
$z.$	5
$abc.$	1 101
$cz.$	65

Or, multipliant ab & z par c, c sera le plus grand commun diviseur de abc & de cz, & z ne pouvant être diviseur de c, qui est un nombre simple par la supposition, z ne sera pas commun diviseur de abc & de cz.

Donc z diviseur de cz ne pourra l'être de abc. On démontrera de même que z ne pourra être diviseur des produits $abcd$, $abcde$ &c. ce qu'il falloit démontrer.

II.

2

D'où il suit que telle puissance a^n que ce soit d'un nombre simple a, ne peut avoir pour diviseur d'autre nombre simple que sa racine a, puisque la puissance a^5 par

exemple du nombre *a*, n'étant autre chose 140
qu'un produit *aaaaa* des nombres simples *a*, *a*, *a*, *a*, *a*, tel autre nombre simples *z* que ce soit ne peut la diviser.

D'où il suit encore que le produit $a^4b^3c^2d^5$
&c. de plusieurs puissances de nombres
simples *a*, *b*, *c*, *d*, &c. ne peut par la
même raison avoir pour diviseur d'autre
nombre simple *z*, différent des racines *a*,
b, *c*, *d*, &c. de ces puissances.

III.

Et que le produit $a^4b^3c^2d^5$ &c. de nombres simples *a*, *b*, *c*, *d*, &c. ne pourra
être divisé par aucune autre puissance de ces
mêmes nombres, plus grande que celles qui
auront été employées à le former.

Par exemple le produit $a^4b^3c^2d^5$ peut
bien être exactement divisé par b^1, b^2, b^3,
mais il ne peut l'être par b^4. Car $a^4b^3c^2d^5$ est
égal à $a^4c^2d^5$ multiplié par b^3. Or $a^4c^2d^5$ &
b sont premiers entre eux, donc en multipliant l'un & l'autre par b^3, b^3 sera le plus
grand commun diviseur de $a^4b^3c^2d^5$ & de
b^4. Or b^4 ne peut pas être diviseur de ce
plus grand commun diviseur b^3 moindre
que b^4, donc b^4 diviseur de b^4, ne peut
l'être de $a^4b^3c^2d^5$, ce qu'il falloit démontrer.

IV.

On voit encore que si prenant en main la suite 2. 3. 5. 7. 11. 13. 17. 19. &c. des nombres simples, on divise un nombre z par le premier nombre simple 2, s'il est possible de le faire sans reste, & leur quotient y encore par 2 ; & ainsi de suite jus-

z.	484500	2. a
y.	242250	2. b
x.	121125	3. b
v.	40375	5. c
t.	8075	5. c
s.	1615	5. c
r.	323	5. c
q.	19	17. d
	1	19. e

qu'à ce qu'on soit parvenu à un quotient x, que 2 ne puisse plus diviser au juste: qu'on continuë à diviser le quotient x par le nombre simple 3 qui suit, & le quotient v (qui ne peut plus être divisé par 3) par 5, & le quotient t par 5, & le quotient s par 5, & le quotient r (qui ne peut plus être divisé par 5, ni par 7, ni par 11, ni par 13) par 17, & le quotient q par 19, & ainsi de suite jusqu'à ce que l'on soit parvenu à l'unité: on voit, dis-je, que le nombre z sera égal au produit de tous les diviseurs simples 2. 2. 3. 5. 5. 5. 17. 19. qui auront été employez.

Désignés ces diviseurs 2. 2. 3. 5. 5. 5. 17. 19. 140
par les lettres *a. a. b. c. c. c. d. e.*
& vous verrés que le quotient 1 multiplié
par le diviseur *e* vous donnera le nombre
à diviser *q* ; ainsi vous aurez $1 \times e = q$; & *q*,
ou $1 e \times d = r$; & *r*, ou $1 e d \times c = s$; & *s*, ou
$1 e d c \times c = t$; & *t*, ou $1 e d c c \times c = v$; & *v*, ou
$1 e d c c c \times b = x$; & *x*, ou $1 e d c c c b \times a = y$; &
y, ou $1 e d c c c b x a = z$. Donc z est égal au
produit $1 e d c c c b a a$, ou $1 a a b c c c d e$ de tous les
diviseurs 1. 2. 3. 5. 5. 5. 17. 19. qu'on a
employés.

V.

D'où il suit 1°. Que ce nombre z aura
pour diviseur chacun des nombres simples
a. b. c. d. e. employés dans l'operation,
2°. * Qu'il n'en pourra avoir d'autres diffe. * 141
rens de ceux-ci, comme *g* (7) ; * ni d'au. * 143
tres puissances plus grandes des nombres
simples qu'on aura trouvés ; c'est à dire,
qu'il pourra bien être divisé par *aa*, ou
a^2, ou par *b*, ou *c*, ou c^2, ou c^3 ; mais
qu'il ne pourra l'être par a^3, ni par a^4, ni
par b^2, ni par c^4 &c.

3°. Qu'il pourra bien être divisé par un
nombre *p* ($2 \times 3 \times 5 \times 5$, ou 150) $= b c c$,
dont tous les diviseurs premiers *a. b. c. c.*
(2. 3. 5. 5.), seront parmi les diviseurs
premiers du nombre z ; puisque z, ou

140 *aabccde* divisé par *abcc*, donne *aedd* pour quotient.

4°. Mais ce nombre z ne pourra pas être divisé au juste par un nombre m ($2\times3\times7$, ou 42)=*abg*, qui aura pour diviseur un nombre simple g (7), que le nombre z n'a pas pour diviseur ; ni par un nombre n ($2\times3\times3\times5$, ou 90)=*abbc*, qui aura pour diviseur une puissance bb, ou b^2 d'un nombre simple b diviseur de z, plus grande que celle qui peut diviser z. Car si m, ou n divisoit z, le nombre simple g (7) qui divise m, ou la puissance bb (9) qui divise n, diviseroit aussi au juste le nombre z ; ce qui ne se peut, ainsi qu'on vient de le voir.

6   *REGLE GENERALE.*

1°. POur trouver tous les diviseurs d'un nombre z, prenez la suite 2. 3. 5. 7. 11. 13. 17. 19. 23. &c. des nombres premiers ; trouvez par son moyen tous les diviseurs simples 2. 3. 5. 7. 11. de z désignés les par *a. b. c. d. e.*

2310	2. *a*
1155	3. *b*
385	5. *c*
77	7. *d*
11	11. *e*
1	

Et posant l'unité 1, multipliés 1 par *a*, & vous aurez pour diviseurs 2. *a*. multipliés les par *b*,

& vous aurez

b. ab. multi-

pliés les tous

chacun par *c*,

& vous aurez

a. ac. bc. abc.

multipliés les

tous chacun

par *d*, & vous

aurez *d. ad.*

bd. abd. cd.

acd. bcd. abcd.

multipliés les

tous chacun

par *e*, & ainsi

de suite. Et

vous aurez en-

fin tous les diviseurs de z.

1	1	*e*	11
a	2	*ae*	22
b	3	*bc*	33
ab	6	*abe*	66
c	5	*ce*	55
ac	10	*ace*	110
bc	15	*bce*	165
abc	30	*abce*	330
d	7	*de*	17
ad	14	*ade*	154
bd	21	*bde*	231
abd	42	*abde*	462
cd	35	*cde*	385
acd	70	*acde*	770
bcd	105	*bcde*	1155
abcd	210	*abcde*	2310

Car en premier lieu il est clair * que cha- *119
cun de ces nombres n'étant composé que
des seuls diviseurs simples de z, sera diviseur de z. Par exemple *abd* (42) divisera
z, ou *abcde* (2310), & le quotient sera
le produit *ce* (55) des autres diviseurs
d. e. de z.

En second lieu, il est clair par l'operation même, que ces nombres 1. *a. b. ab.*
c. &c. sont les seuls qui puissent être formés par les diviseurs premiers de z, par
conséquent tout autre nombre *m* ou *n*, se-

140 ra necessairement composé de quelque diviseur premier g, different de ceux dont z est composé, ou de quelque puissance b^2 ou c^3 de ces diviseurs, qui ne divise pas z; ainsi, ni m, ni n ne pourront diviser z.

2°. Pour trouver tous les diviseurs de cet autre nombre z (5250), j'en cherche d'abord tous ses diviseurs premiers 2. 3. 5. 5. 5. 7. Je pose 1. je multiplie 1 par 2, & j'ai 1. 2. que je multiplie chacun par 3, & j'ai 1. 2. 3. 6. que je multiplie chacun par 5, & j'ai 1. 2. 3. 6. 5. 10. 15. 30. que je multiplie enco-

1	1	7	d
a	2	14	ad
b	3	21	bd
ab	6	42	abd
c	5	35	cd
ac	10	70	acd
bc	15	105	bcd
abc	30	210	abcd
cc	25	175	ccd
acc	50	350	accd
bcc	75	525	bccd
abcc	150	1050	abccd
c^3	125	875	c^3d
c^3	250	1750	ac^3d
bc^3	375	2625	bc^3d
abc^3	750	5250	abc^3d

re par 5, en commençant par 5, pour éviter les produits inutiles, & j'ai 25. 50. 75. 150. que je multiplie encore par 5, en commençant par 25 par la même raison, & j'ay 125. 250. 375. 750. que je multiplie tous par 7, en commençant par 1. Et j'ay tous les diviseurs du nombre proposé z.

3°. En suivant le même ordre, on verra que tous les diviseurs de a^5 (243), dont les diviseurs premiers sont 3. 3. 3. 3. 3. sont les seules puissances 1. a^2. a^3. a^4. a^5. (1. 3. 9. 27. 81. 243.) du nombre a (3).

4°. Si l'on ne veut connoître que le seul nombre de tous ces diviseurs, ce qui pourra servir de preuve à l'operation. On cherchera d'abord tous les diviseurs premiers du nombre proposé. On posera 2 pour chacun des inégaux ; 3 pour deux égaux ; 4 pour 3 égaux, & ainsi de suite ; on prendra ensuite le produit des nombres posés, ce produit sera le nombre des diviseurs que l'on demande.

Ainsi pour trouver le nombre des diviseurs de 2310, dont les diviseurs premiers sont
$$2. \quad 3. \quad 5. \quad 7. \quad 11.$$
tous inégaux, je pose
$$2. \quad 2. \quad 2. \quad 2. \quad 2.$$
& le produit $2 \times 2 \times 2 \times 2 \times 2 = 32$, est le nombre des diviseurs du nombre 2310, ce qui est clair par l'operation même qui a servi à trouver ces diviseurs.

Pour trouver le nombre des diviseurs du nombre 5250, dont les diviseurs premiers sont
$$2. \quad 3. \quad 5. \quad 5. \quad 5. \quad 7.$$
je pose
$$2. \quad 2. \quad \quad \quad 4. \quad 2.$$
dont le produit $2 \times 2 \times 4 \times 2 = 32$, est le nombre des diviseurs ; ce qui est encore évident par les regles précedentes.

140   On trouvera de même que le nombre de tous les diviſeurs du nombre 96780, dont les diviſeurs premiers

ſont   2. 2. 3. 5. 5. 5. 17. 19.
en poſant les nomb.   3. 2.   4. 2. 2.
eſt 96. Et ainſi des autres.

5°. On a vû *art.* 4, que pour trouver tous les diviſeurs ſimples d'un nombre z (11440), il falloit diviſer ce nombre z par le premier nombre ſimple 2, & le quotient encore par 2, & ainſi de ſuite, juſqu'à ce qu'on trouve un quotient que z ne puiſſe plus diviſer au juſte : qu'il falloit enſuite continuer la même operation en ſe ſervant par ordre de chacun des nombres ſimples 3. 5. 7. 11. &c. qui ſuivent, mais lorſqu'on eſt parvenu à un quotient 983, & à un diviſeur ſimple 37, dont le quarré excede le quotient 983, alors il n'eſt plus beſoin de tenter l'operation ſur ce nombre ſimple 37, ni ſur ceux qui ſuivent, & le quotient 983 eſt le dernier nombre ſimple qui peut être employé, puiſque ſi 983 pouvoit être diviſé au juſte par 37, plus grande que ſa racine, il l'auroit pû être par un nombre ſimple moindre que 37.

Fin de la quatriéme Leçon.

LEÇON CINQUIE'ME [140]

DES OPERATIONS

DE L'ARITHMETIQUE

SUR LES

NOMBRES RADICAUX.

DEFINITION.

OMBRES - RADICAUX. Ce font des Nombres qui expriment les Racines des autres Nombres.

I. 7

Pour exprimer par ordre les Nombres Radicaux, on fe fervira du Signe √, qui fignifiera *Racine* : on mettra fur ce Signe l'entier 1, ou 2, ou 3, &c. qui fignifiera le dégré de la racine : Et l'on pofera après

T

140 le signe le nombre dont on veut exprimer la racine.

Ainsi pour exprimer la racine troisiéme de 35 par exemple, je pose $\sqrt[3]{35}$ le signe $\sqrt{}$ signifie *racine* : le signe $\sqrt[3]{}$ signifie *racine* troisiéme : Et l'expression totale $\sqrt[3]{35}$ signifie *racine* troisiéme de 35. Et désigne le nombre parfait que l'on conçoit par cette racine troisiéme ou cubique de 35, plus grande que 5, & moindre que 6, & qu'on ne peut déterminer au juste, ni par entiers, ni par fractions, ainsi que nous le démontrerons plus bas, mais dont on peut seulement approcher à l'infini. En sorte que cette expression $\sqrt[3]{35}$ doit être prise & regardée comme étant le nombre même qu'elle exprime, égal à la fraction $\frac{1\,2\,7\,2\,\&c.}{1\,0\,0\,\&c.}$ dont les termes seroient infinis, & que l'on découvre successivement, en tirant sans cesse la racine troisiéme de l'un & de l'autre terme de la fraction $\frac{1\,5\,\cdots\,\&c.}{2\,0\,0\,0\,\cdots\,\&c.}$ égale à 35, dont par conséquent la fraction totale $\frac{1\,2\,7\,2\,\&c.}{1\,0\,0\,\&c.}$ seroit au juste la racine troisiéme.

De même pour exprimer telle racine que l'on voudra d'une fraction proposée, comme la racine cinquiéme de $\frac{6}{7}$, je pose $\sqrt[5]{\frac{6}{7}}$. Et ce signe $\sqrt[5]{\frac{6}{7}}$ désignera le nombre exact que l'on conçoit par cette racine cinquiéme de $\frac{6}{7}$. En sorte que, comme on a

regardé dans les calculs précedens, le signe 140
7, comme étant le nombre *sept* ; & le signe
$\frac{3}{5}$, comme étant le nombre *trois cinquié-*
mes. On regarde dans celui-ci le signe $\sqrt[3]{7}$,
comme étant le nombre qui répond exacte-
ment à la racine troisiéme de 7, & le
signe $\sqrt[3]{\frac{6}{7}}$, comme étant le nombre qui répond au juste à la racine 3 de $\frac{6}{7}$, & dont
on peut feulement approcher à l'infini ;
ainfi que nous le démontrerons dans la
fuite.

Et il en fera de même de tous les autres
nombres radicaux, ou racines des nombres
entiers & rompus, que l'on pourra facilement exprimer par ce moyen.

2°. On obfervera feulement que le figne
$\sqrt{}$ ne change point la valeur du nombre
qu'il devance.

Ainfi $\sqrt[1]{4}$, qui fignifie racine premiere
de 4, n'eft pas different de 4 non plus
que $\sqrt[1]{\frac{3}{4}}$, n'eft pas different de $\frac{3}{4}$, la * racine premiere d'un nombre étant ce nombre   * 86.
même.

Pour $\sqrt[2]{}$ on fe contente ordinairement du
figne $\sqrt{}$. Ainfi $\sqrt[2]{12}$ ou $\sqrt[2]{\frac{3}{4}}$ s'exprime ordinairement ainfi $\sqrt{12}$ $\sqrt{\frac{3}{4}}$.

II.   8

1°. Lorfque l'on pofe avant le figne un

T ij

140 nombre entier ou rompu, ce nombre est multiplicateur du Radical. Ainsi,

$4 \sqrt[3]{7}$ vaut 4 fois la racine troisiéme de 7. $\frac{1}{4} \sqrt[5]{12}$, vaut $\frac{1}{4}$ de fois la racine cinquiéme de 12 $\frac{3}{4} \sqrt{\frac{3}{4}}$, vaut $\frac{3}{4}$ de fois la racine seconde de $\frac{3}{4}$. Et ainsi des autres. Et lorsqu'on ne trouve rien de posé avant le signe, on y sous entend l'unité. Ainsi $\sqrt[3]{4}$, vaut $1 \sqrt[3]{4}$ & $\sqrt[3]{\frac{2}{3}}$ vaut $1 \sqrt[3]{\frac{2}{3}}$.

2°. Le nombre qui est avant le signe $\sqrt{}$ se nomme *coefficient*. Le nombre qui est sur le signe, se nomme *exposant*, & le nombre qui est sous le signe, se nomme *puissance* du radical.

Ainsi dans $4 \sqrt[3]{7}$, ou $\frac{3}{4} \sqrt[5]{\frac{1}{4}\frac{2}{2}}$; 4 ou $\frac{3}{4}$; en est le coefficient, 3 ou 5 en est l'exposant, 7 ou $\frac{1}{4}\frac{2}{2}$ en est la puissance.

III.

9

On remarquera en premier lieu.

1°. Que lorsque la puissance d'un radical, comme $\sqrt{49}$ est un nombre entier 49, & que cet entier est une puissance parfaite, ou qu'il a un nombre entier 7 pour racine, de même degré que le signe $\sqrt{}$ du radical, ce radical $\sqrt{49}$ vaut un entier, c'est-à-dire, que $\sqrt{49}$ (ou racine seconde ou quarrée de 49) est 7; ce qui est évident. On verra de même que $\sqrt[3]{27} = 3$. $\sqrt[4]{81} = 4$; & ainsi des autres.

2°. Que lorsque la puissance d'un radi- **140**
al est une fraction, comme $\sqrt[2]{\frac{8}{18}}$; si l'on
réduit cette fraction à des moindres termes,
en divisant l'un & l'autre de ses termes par
quelqu'un de leurs communs diviseurs 2, le radical $\sqrt[2]{\frac{4}{9}}$ sera de même valeur que le précedent, c'est-à-dire, que $\sqrt[2]{\frac{8}{18}}=\sqrt[2]{\frac{4}{9}}$; ce
qui est encore évident, puisque $\frac{8}{18}=\frac{4}{9}$,
& que les racines pareilles de nombres
égaux sont égales. On verra de même que
$\sqrt[3]{\frac{8}{16}}=\sqrt[3]{\frac{4}{8}}$. $\sqrt[4]{\frac{8}{18}}=\sqrt[4]{\frac{4}{9}}$ &c. que $\sqrt[2]{\frac{12}{15}}$
$=\sqrt[2]{\frac{4}{5}}$. $\frac{4}{6}\sqrt[3]{\frac{12}{15}}=\frac{2}{3}\sqrt[3]{\frac{4}{5}}$. $\frac{4}{6}\sqrt[5]{\frac{12}{15}}=\frac{2}{3}\sqrt[5]{\frac{4}{5}}$; & ainsi
des autres.

3°. Que lorsque la puissance d'un radi-
cal, comme $\sqrt[2]{\frac{4}{9}}$, est une fraction $\frac{4}{9}$, telle
que l'un & l'autre terme de cette fraction
sont des puissances parfaites de même dégré que le signe $\sqrt{}$ du radical ; Ce radical
est toûjours égal à une fraction. Ce qui
est encore évident, car $\sqrt[2]{\frac{4}{9}}=\frac{2}{3}$, puisque
$\frac{2}{3}\times\frac{2}{3}=\frac{4}{9}$, & par conséquent $\sqrt[2]{\frac{4}{9}}$ (c'est-à-
dire la racine seconde ou quarrée de $\frac{4}{9}$) est
$\frac{2}{3}$. On verra de même que $\sqrt[3]{\frac{8}{24}}=\sqrt[3]{\frac{27}{8}}$
$=\frac{3}{2}$, que $\sqrt[4]{\frac{1296}{512}}=\sqrt[4]{\frac{625}{256}}=\frac{5}{4}$. Car en réduisant la fraction $\frac{1296}{512}$ aux moindres ter-
mes, on a $\frac{625}{256}$, & tirant la racine qua-
trième de l'un & l'autre terme, on a au
juste $\frac{5}{4}$. Et ainsi des autres.

140
10   IV.

On remarquera en second lieu, que si l'on divise l'un & l'autre terme d'une fraction proposée, telle que $\frac{72}{56}$ par leur plus grand commun diviseur 8, les termes de la nouvelle fraction $\frac{9}{7}$, qui sera de même valeur que $\frac{72}{56}$, sont plus petits qu'aucuns des termes de toute autre fraction, de même valeur que la fraction proposée $\frac{72}{56}$; ou que cette fraction sera *réduite aux moindres termes* par cette operation.

Car soit $\frac{a}{b}$, telle autre fraction qu'on veüille proposer, de même valeur que $\frac{9}{7}$ (les lettres *a. b.* representent tels nombres entiers qu'on voudra) il faut démontrer que *a* ne peut être moindre que 9, ni *b* moindre que 7.

1°. Il est clair que le second terme *b* de la fraction $\frac{a}{b}$ ne peut être égal au second terme 7 de $\frac{9}{7}$, ou moindre que 7, que *a* ne soit moindre que 9 ; car si *a* étoit plus grand que 9, il est visible que la fraction $\frac{9}{7}$ ou $\frac{a}{7}$, & à plus forte raison $\frac{a}{6}$ * plus grande que $\frac{a}{7}$, seroit plus grande que $\frac{9}{7}$, reste donc à démontrer que *b* ne peut être moindre que 7.

2°. Donnez un même second terme aux

fractions $\frac{9}{7}$ & $\frac{a}{b}$, * & vous aurez $\frac{9b}{7b}$ & $\frac{7a}{7b}$, 140 & comme cette operation ne change point *73. la valeur de ces fractions, vous aurez $\frac{9b}{7b}$ $=\frac{9}{7}$, & $\frac{7a}{7b}=\frac{a}{b}$. Or par la supposition $\frac{9}{7}$ $=\frac{a}{b}$. Donc vous aurez $\frac{9b}{7b}=\frac{7a}{7b}$; * & comme *63. ces fractions, qui ont un même second terme 7 b, ne peuvent être égales que leurs premiers termes ne soient égaux, donc 9 $b=$ 7 a.

3°. Les termes 72 & 56 de la fraction proposée $\frac{72}{56}$ ayant été divisés chacun par leur plus grand commun diviseur 8, les termes 9 & 7 de la fraction $\frac{9}{7}=\frac{72}{56}$ qui en vient, * seront simples entr'eux, * donc b *129. *130. sera le plus grand commun diviseur de 9 b & 7 b, & comme 7 est commun diviseur des nombres 7 a & 7 b, & que 9 $b=$ 7 a. Donc 7 sera commun diviseur des mêmes nombres 9 b & 7 b, & par conséquent 7 qui est un de leurs communs diviseurs, ne pourra être moindre que leur plus grand commun diviseur b ; ce qui restoit à démontrer.

V.

On remarquera en troisiéme lieu que, lorsque la puissance d'un radical, comme $\sqrt[2]{54}$, ou $\sqrt[3]{54}$, ou &c. est un nombre entier 54, qui n'a pas un nombre entier pour racine,

250 de même dégré que le signe $\sqrt{}$, ou $\sqrt[3]{}$, ou &c. du radical proposé. Ce radical n'aura pas non plus pour racine une fraction, telle que $7\frac{1}{3}=\frac{24}{3}$, ou $7\frac{4}{5}=\frac{39}{5}$, ou telle autre qu'on veüille proposer.

Car la racine seconde par exemple de 54, étant plus grande que 7, puisque 7×7 ne font que 49, & moindre que 8, puisque 8×8 font 64, on pourroit penser que cette racine est $7\frac{2}{3}=\frac{25}{3}$, ou $7\frac{4}{5}=\frac{39}{5}$, ou &c. Mais cette fraction $\frac{39}{5}$, ou telle autre qu'on veüille proposer, comme $\frac{117}{15}$ n'étant pas égale à un entier, son quarré ni son cube, ni telle autre puissance qu'on veüille proposer de cette fraction, ne pourra jamais être égal à un nombre entier tel que 54.

Pour le démontrer, réduisés la fraction proposée $\frac{117}{15}$ à ses moindres termes, en divisant l'un & l'autre de ses termes 117 & 15 par leur plus grand commun diviseur 3, & vous aurez $\frac{117}{15}=\frac{39}{5}$. Il faut démontrer que le quarré ou le cube, ou telle autre puissance que ce soit de $\frac{39}{5}$, comme $\frac{39}{5}\times\frac{39}{5}$ ou $\frac{1521}{25}$; que $\frac{39}{5}\times\frac{39}{5}\times\frac{39}{5}$ ou $\frac{59319}{125}$; & ainsi de suite, ne peut jamais être égale au juste à un nombre entier, tel qu'il puisse être.

La fraction $\frac{39}{5}$ n'étant pas par la supposition égalé à un nombre entier : ou son second terme 5 ne pouvant pas diviser au juste son premier terme 39, il faudroit que le second terme 25 de la fraction $\frac{1421}{25}$, ou que le second terme 125 de la fraction $\frac{55419}{125}$, ou &c. pût diviser le premier 1421, ou 55419, & ainsi de suite ; ce qui ne se peut, comme on va le voir.

Pour rendre la démonstration generale, nous désignerons par $\frac{x}{z}$ la premiere fraction $\frac{117}{15}$, ou telle autre de même genre que ce soit, & par $\frac{t}{v}$ la seconde fraction $\frac{39}{5}$. Les termes 117 & 15 de la fraction $\frac{117}{15}$, ou $\frac{x}{z}$ ayant été divisés par leur plus grand commun diviseur 3, les termes 39 & 5, ou $t. v.$ de la fraction $\frac{39}{5} = \frac{117}{15}$, seront simples entre eux, * & par conséquent aucun des diviseurs simples $a. b. c.$ &c. dont le premier 39, ou t pourroit être composé, ne sera parmi les diviseurs simples $m. n.$ &c. dont le second 5, ou v pourroit aussi être composé. Mais comme les termes des fractions $\frac{1421}{25}$ ou $\frac{55419}{125}$, ou &c. ou $\frac{tt}{vv} = \frac{abcabc}{mnmn}$, $\frac{t^3}{v^3} = \frac{abcabcabc}{mnmnmn}$, ou &c. ne peuvent être composés que des mêmes diviseurs simples, dont les termes de leur racine $\frac{t}{v} = \frac{abc}{mn}$ sont composez, on voit bien que les seconds termes de ces fractions ne pourront jamais diviser leurs premiers ter-

150 mes, puisqu'il suffit * qu'un nombre soit
*145 composé d'un seul diviseur simple n, qui
ne se trouve pas parmi les diviseurs simples d'un autre nombre, pour que le premier ne puisse diviser le second au juste.
Ces fractions $\frac{n}{\nu\nu} = \frac{1421}{25}$ ou $\frac{nnn}{\nu\nu\nu} = \frac{1519}{225}$, ou
&c. ne pourront donc jamais être égales à
un nombre entier, tel qu'est icy dans cet
exemple le nombre 54. Aucune fraction ne
pourra donc jamais être la racine quelconque d'un nombre tel que 54, dont la même racine ne sera pas un nombre entier.
Mais on pourra seulement trouver des fractions qui approcheront toûjours de plus
en plus de 'la juste valeur de ces racines ou
des radicaux $\sqrt{54}.$ $\sqrt[3]{54}.$ $\sqrt[4]{54}.$ &c. &
qu'on nomme pour cet effet *Irrationaux*,
pour les distinguer des autres, tels que
$\sqrt{16} = 4.$ $\sqrt[3]{125} = 5.$ $\sqrt[4]{81} = 3$ &c. qu'on
nomme *Rationaux*.

Ainsi les racines secondes ou quarrées de
tous les nombres compris entre les nombres B, qui sont les quarrés ou secondes
puissances des nombres A, ne pouvant avoir
des nombres entiers pour racines quarrées ou
secondes, aucune fraction ne pourra non
plus être au juste leurs racines quarrées ou
secondes ; on pourra seulement par le moyen
des fractions approcher de plus en plus de
leur juste valeur sans esperer d'y atteindre.

Il en sera de même des racines troisié- 150
mes ou cubes des nombres compris entre
les nombres C, qui sont les cubes, ou
troisiémes puissances des nombres A ; &
ainsi des autres racines quatriémes, cinquié-
mes &c.

A. 1. 2. 3. 4. 5. 6. &c.
B. 1. 4. 9. 16. 25. 36. &c.
C. 1. 8. 27. 64. 125. 216. &c.

VI.

On remarquera en quatriéme lieu, que
tous les nombres entiers & rompus sont
Commensurables, c'est-à-dire,

1°. Que tous les nombres entiers 1. 2.
3. 4. &c. ont pour *communes mesures*, ou
communs diviseurs, l'unité 1 & chacune
des parties de l'unité $\frac{1}{1}$ $\frac{1}{2}$ $\frac{1}{3}$ $\frac{1}{4}$ &c.

2°. Que tel nombre entier que ce soit,
comme 7, & telle fraction qu'on veüille
choisir, comme $\frac{4}{5}$, auront pour communs
diviseurs $\frac{1}{5}$ $\frac{1}{5\times2}$ $\frac{1}{5\times3}$ $\frac{1}{5\times4}$ &c. ou $\frac{1}{5}$ $\frac{1}{10}$ $\frac{1}{15}$
&c. à l'infini.

3°. Qu'une fraction quelconque, com-
me $\frac{4}{5}$, & telle autre qu'on veüille choisir,
comme $\frac{3}{4}$, auront pour communs diviseurs,
(en leur donnant un même second terme
4×5 ou 20), les fractions $\frac{1}{20}$ $\frac{1}{20\cdot2}$ $\frac{1}{20\cdot3}$
$\frac{1}{20\cdot4}$ &c. ou $\frac{1}{20}$ $\frac{1}{40}$ $\frac{1}{60}$ &c. à l'infini.

150 C'est-à-dire, qu $\frac{1}{2}$ ou $\frac{1}{4}$ ou $\frac{1}{6}$ &c. se trouvera tant de fois au juste dans $\frac{2}{5}$, & tant de fois au juste dans $\frac{3}{4}$; ce qui est évi-dent. On a mis un point au lieu du signe $\times$ dans les fractions pour plus de netteté, ce qu'on observera dans la suite.

§. VII.

Mais que generalement toutes les racines des nombres entiers qui ne peuvent être égales à des nombres entiers, sont *Incommensurables,* ou n'ont aucune commune mesure ou divi-seur commun avec l'unité, & tout autre nombre entier ou rompu que ce soit.

Car 1°. Si $\sqrt{1038}$ par exemple, (ou la racine seconde ou quarrée de 1038, qui est entre 32 & 33), pouvoit être commen-surable avec l'unité, ou qu'il pût y avoir quelque commune mesure, ou commun diviseur z, entre cette racine que je nom-me r & l'unité 1, ou que z se trouvât au juste tant de fois dans l'unité, & tant de fois dans r, comme par exemple 7 fois dans 1, & 13 fois dans r; il est visible que z se trouvant 7 fois dans 1, on auroit $z = \frac{1}{7}$, & z ou $\frac{1}{7}$ se trouvant 13 fois dans r; cette racine r seroit égale à $13z$, ou à 13 fois $\frac{1}{7}$ ou $\frac{13}{7}$. D'où il suit que si la racine r étoit commensurable avec l'unité, elle seroit égale à une fraction $\frac{13}{7}$.

2°. Si la commune mesure z se trouvoit
tant

tant de fois dans un nombre entier tel que
7, & tant de fois au juste dans la racine
r, comme 9 fois dans 7, & 12 fois dans
r; il est visible que χ se trouvant 9 fois
au juste dans 7, χ seroit au juste $\frac{1}{9}$ de 7
ou $\frac{7}{9}$. Et χ ou $\frac{7}{9}$ se trouvant 12 fois au
juste dans r, la racine r seroit égale à 12
fois $\frac{7}{9}$ ou $\frac{84}{9}$. D'où il suit que si la racine
r étoit commensurable avec un nombre en-
tier quelconque, elle seroit égale à une
fraction.

3°. Enfin, si la commune mesure χ se
trouvoit tant de fois dans une fraction telle
que $\frac{3}{5}$, & tant de fois au juste dans la racine
r, comme 4 fois dans $\frac{3}{5}$, & 7 fois dans
r. Il est clair que χ se trouvant 4 fois dans
$\frac{3}{5}$, on auroit χ égale à $\frac{1}{4}$ de $\frac{3}{5}$, ou à $\frac{3}{20}$.
Et χ, ou $\frac{3}{20}$ se trouvant 7 fois dans r, la
racine r seroit égale à 7 fois $\frac{3}{20}$, ou à une
fraction $\frac{21}{20}$.

Or, on vient de démontrer *art.* 151.
que la racine d'un nombre entier qui n'a
pas un nombre entier pour sa racine, ne
peut avoir pour racine une fraction ; il ne
peut donc se faire que les racines quelconques des nombres entiers, qui ne sont pas
égales à des nombres entiers, & dont il y
en a une infinité, puissent jamais être commensurables, ou avoir quelque diviseur

150 commun, ou quelque mesure commune avec l'unité, ou tout autre nombre entier ou rompu que ce soit.

4   **VIII.**

On remarquera en cinquiéme lieu, qu'on peut approcher autant qu'on voudra de la racine quelconque d'une fraction, en tirant la racine proposée de l'un & de l'autre de ses termes, après les avoir multipliés par le nombre décimal indéfini 1000000 &c. sans autre préparation.

Que pour approcher autant qu'on voudra de la racine seconde par exemple de la fraction $\frac{1038}{129}$, il n'y a qu'à multiplier sans autre préparation l'un & l'autre de ses termes par le nombre décimal 1000000 &c. ce qui donne $\frac{1038}{129} = \frac{1038.00.00.00.00\ \&c.}{129.00.00.00.00\ \&c.}$ & tirer de part & d'autre la racine quarrée, & que les fractions $\frac{52}{11}$, $\frac{322}{113}$, $\frac{3232}{1135}$, $\frac{32118}{11356}$ approcheront de plus en plus de la juste valeur de la fraction proposée.

Car la fraction proposée $\frac{1038}{129}$ étant toûjours égale à $\frac{1038.00}{129.00}$, à $\frac{1038.000}{129.000}$, à $\frac{1038.0000}{129.0000}$ &c. 1°. Si l'on tire de chacune la racine de l'un & de l'autre de ses termes, & que l'on trouve pour la première $\frac{1038}{129}$, que la racine de son premier terme 1038 est entre 32 & 33, & celle le ſon ſecond terme 129 entre 11 & 12. Ces nombres 32 & 33, 11 & 12 pourront toûjours former trois fractions $\frac{32}{11}$ $\frac{32}{12}$ $\frac{33}{11}$, dont la premiere & la ſeconde auront un même premier terme, & dont le ſecond terme de la premiere ſurpaſſera de l'unité le ſecond terme de la ſeconde ; d'où il ſuit, * que la premiere ſera moindre * 63. que la ſeconde. Que la ſeconde & la troiſiéme auront toûjours un même ſecond terme, & que le premier terme de la ſecon- e ſurpaſſera de l'unité le premier terme de troiſiéme : D'où il ſuit, * que la ſeconde * 63. era moindre que la troiſiéme.

Que la racine de la fraction propoſée $\frac{1038}{129}$ ſera plus grande que la premiere fra- ion $\frac{32}{12}$, dont le premier terme 32 eſt oindre que la juſte valeur de la racine u premier terme 1038 de la propoſée, le ſecond terme 12 plus grand que la uſte valeur de la racine de ſon ſecond ter- e 129. Que cette même racine ſera oindre que la troiſiéme fraction $\frac{33}{11}$, dont e premier terme 33 eſt plus grand que la uſte valeur de la racine du premier terme 038, & le ſecond terme 11 moindre ue la juſte valeur de la racine du ſecond rme 129 de la propoſée $\frac{1038}{129}$.

D'où il ſuit que la ſeconde fraction $\frac{32}{11}$, ue la regle donne pour racine approchée,

150 étant aussi plus grande que $\frac{..}{..}$, & moindre que $\frac{..}{..}$, la racine veritable sera necessairement comprise, ou entre la premiere & la seconde, ou entre la seconde & la troisiéme ; que si cette racine est comprise entre la seconde & la troisiéme fraction $\frac{..}{..}$ & $\frac{..}{..}$, qui ne different que d'une des parties $\frac{.1}{..}$ de la moyenne, cette moyenne fraction $\frac{..}{..}$ ne differera de la racine que de moins de $\frac{.1}{..}$; & que si cette racine est entre la premiere & la seconde $\frac{..}{..}$ & $\frac{..}{..}$, la difference de $\frac{11}{..}$ à $\frac{..}{..}$ étant $\frac{.1}{..}$, puisque $\frac{..}{..} = \frac{11}{..}$, dont la difference à $\frac{..}{..}$ est $\frac{.1}{..}$, lorsque la fraction moyenne $\frac{..}{..}$ ne vaudra par un entier, il ne s'en faudra pas de $\frac{.1}{..}$ que la racine exacte de la fraction proposée qui est entre deux ne vaille la fraction moyenne $\frac{..}{..}$, & lorsqu'elle vaudra 1. 2. 3. 4. &c. entiers il ne s'en faudra pas de $\frac{.1}{..}$ $\frac{.1}{..}$ $\frac{.1}{..}$ $\frac{.1}{..}$ &c. que la racine proposée qui est entre deux ne vaille la même fraction moyenne $\frac{..}{..}$; sçavoir, $\frac{.1}{..}$ pour chaque entier, & moins de $\frac{.1}{..}$ pour le reste.

D'où il suit que la fraction moyenne $\frac{..}{..}$ ne peut differer de la vraye racine que d'autant de ses parties, & un peu plus qu'elle vaut d'entiers ; en sorte que si la fraction moyenne $\frac{..}{..}$ vaut 2 entiers, il ne s'en faudra pas de $\frac{1}{11}$ qu'elle n'atteigne à la juste valeur de la racine, soit en dessus, soit en dessous.

2°. On démontrera de même, pour la fraction $\frac{1038000}{1190000}$, que si l'on tire la racine de l'un & l'autre de ses termes, & que l'on trouve que la racine du premier soit entre 322 & 323, & celle du second entre 113 & 114. On démontrera, dis-je,

Que des trois fractions $\frac{322}{114}$ $\frac{322}{113}$ $\frac{323}{113}$, que l'on peut former par ces nombres ; La premiere ne differera de la seconde que de l'unité en son second terme, & sera moindre que la seconde ; La seconde ne differera de la troisiéme que de l'unité en son premier terme, & sera moindre que la troisiéme.

Que la racine de la fraction proposée sera aussi entre la premiere & la troisiéme fraction, & que par consequent la difference de la fraction moyenne $\frac{322}{113}$ (que la regle donne pour racine approchée de la fraction proposée) à la racine veritable de cette fraction, ne pourra être de gueres plus grande qu'autant de fois sa partie $\frac{1}{113}$ qu'elle contient d'entiers.

On démontrera la même chose pour la troisiéme fraction $\frac{10380000}{11900000}$, pour la quatriéme $\frac{103800000}{119000000}$. Et ainsi de suite.

150   3°. D'où il fuit que la fraction moyenne $\frac{3\,2}{2\,1}$ que donne la premiere operation, ne pouvant contenir ni plus ni moins d'entiers que chacune des fractions moyennes $\frac{2\,2\,2}{1\,1\,3}$, $\frac{3\,2\,2\,1}{1\,1\,3\,5}$, $\frac{2\,2\,2\,1\,8}{1\,1\,3\,5\,6}$, &c. que donnent les autres operations, on verra que comme par la premiere il ne s'en faut pas de $\frac{2\,1}{2\,1}$ que la fraction $\frac{3\,2}{2\,1}$ n'atteigne à la jufte valeur de la racine de la fraction propofée, il ne s'en faudra pas de $\frac{2\,1}{1\,2\,3}$ de $\frac{3}{1\,1\,3\,5}$ de $\frac{1}{1\,1\,3\,5\,6}$ &c. que les fractions $\frac{3\,2\,2}{1\,1\,3}$ $\frac{3\,2\,2\,1}{1\,1\,3\,5}$ $\frac{3\,2\,2\,1\,8}{1\,1\,3\,5\,6}$ n'atteignent à cette jufte valeur, & que par conféquent elles n'en approchent de plus en plus.

Et ce même raifonnement pouvant être appliqué à tout autre exemple, on voit bien clairement qu'on approchera toûjours de plus en plus de la jufte valeur de la racine quelconque d'une fraction, en tirant la même racine de l'un & l'autre de fes termes, fans aucune autre préparation que de multiplier l'un & l'autre de fes termes par le nombre décimal indefini 1000000 &c.

IX.

On remarquera en fixiéme lieu, que lorfque deux nombres radicaux ont un même figne & l'unité pour coefficient, on en peut toûjours trouver le produit en multipliant la

puiſſance de l'un par la puiſſance de l'au- 150
tre. *Cet article eſt fondamental.*

Qu'ainſi pour multiplier $\sqrt{}5$ par $\sqrt{}7$, il
n'y a qu'à multiplier 5 par 7, & que
$\sqrt{}35$ en eſt le produit.

Que pour multiplier $\sqrt{\frac{3}{5}}$ par $\sqrt{\frac{4}{7}}$, il n'y
a qu'à multiplier $\frac{3}{5}$ par $\frac{4}{7}$, & que $\sqrt{\frac{12}{35}}$
en eſt le produit.

Et generalement que pour multiplier
$\sqrt[n]{\frac{a}{b}}$ par $\sqrt[n]{\frac{c}{d}}$, il n'y a qu'à multiplier $\frac{a}{b}$
par $\frac{c}{d}$, & que $\sqrt[n]{\frac{ac}{bd}}$ en eſt le produit.

Pour démontrer que le produit de $\sqrt{\frac{3}{5}}$
par $\sqrt{\frac{4}{7}}$ eſt $\sqrt{\frac{12}{35}}$, cas qui renferme toute
la difficuté.

1°. Je multiplie l'un & l'autre terme de
la fraction $\frac{12}{35}$ de $\sqrt{\frac{12}{35}}$ par le nombre décimal indefini 1000000 &c. puis tirant la racine
ſeconde de l'un & l'autre de ſes termes, j'ay
$\sqrt{\frac{12}{35}} = \sqrt{\frac{12000000 \text{ &c.}}{35000000 \text{ &c.}}} = \frac{3462 \text{ &c.}}{5916 \text{ &c.}}$, & il reſte à démontrer que le produit de $\sqrt{\frac{3}{5}}$ par
$\sqrt{\frac{4}{7}}$, eſt préciſément égal à la fraction
$\frac{3462 \text{ &c.}}{5916 \text{ &c.}}$, continuée à l'infini.

2°. Je multiplie l'un & l'autre terme de
la premiere fraction $\frac{3}{5}$, ou $\frac{a}{b}$, par le premier terme 4 ou c de la ſeconde $\frac{4}{7}$ ou $\frac{c}{d}$,
& j'ay $\sqrt{\frac{3}{5}} = \sqrt{\frac{12}{20}}$: ou $\sqrt{\frac{a}{b}} = \sqrt{\frac{ac}{bc}}$.

Je multiplie l'un & l'autre terme de la
ſeconde fraction $\frac{4}{7}$, ou $\frac{c}{d}$ par le ſecond

150 terme 5 ou b de la premiere $\frac{4}{5}$ ou $\frac{a}{b}$, & j'ay $\sqrt{\frac{4}{7}} - \sqrt{\frac{20}{35}}$, ou $\sqrt{\frac{a}{c}} - \sqrt{\frac{bc}{bd}}$, & il reste à démontrer que le produit de $\sqrt{\frac{12}{20}}$ par $\sqrt{\frac{20}{35}}$ est $\sqrt{\frac{12}{35}}$, ou que le produit de $\sqrt{\frac{ac}{bc}}$ par $\sqrt{\frac{bc}{bd}}$ est $\sqrt{\frac{ac}{bd}}$.

Remarqués que par la préparation que je viens de donner à ces deux fractions telles qu'elles puissent être, le second terme de la premiere est toûjours égal au premier terme de la seconde : que le premier terme de la premiere est le même que le premier terme de la troisiéme : & que le second terme de la seconde est le même que le second terme de la troisiéme.

3°. Je multiplie ensuite l'un & l'autre terme des trois fractions $\frac{12}{20}$, $\frac{20}{35}$ & $\frac{12}{35}$, par le nombre infini 1000000 &c. ce qui ne change point leur valeur, & il reste à démontrer que le produit de $\sqrt{\frac{120000000\,\&c.}{200000000\,\&c.}}$ par $\sqrt{\frac{200000000\,\&c.}{350000000\,\&c.}}$ est $\sqrt{\frac{120000000\,\&c.}{350000000\,\&c.}}$.

4°. J'évaluë ces fractions, en tirant la racine seconde ou proposée de l'un & l'autre de leurs termes, & j'ay les fractions $\frac{3460\,\&c.}{4413\,\&c.}$, $\frac{4472\,\&c.}{5916\,\&c.}$ & $\frac{3462\,\&c.}{5916\,\&c.}$ qui étant continuées à l'infini, seront égales aux racines des fractions précedentes. D'où il suit que le produit des deux premieres sera au juste le produit des deux radicaux proposez $\sqrt{\frac{4}{5}} - \frac{3460\,\&c.}{4413\,\&c.}$ & $\sqrt{\frac{4}{7}} - \frac{4472\,\&c.}{5916\,\&c.}$

Il reste donc enfin à démontrer que le produit des deux fractions $\frac{3\,4\,6\,9\ \&c.}{4\,4\,8\,5\ \&c.}\cdot\frac{4\,4\,8\,3\ \&c.}{5\,9\,2\,6\ \&c.}$ dont les termes sont infinis, est égal à la fraction $\frac{3\,4\,6\,9\ \&c.}{5\,9\,2\,6\ \&c.}$, continuée aussi à l'infini. Puisque cette derniere fraction est visiblement égale à $\frac{1\,2}{4\,5}$ ou $\frac{1\,2\,0\,0\,0\,0\,0\,0\,0\ \&c.}{4\,5\,0\,0\,0\,0\,0\,0\,0\ \&c.}$

5°. Remarqués d'abord que nonobstant toutes les préparations précedentes, le second terme de la premiere de ces dernieres fractions est toûjours demeuré égal au premier terme de la seconde. Le premier terme de la premiere au premier terme de la troisiéme. Et le second terme de la seconde au second terme de la troisiéme.

Or, quoique les termes des deux premieres de ces fractions soient ici supposez infinis, comme ils doivent l'être, on peut cependant en avoir le produit selon les regles de la multiplication des fractions; car pour cela il n'y a qu'à multiplier la premiere fraction par le premier terme de la seconde, & en diviser le provenu par son second terme.

Pour multiplier la premiere fraction $\frac{4\,4\,6\,9\ \&c.}{4\,4\,8\,5\ \&c.}$ par le premier terme 4483 &c. de la seconde $\frac{4\,4\,8\,3\ \&c.}{5\,9\,2\,6\ \&c.}$ * il n'y a qu'à diviser * 66; par ce nombre le second terme 4483 &c. de cette premiere fraction, & quoique ces nombres soient infinis, comme ils sont exactement égaux, leur quotient sera exa-

150 ctement 1, ainsi on aura $\frac{1\;4\;6\;9\;\&c.}{4\;4\;8\;3\;\&c.}$ multiplié par 4483 &c. $= \frac{1\;4\;6\;9\;\&c.}{1}$.

Et pour diviser la précedente fraction $\frac{1\;4\;6\;9\;\&c.}{1}$ par le second terme 5926 &c. de 267. la seconde, * il n'y a qu'à multiplier par ce nombre son second terme 1, ce qui peut fort bien se faire, quoique le nombre 5926 &c. soit infini, puisque le produit de l'unité 1 par un nombre quelconque 5926 &c. donne toûjours le même nombre 5926 &c. La fraction $\frac{1\;4\;6\;9\;\&c.}{5\;9\;2\;6\;\&c.}$ qui est la troisiéme, sera donc au juste le produit des deux premieres, ce qui restoit à démontrer. Le produit de $\sqrt[3]{\frac{3}{5}}$ par $\sqrt[2]{\frac{4}{7}}$ est donc au juste $\sqrt[2]{\frac{12}{35}}$. On démontrera de même que le produit de $\sqrt[3]{\frac{1}{5}}$ par $\sqrt[3]{\frac{4}{7}}$ est $\sqrt[3]{\frac{12}{315}}$ & generalement que le produit de $\sqrt[n]{\frac{a}{b}}$ par $\sqrt[n]{\frac{c}{d}}$ est $\sqrt[n]{\frac{ac}{bd}}$. Par la même raison le produit de $\sqrt[2]{5}$ par $\sqrt[2]{7}$, ou de $\sqrt[2]{\frac{5}{1}}$ par $\sqrt[2]{\frac{7}{1}}$: ou, en donnant la même forme aux fractions $\frac{5}{1}$ & $\frac{7}{1}$, que dans l'exemple précedent, que le produit de $\sqrt[2]{\frac{5}{1}}$ par $\sqrt[2]{\frac{7}{1}}$, est au juste $\sqrt[2]{\frac{35}{1}}$, ou $\sqrt[2]{35}$, que celuy de $\sqrt[2]{5}$ par $\sqrt[2]{7}$ est $\sqrt[2]{35}$ &c. & generalement que le produit de $\sqrt[n]{a}$ par $\sqrt[n]{b}$ est $\sqrt[n]{ab}$.

X.

On remarquera en septiéme lieu, que

lorsque deux nombres ont un même signe **150**
& n'ont que l'unité pour coefficient, on
en peut toûjours trouver le quotient, en divisant la puissance de l'un par la puissance
de l'autre.

Qu'ainsi pour diviser $\sqrt[y]{35}$ par $\sqrt[y]{7}$, il
n'y a qu'à diviser 35 par 7, & que $\sqrt[y]{\frac{35}{7}}$
ou $\sqrt[y]{5}$ en est le quotient, ce qui est évident, puisque le produit du quotient $\sqrt[y]{5}$,
par le diviseur $\sqrt[y]{7}$, donnera par l'article
précedent pour produit le nombre à diviser
$\sqrt[y]{35}$. Que pour diviser $\sqrt[y]{7}$ par $\sqrt[y]{5}$, il
n'y a qu'à diviser 7 par 5, & que $\sqrt[y]{\frac{7}{5}}$
en est le quotient.

Que pour diviser $\sqrt[y]{\frac{2}{5}}$ par $\sqrt[y]{\frac{4}{7}}$, il n'y a
qu'à diviser $\frac{2}{5}$ par $\frac{4}{7}$, & que $\sqrt[y]{\frac{2 \cdot 7}{5 \cdot 4}}$ en est
le quotient, ce qu'on peut démontrer de
la même maniere.

Et que generalement pour diviser $\sqrt[n]{\frac{a}{c}}$
par $\sqrt[n]{\frac{b}{d}}$, il n'y a qu'à diviser $\frac{a}{c}$ par $\frac{b}{d}$,
& que $\sqrt[n]{\frac{ad}{cb}}$ en est le quotient, puisque
$\sqrt[n]{\frac{ad}{cb}}$ multiplié par $\sqrt[n]{\frac{b}{d}}$, donne pour produit $\sqrt[n]{\frac{adb}{bcd}} = \sqrt[n]{\frac{a}{c}}$, qui est le nombre à diviser, en divisant par cd les termes de $\frac{adb}{bcd}$.

Pour démontrer immédiatement que le
quotient de $\sqrt[y]{\frac{a}{b}}$ par $\sqrt[z]{\frac{c}{d}}$ est $\sqrt[y]{\frac{a \cdot d}{b \cdot c}}$, cas qui
renferme toute la difficulté.

1°. Je multiplie l'un & l'autre terme
de la premiere fraction $\frac{a}{b}$, ou $\frac{c}{d}$ par le pre-

mier terme 4 ou c de la seconde $\frac{4}{7}$ ou $\frac{c}{d}$,
& j'ay $\sqrt[3]{\frac{1}{3}} = \sqrt[3]{\frac{1\cdot1}{3\cdot3}}$, ou $\sqrt[3]{\frac{a}{b}} = \sqrt[3]{\frac{aa}{bc}}$.

Je multiplie l'un & l'autre terme de la seconde fraction $\frac{4}{7}$ ou $\frac{c}{d}$ par le premier terme 3 ou a de la premiere $\frac{1}{3}$ ou $\frac{a}{b}$, & j'ay $\sqrt[3]{\frac{4}{7}} = \sqrt[3]{\frac{1\cdot2}{2\cdot1}}$ ou $\sqrt[3]{\frac{c}{d}} = \sqrt[3]{\frac{ac}{ad}}$.

Et il reste à démontrer que le quotient de $\sqrt[3]{\frac{1\cdot1}{3\cdot0}}$ par $\sqrt[3]{\frac{1\cdot2}{2\cdot1}}$ est $\sqrt[3]{\frac{1\cdot1}{2\cdot0}}$, ou que le quotient de $\sqrt[3]{\frac{ac}{bc}}$ par $\sqrt[3]{\frac{ac}{ad}}$ est $\sqrt[3]{\frac{ad}{bc}}$.

Remarqués que par la préparation que je viens de donner à ces deux fractions telles qu'elles puissent être, le premier terme de la premiere est toûjours égal au premier terme de la seconde, que le second terme de la premiere est le même que le premier terme de la troisiéme, & le second terme de la seconde le même que le premier terme de la troisiéme.

2°. Je multiplie ensuite l'un & l'autre terme des trois fractions $\frac{1\cdot2}{2\cdot0}$, $\frac{1\cdot1}{2\cdot1}$ & $\frac{1\cdot1}{1\cdot1}$ par le nombre infini 1000000 &c. ce qui ne change point leur valeur, & il reste à démontrer que le quotient de $\sqrt[3]{\frac{1\cdot2\cdot0\cdot0\cdot0\cdot0\cdot0\,\&c.}{2\cdot0\cdot0\cdot0\cdot0\cdot0\cdot0\,\&c.}}$ par $\sqrt[3]{\frac{1\cdot1\cdot0\cdot0\cdot0\cdot0\cdot0\,\&c.}{2\cdot0\cdot0\cdot0\cdot0\cdot0\cdot0\,\&c.}}$ est $\sqrt[3]{\frac{1\cdot1\cdot0\cdot0\cdot0\cdot0\cdot0\,\&c.}{2\cdot0\cdot0\cdot0\cdot0\cdot0\cdot0\,\&c.}}$.

3°. J'évaluë ces fractions, en tirant la racine seconde ou proposée de l'un & l'autre de ses termes, & j'ai les fractions $\frac{1\cdot4\cdot6\cdot9\,\&c.}{4\cdot4\cdot5\cdot1\,\&c.}$, $\frac{1\cdot4\cdot4\cdot9\,\&c.}{4\cdot5\cdot1\cdot1\,\&c.}$ & $\frac{4\cdot5\cdot1\cdot1\,\&c.}{1\cdot4\cdot4\cdot9\,\&c.}$, qui étant continuées à l'infini, seront égales aux racines des fra

&io

tions précedentes , d'où il fuit que le **150**
quotient de la premiere par la feconde fera
au jufte le quotient des deux radicaux pro-
pofez $\sqrt[2]{\frac{3}{5}}$ divifé par $\sqrt[2]{\frac{4}{7}}$.

Il refte donc enfin à démontrer que le
quotient de la premiere fraction $\frac{3\,4\,6\,9\,\&c.}{4\,4\,8\,3\,\&c.}$
par la feconde $\frac{3\,4\,6\,9\,\&c.}{4\,5\,8\,2\,\&c.}$, dont les termes
font infinis , eft égal à la troifiéme fraction
$\frac{1\,1\,1\,1\,\&c.}{4\,4\,8\,3\,\&c.}$, continuée auffi à l'infini , puifque cette derniere fraction eft vifiblement
égale à $\sqrt[2]{\frac{2\,1}{2\,7}}$ ou $\sqrt[2]{\frac{2\,1\,0\,0\,\bullet\,\bullet\,\bullet\,\bullet\,\&c.}{2\,0\,0\,0\,\bullet\,\bullet\,\bullet\,\bullet\,\&c.}}$.

4°. Remarquez d'abord, que nonobftant
toutes les préparations précedentes le premier terme de la premiere de ces dernieres fractions eft toûjours demeuré égal au
premier terme de la feconde, le fecond
terme de la premiere au fecond terme de
la troifiéme, & le premier terme de la
feconde au premier terme de la troifiéme.

Or, quoique les termes des deux premieres de ces fractions foient ici fuppofez
infinis, comme ils doivent l'être, on peut
cependant en avoir le quotient, felon les
regles de la divifion des fractions ; car
pour cela, il n'y a qu'à divifer la premiere
fraction par le premier terme de la feconde & en multiplier le provenu par le fecond terme.

Pour divifer la premiere fraction $\frac{3\,4\,6\,9\,\&c.}{4\,4\,8\,3\,\&c.}$
par le premier terme 3469 &c. de la fe-

X

150 conde $\frac{3469\,\&c.}{4582\,\&c.}$, il n'y a qu'à diviser par ce nombre le premier terme 3469 &c. de cette premiere fraction, & quoique ces nombres soient infinis, comme ils sont exactement égaux, leur quotient sera exactement 1 ; ainsi on aura $\frac{3469\,\&c.}{4582\,\&c.}$ divisé par 3469 &c. $= \dfrac{1}{\frac{4582\,\&c.}{3469\,\&c.}}$

Et pour multiplier la précedente fraction $\dfrac{1}{\frac{4582\,\&c.}{3469\,\&c.}}$ par le second terme 4582 &c. de la seconde, il n'y a qu'à multiplier par ce nombre son premier terme 1, ce qui peut fort bien se faire, quoique le nombre 4582 &c. soit infini, puisque le produit de l'unité 1 par un nombre quelconque 4582 &c. donne toûjours le même nombre 4582 &c.

La fraction $\frac{4581\,\&c.}{4483\,\&c.}$ qui est la troisiéme sera donc au juste le quotient des deux premieres, ce qui restoit à démontrer. Le quotient de $\sqrt[2]{\frac{2}{5}}$ par $\sqrt[2]{\frac{4}{7}}$ est donc au juste $\sqrt[2]{\frac{14}{20}}$. On démontrera de même que le quotient de $\sqrt[3]{\frac{2}{5}}$ par $\sqrt[3]{\frac{4}{7}}$, est au juste $\sqrt[3]{\frac{14}{20}}$, & generalement que le quotient de $\sqrt[n]{\frac{a}{b}}$ par $\sqrt[n]{\frac{c}{d}}$, est au juste $\sqrt[n]{\frac{ad}{bc}}$.

Par la même raison le quotient de $\sqrt[2]{35}$ par $\sqrt[2]{7}$, ou de $\sqrt[2]{\frac{35}{1}}$ par $\sqrt[2]{\frac{7}{1}}$: ou (en donnant la même forme aux fractions $\frac{35}{1}$ & $\frac{7}{1}$, que dans l'exemple précedent) le quotient de $\sqrt[2]{\frac{35\cdot7}{7}}$ par $\sqrt[2]{\frac{35\cdot7}{35}}$, est au

juste $\sqrt{\tfrac{3\,1}{7}} \div \sqrt{5}$. Que celui de $\sqrt{3}$ par
$\sqrt{7}$ est au juste $\sqrt{5}$. Et généralement que
le quotient de $\sqrt[n]{a}$ par $\sqrt[n]{b}$ est $\sqrt[n]{\tfrac{a}{b}}$.
[*On mettra un point dans les fractions à la*
place du signe × , *pour éviter la confusion.*]

XI.

7

Je remarque en septiéme lieu, que lorfque la racine du fecond terme d'une fraction eft un nombre entier, & que la même racine de fon premier terme n'eft pas
un nombre entier, il n'y a aucune fraction qui puiffe être au jufte la même racine de cette fraction, & qu'elle eft incommenfurable.

Soit telle racine d'une fraction qu'on
voudra propofer , comme $\sqrt[2]{\tfrac{2}{7}}\ \sqrt[3]{\tfrac{2}{7}}$, pour
connoître fi fa racine eft ou n'eft pas com-
menfurable, je réduis fon fecond terme 7
à être une puiffance parfaite de même dégré que le figne, en multipliant l'un &
l'autre de fes termes par le fecond 7 , lorfqu'il s'agit de $\sqrt{}$; par la feconde puiffance
de 7 , s'il s'agiffoit de la racine troifiéme ; par la troifiéme puiffance de 7 ,
s'il s'agiffoit de la racine quatriéme ;
& ainfi de fuite ; Et j'ay $\sqrt[2]{\tfrac{2}{7}} = \sqrt[2]{\tfrac{6\,3}{4\,9}}$, & le
fecond terme 49 de la fraction $\tfrac{6\,3}{4\,9}$ ayant
pour racine feconde un nombre entier 7 ,
je vois fi fon premier terme 63 a ou n'a
pas de même un nombre entier pour la

150 racine feconde, & trouvant que la racine feconde de 63 eft entre 7 & 8, je conclus qu'on peut bien approcher en fraction autant qu'on voudra de la racine feconde de la fraction propofée, ou de la valeur exacte de $\sqrt[2]{\frac{2}{7}}$; mais qu'on ne peut jamais y atteindre.

Car $\sqrt[2]{\frac{2}{7}} = \sqrt[2]{\frac{63}{49}}$. Or $\sqrt[2]{\frac{63}{49}} = \sqrt[2]{\frac{1}{49}} \times \sqrt[2]{\frac{63}{1}} = \frac{1}{7}\sqrt[2]{63}$, puique $\sqrt[2]{\frac{1}{49}} = \frac{1}{7}$ & $\frac{63}{1} = 63$.

230 Or * $\sqrt[2]{63}$ ne peut être égale à une fraction & eft incommenfurable, il en eft de même de $\frac{1}{7}\sqrt[2]{63}$, puifque fi la feptiéme partie de la racine feconde de 63 pouvoit être égale à une fraction telle que $\frac{1}{2}$, par exemple, cette fraction multipliée par 7, ou la fraction $\frac{7}{2}$ feroit égale à la racine feconde de 63, ce qui ne fe peut. On démontrera de même que $\sqrt[3]{\frac{2}{7}} = \sqrt[3]{\frac{2 \cdot 7 \cdot 7}{7 \cdot 7 \cdot 7}} = \sqrt[3]{\frac{431}{343}}$ (dont le fecond terme eft une troifiéme puiffance parfaite 7, & la racine du premier terme eft entre 7 & 8) eft incommenfurable : Et il en fera de même des autres.

XII.

On remarquera en huitiéme lieu, que fi l'on multiplie par un nombre entier l'expofant d'un radical, & qu'on éleve fa puiffance au dégré marqué par l'entier, on ne changera pas fa valeur.

Soit proposé un radical quelconque $\sqrt[3]{7}$, 150 ou $\sqrt[3]{a}$, (en désignant 7 par a) & un nombre entier quelconque 4, multipliez l'exposant 3 de $\sqrt[3]{a}$ par ce nombre 4, & élevés sa puissance 7 ou a au quatriéme dégré, je dis que $\sqrt[3]{a} = \sqrt[12]{a^4}$, ou $\sqrt[12]{2401}$.

Pour le démontrer j'eleve chacun de ces radicaux au dégré de puissance 3 de l'exposant du radical proposé, & j'ai, d'une part $\sqrt[3]{a} \times \sqrt[3]{a} \times \sqrt[3]{a} = \sqrt[3]{a^3} = a$, ou $\sqrt[3]{343} = 7$, puisque par la construction a^3, ou 343 est la troisiéme puissance de a ou de 7 ; & de l'autre part j'ay $\sqrt[12]{2401}$ ou $\sqrt[12]{a^4} \times \sqrt[12]{a^4} \times \sqrt[12]{a^4} = \sqrt[12]{a^4 \times a^4 \times a^4} = \sqrt[12]{a^{12}} = a$ ou 7. D'où je conclus que $\sqrt[3]{7}$ vaut $\sqrt[12]{2401}$, puisque la troisiéme puissance de l'un & de l'autre de ces radicaux vaut 7, & que les racines des puissances égales d'un même nombre de dégrez sont necessairement égales.

On verra ensuite que $5\sqrt[3]{7} = 5\sqrt[12]{2401}$, que $\frac{3}{5}\sqrt[3]{7} = \frac{3}{5}\sqrt[12]{2401}$, sans qu'il soit besoin de toucher aux coefficiens.

On démontrera de même que $\sqrt[3]{\frac{4}{7}} = \sqrt[12]{\frac{4}{7}} \times \frac{4}{7} \times \frac{4}{7} \times \frac{4}{7} = \sqrt[12]{\frac{2\;5\;6}{3+3}}$. Et par conséquent que $5\sqrt[3]{\frac{4}{7}} = 5\sqrt[12]{\frac{2\;5\;6}{3+3}}$, & que $\frac{3}{5}\sqrt[12]{\frac{4}{7}} = \frac{3}{5}\sqrt[12]{\frac{2\;5\;6}{3+3}}$. Et qu'il en sera de même des autres exemples.

XIII.

Je remarque enfin, que si l'on multiplie ou divise le *coefficient* d'un radical par un nombre quelconque entier ou rompu,

250 & qu'en même-temps l'on divise ou multiplie sa *puissance* par la puissance de cet entier, de même dégré que son *exposant*, on ne changera pas sa valeur.

Soit 1°. $4\sqrt[3]{5}$ & 7 un nombre entier, je multiplie le coefficient 4 par l'entier 7, & je divise la puissance 5 par la troisiéme puissance 343 de 7, & je dis que $4\sqrt[3]{5}$ $=21\sqrt[3]{\frac{5}{343}}$. Ou je divise 4 par 7, & je multiplie 5 par 343, & je dis que $4\sqrt[3]{5}$ $=\frac{4}{7}\sqrt[3]{715}$.

*149   Car d'une part * vous aurez $4=\sqrt[3]{64}$ &
*155 $4\sqrt[3]{5}=\sqrt[3]{64}\times\sqrt[3]{5}=\sqrt[3]{5\times64}$, vous aurez encore $21\sqrt[3]{\frac{5}{343}}$, ou $4\times7\sqrt[3]{\frac{5}{343}}=\sqrt[3]{\frac{5}{343}}\times\sqrt[3]{64\times343}=\sqrt[3]{\frac{5\cdot64\cdot343}{343}}=\sqrt[3]{5\times64}$. Et $\frac{4}{7}\sqrt[3]{715}$, ou $\frac{4}{7}\sqrt[3]{5\times343}=\sqrt[3]{\frac{64}{343}}\times\sqrt[3]{5\times343}=\sqrt[3]{\frac{5\cdot343\cdot64}{343}}=\sqrt[3]{5\times64}$.

Donc les trois radicaux $4\sqrt[3]{5}$. $21\sqrt[3]{\frac{5}{343}}$. $\frac{4}{7}\sqrt[3]{715}$, étant égaux à un troisiéme $\sqrt[3]{5}\times64$ seront égaux entr'eux.

2°. Soit $\frac{3}{4}\sqrt[2]{\frac{2}{5}}$ & $\frac{2}{3}$ une fraction, je multiplie $\frac{3}{4}$ par $\frac{2}{3}$, & je divise $\frac{2}{5}$ par la seconde puissance $\frac{4}{9}$ de $\frac{2}{3}$, & je dis que $\frac{3}{4}\sqrt[2]{\frac{2}{5}}=\frac{9}{8}\sqrt[2]{\frac{2}{45}}$. Ou je divise $\frac{3}{4}$ par $\frac{2}{3}$, & je multiplie $\frac{2}{5}$ par $\frac{4}{9}$, & je dis que $\frac{3}{4}\sqrt[2]{\frac{2}{5}}=\frac{6}{12}\sqrt[2]{\frac{2\cdot18}{5\cdot9}}=\frac{1}{2}\sqrt[2]{\frac{2}{10}}$.

Pour le démontrer, je remarque que pouvant toûjours réduire un entier 4 ou 5

en fraction, qui ait pour second terme 150
tel nombre entier qu'on voudra, la difficulté est toute renfermée dans ce dernier
cas.

Soit donc en general $\frac{a}{b}\sqrt[n]{\frac{c}{d}}$, un radical quelconque, & $\frac{p}{q}$ un nombre quelconque, les lettres *a. b. n. c. d. p. q.* expriment tels nombres entiers qu'on voudra.

1°. Je multiplie $\frac{a}{b}$ par $\frac{p}{q}$, & je divise $\frac{c}{d}$ par $\frac{p^n}{q^n}$, il faut démontrer que

$$\frac{a}{b}\sqrt[n]{\frac{c}{d}} = \frac{ap}{bq}\sqrt[n]{\frac{cq^n}{dp^n}}.$$

Vous aurez $\frac{a}{b} = \sqrt[n]{\frac{a^n}{b^n}}$, & $\frac{ap}{bq} = \sqrt[n]{\frac{a^np^n}{b^nq^n}}$: $\frac{a}{b}\sqrt[n]{\frac{c}{d}} = \sqrt[n]{\frac{a^n}{b^n}}$ $\times \sqrt[n]{\frac{c}{d}} = \sqrt[n]{\frac{ca^n}{db^n}}$: $\frac{ap}{bq}\sqrt[n]{\frac{cq^n}{dp^n}} = \sqrt[n]{\frac{a^np^n}{b^nq^n}} \times \sqrt[n]{\frac{cq^n}{dp^n}}$ $= \sqrt[n]{\frac{ca^np^nq^n}{db^np^nq^n}} = \sqrt[n]{\frac{ca^n}{db^n}}$; en divisant l'un &
l'autre terme de la fraction du pénultiéme
par p^nq^n. Donc $\frac{a}{b}\sqrt[n]{\frac{c}{d}}$ & $\frac{ap}{bq}\sqrt[n]{\frac{cq^n}{dp^n}}$,
étant égaux à un troisiéme $\sqrt[n]{\frac{ca^n}{db^n}}$, seront
égaux entr'eux.

2°. Je divise $\frac{a}{b}$ par $\frac{p}{q}$, & je multiplie $\frac{c}{d}$ par $\frac{p^n}{q^n}$. Il faut démontrer que

$$\frac{a}{b}\sqrt[n]{\frac{c}{d}} = \frac{aq}{bp}\sqrt[n]{\frac{cp^n}{dq^n}},$$

ce que vous ferez en
suivant la même méthode.

PROBLEME I.

FAIRE toutes les reductions possibles sur les nombres Radicaux.

#6   I.

Pour réduire à l'unité le coefficient d'un radical, on élevera le coefficient à la puissance indiquée par l'exposant du signe, & on multipliera cette puissance par la puissance du Radical.

Ainsi pour réduire le coefficient 4 de $4\sqrt[3]{15}$ à l'unité à cause de l'exposant 3, j'éleve le coefficient 4 à la troisième puissance, & j'ai 64, je multiplie 64 par la puissance 15 du radical, & j'ai $4\sqrt[3]{15} = \sqrt[3]{960}$ ou $1\sqrt[3]{960}$.

Car $4\sqrt[3]{15} = 4 \times \sqrt[3]{15}$. Or $4 = \sqrt[3]{64}$, donc $4\sqrt[3]{15} = \sqrt[3]{64} \times \sqrt[3]{15} = \sqrt[3]{960}$.

De même pour réduire le coefficient de $\frac{3}{4}\sqrt[2]{\frac{5}{6}}$ à l'unité, j'éleve $\frac{3}{4}$ à la seconde puissance, & j'ay $\frac{9}{16}$, je multiplie $\frac{9}{16}$ par $\frac{5}{6}$, & j'ay $\frac{3}{4}\sqrt[2]{\frac{5}{6}} = \sqrt[2]{\frac{45}{96}} = \sqrt[2]{\frac{15}{32}}$, en divisant 45 & 96 par 3.

Car $\frac{3}{4} = \sqrt[2]{\frac{9}{16}}$, donc $\frac{3}{4}\sqrt[2]{\frac{5}{6}} = \sqrt[2]{\frac{9}{16}} \times \sqrt[2]{\frac{5}{6}} = \sqrt[2]{\frac{45}{96}} = \sqrt[2]{\frac{15}{32}}$, puisqu'en réduisant, $\frac{45}{96} = \frac{15}{32}$.

Et il en sera de même des autres exemples.

II.

Pour réduire la puissance d'un radical en entier, on divisera son coefficient par le second terme de sa puissance, & on multipliera le premier terme par la puissance du second terme, moindre d'un dégré que l'exposant du radical.

Ainsi pour réduire en entier la puissance de $\sqrt[3]{\frac{6}{5}}$, je divise son coefficient 1 par le second terme 5 de sa puissance $\frac{6}{5}$, & à cause de son exposant 3, j'éleve ce second terme 5 à la seconde puissance 25, je multiplie le premier terme 6 par 25, & j'ay $\sqrt[3]{\frac{6}{5}}$ ou $1\sqrt[3]{\frac{6}{5}} = \frac{1}{5}\sqrt[3]{150}$.

Car $\sqrt[3]{\frac{6}{5}} = \sqrt[3]{\frac{150}{125}}$ (en multipliant par 25 l'un & l'autre terme 6 & 5 de $\frac{6}{5}$), & $\frac{1}{5}$ $= \sqrt[3]{\frac{1}{125}}$, donc $\frac{1}{5}\sqrt[3]{150} = \sqrt[3]{\frac{1}{125}} \times \sqrt[3]{150}$ $= \sqrt[3]{\frac{150}{125}} = \sqrt[3]{\frac{6}{5}}$.

De même pour réduire en entier la puissance de $4\sqrt[3]{\frac{6}{5}}$, je divise le coefficient 4 par 5, je multiplie 6 par 25, & j'ay $4\sqrt[3]{\frac{6}{5}} = \frac{4}{5}\sqrt[3]{150}$.

Car en réduisant les coefficiens à l'unité, on aura $4\sqrt[3]{\frac{6}{5}} = \sqrt[3]{\frac{6 \cdot 64}{5}}$ & $\frac{4}{5}\sqrt[3]{135}$, ou $\sqrt[3]{6 \times 25} = \sqrt[3]{\frac{6 \cdot 25 \cdot 64}{125}} = \sqrt[3]{\frac{6 \cdot 64}{5}}$, en divisant de part & d'autre par 25, donc $4\sqrt[3]{\frac{6}{5}}$ &

$160\ \frac{4}{5}\sqrt[3]{135}$, étant égaux à un troisiéme seront égaux.

On verra de même que $\frac{3}{4}\sqrt[2]{\frac{6}{5}} = \frac{3}{20}\sqrt[2]{30}$.

Car en réduisant les coefficiens à l'unité, on aura $\frac{3}{4}\sqrt[2]{\frac{6}{5}} = \sqrt[2]{\frac{6 \cdot 9}{5 \cdot 16}}$ & $\frac{3}{20}\sqrt{30}$, ou $\frac{3}{4 \cdot 5}\sqrt{6 \times 5} = \sqrt{\frac{6 \cdot 9 \cdot 9}{25 \cdot 16}} = \sqrt{\frac{6 \cdot 9}{5 \cdot 16}}$, en divisant de part & d'autre par 5, donc $\frac{3}{4}\sqrt{\frac{6}{5}} = \frac{3}{20}\sqrt[2]{30}$. Et il en sera de même des autres exemples.

Generalement on verra que $\frac{a}{b}\sqrt[n]{\frac{c}{d}} = \frac{a}{bd}\sqrt[n]{cd^{n-1}}$; car $\frac{a}{b}\sqrt[n]{\frac{c}{d}} = \sqrt[n]{\frac{ca^n}{db^n}}$, & que $\frac{a}{bd}\sqrt[n]{cd^{n-1}} = \sqrt[n]{\frac{ca^n d^{n-1}}{d^n b^n}} = \sqrt[n]{\frac{ca^n}{db^n}}$, en divisant de part & d'autre par d^{n-1}.

2 III.

Pour réduire au plus simple terme l'exposant d'un Radical. On cherchera tous les Diviseurs de l'exposant du radical, & on tentera de tirer par ordre la racine de la puissance indiquée par quelqu'un de ces diviseurs, en commençant par le plus grand. Si on la trouve au juste, on la posera sous le signe $\sqrt{}$, & on posera sur ce signe le quotient de l'exposant proposé divisé par ce diviseur.

Ainsi, pour réduire l'exposant 12 de

$\sqrt[12]{2401}$, ou de $5\sqrt[12]{2401}$, ou de $\frac{1}{5}\sqrt[12]{2401}$, 160
je cherche tous les diviseurs 1. 2. 3. 4.
6. 12. de l'exposant 12, je tente de tirer
la racine douziéme, puis la sixiéme, puis
la quatriéme; & ainsi de suite de la puissance
2401, & comme je ne puis tirer au juste, ni la
racine douziéme, ni la sixiéme, mais seulement la racine quatriéme de 2401, & que
cette racine quatriéme est au juste 7, je
pose 7 sous le signe, je divise l'exposant
12 par le diviseur 4 qui a servi à l'operation, j'en pose leur quotient 3 sur le si-
gne, & j'ay * $\sqrt[12]{2401} = \sqrt[3]{7}$. $5\sqrt[12]{2401}$
$= 5\sqrt[3]{7}$. $\frac{1}{5}\sqrt[12]{2401} = \frac{1}{5}\sqrt[3]{7}$.

On verra de même que l'exposant du
radical $\frac{4}{5}\sqrt[12]{\frac{2401}{1296}}$ se réduit à $\frac{4}{5}\sqrt[3]{\frac{7}{6}}$, en ti-
ant la racine quatriéme de l'un & l'autre
erme de la fraction qui est sous le signe.
Il en sera de même des autres exemples.

Mais ne pouvant tirer au juste ni la racine douziéme, ni la sixiéme, ni la qua-
tiéme, ni la troisiéme, ni la seconde, de la
uissance 2492 du radical $\sqrt[12]{2492}$, je con-
ois que l'exposant de ce radical est réduit
ux plus simples termes.

Car si l'on pouvoit fournir un radical,
ont l'exposant fut plus simple, comme
$\sqrt{8}$ ou $\sqrt[3]{\frac{12}{12}}$, ou tel autre qu'on voudra
hoisir. Il faudroit necessairement, puis
u'on peut toûjours réduire le coefficient

160 d'un radical à l'unité, que la puissance de ce radical fut un nombre entier ou une fraction; & comme on peut toûjours réduire un entier en fraction, il reste à démontrer que $\sqrt[12]{2492}$ ne peut être de même valeur que $\sqrt[n]{\frac{b}{c}}$, dont l'exposant n désigne un nombre entier plus petit que 12, & b. c. deux nombres entiers tels qu'on voudra choisir. Ou l'exposant n sera diviseur de l'exposant 12, comme 4, où il n'en sera pas diviseur comme 5.

Dans le premier cas, il faut démontrer que $\sqrt[12]{2492}$ ne peut être de même valeur que $\sqrt[4]{\frac{b}{c}}$. Si cela étoit en multipliant 4 par 3, & élevant $\frac{b}{c}$ à la troisiéme puissance, vous auriez $\sqrt[12]{\frac{bbb}{ccc}} = \sqrt[4]{\frac{b}{c}} = \sqrt[12]{2492}$. Donc $\frac{bbb}{ccc} = 2492$. Donc la fraction $\frac{b}{c} = \sqrt[3]{2492}$. Or par la supposition, le nombre 2492 n'a pas un nombre entier pour sa racine troisiéme, il ne pourra donc avoir non plus une fraction. Donc $\sqrt[4]{\frac{b}{c}}$ ne peut être de même valeur que $\sqrt[12]{2492}$.

Dans le second cas, il faut démontrer que $\sqrt[12]{2492}$, ou $\sqrt[12]{a}$ (en désignant par a le nombre entier 2492) ne peut être de même valeur que $\sqrt[5]{\frac{b}{c}}$, multipliez 12 fois par lui-même $\sqrt[12]{a}$, & vous aurez $\sqrt[12]{12a^{12}} = \frac{b}{c}$, divisez $\sqrt[12]{a^{12}} = a$ par $\sqrt[12]{a^5} = \frac{b}{c}$, & vous aurez $\sqrt[12]{a^7} = \frac{a}{\frac{b}{c}}$, divisez encore $\sqrt[12]{a}$ $= \frac{b}{c}$

par $\sqrt[12]{a^5} = \frac{b}{c}$, & vous aurez $\sqrt[12]{a^2}$ 160
$= \frac{cc}{bb}$. Et ſi comme en cet exemple l'expoſant a^2, eſt diviſeur de l'expoſant 12 du radical propoſé, vous aurez $\sqrt[6]{a} =$ à une fraction $\frac{cc}{bb}$. Sinon vous continuerez à diviſer $\sqrt[12]{a^5} = \frac{b}{c}$ par $\sqrt[12]{a^2} = \frac{cc}{bb}$, & vous aurez $\sqrt[12]{a^3} = \frac{bbb}{ccc}$, & celle-ci encore par $\sqrt[12]{a^2}$. Et ainſi de ſuite, & vous aurez enfin $\sqrt[12]{a}$ $=$ à une fraction $\frac{bbbb}{cccc}$.

Or par la ſuppoſition, ni $\sqrt[1]{a}$, ni $\sqrt[6]{a}$ &c. n'eſt pas un nombre entier, puiſqu'on ne peut tirer la racine douziéme, ni ſixiéme, ni quatriéme &c. du nombre a, * ces *141 racines ne peuvent donc être égales à des fractions ; il ne peut donc ſe faire que $\sqrt[12]{} \frac{b}{c}$ ſoit de même valeur que $\sqrt[12]{2492}$; l'expoſant de cette racine eſt donc réduit aux plus ſimples termes. Et il en ſera de même de tout autre exemple ſemblable.

IV. 3

Pour réduire un radical aux plus ſimples termes. Après avoir réduit s'il eſt neceſſaire ſa puiſſance en entier, & ſon expoſant au plus ſimple terme, on tentera de diviſer ſa puiſſance par quelqu'une des puiſſances entieres, de même dégré que l'expoſant du radical, en commençant par la plus grande, & ſi la diviſion ſe fait ſans reſte,

160 on posera le quotient sous le signe, on multipliera le coefficient par la racine de cette puissance entiere, & si le coefficient est une fraction, on la réduira aux moindres termes.

Ainsi pour réduire aux plus simples termes $\sqrt[3]{500}$, ou $4\sqrt[3]{500}$, ou $\frac{3}{8}\sqrt[3]{500}$, leur puissance 500 n'étant point une fraction, & leur exposant 3 ne pouvant être réduit à un plus simple terme, je tente si on ne pourroit pas diviser au juste leur puissance entiere 500 par quelque puissance entiere 8. 27. 64. 125. 216. 343. 512. des nombres 2. 3. 4. 5. 6. 7. 8. &c. de même dégré que l'exposant 3, en commençant par la plus grande ; & comme 500 ne peut être divisé au juste par 512, ni par celles qui suivent plus grandes que 500, ni par 343, ni par 216, mais par 125, je divise 500 par 125, & je multiplie le coefficient 1, ou 4, ou $\frac{3}{8}$ par la racine troisiéme 5 du nombre 125, & j'ay $\sqrt[3]{500}=5\sqrt[3]{4}$. $4\sqrt[3]{500}=20\sqrt[3]{4}$. $\frac{3}{8}\sqrt[3]{500}=\frac{15}{8}\sqrt[3]{4}$, & les radicaux $5\sqrt[3]{4}$. $20\sqrt[3]{4}$. $\frac{15}{8}\sqrt[3]{4}$ sont réduits aux plus simples termes.

Pour réduire $5\frac{2}{3}\sqrt[3]{4\frac{8}{14}}$ aux plus simples termes, ayant réduit les fractions $\frac{2}{3}$ & $\frac{8}{14}$ aux moindres termes $\frac{2}{3}$ & $\frac{4}{7}$, & les entiers en fraction, j'ay à réduire $\frac{17}{3}\sqrt[3]{\frac{32}{7}}$.

Et comme la puissance $\frac{11}{7}$ de ce radical 160 est une fraction, & que la racine d'une fraction qui renferme implicitement deux nombres radicaux, quelque petits que soient ses termes, n'est pas si simple que la racine d'un nombre entier, quelque grand qu'il puisse être, qui ne renferme que la racine d'un seul nombre ; je réduis la puissance du radical en entiers, & j'ay à réduire $\frac{16}{11}\sqrt[3]{1568}$, ce que je fais en divisant sa puissance 1568 par la plus grande puissance entiere 8, de même dégré que l'exposant du radical, & multipliant son coefficient $\frac{16}{11}$ par la racine troisiéme 2 de cette puissance, & j'ay $\frac{32}{11}\sqrt[3]{196}$, réduit aux plus simples termes.

Pour réduire $2\frac{16}{11}\sqrt[3]{110\frac{11160}{43444}}$, ayant d'abord réduir les fractions aux moindres termes, & les entiers en fractions, j'ay à réduire $\frac{17}{6}\sqrt[6]{\frac{3951200}{35837}}$.

Pour abréger & faciliter en même-temps l'operation, je cherche d'abord tous les diviseurs simples 2. 2. 2. 2. 2. 2. 2. 2. 2. 3. 5. 5. 7. 7. 7. du numerateur, & tous les diviseurs simples 3. 3. 3. 11. 11. 11. du dénominateur de la puissance du radical, je désigne les diviseurs simples employez

par

$$\begin{matrix} 2. & 5. & 7. & 3. & 11. \\ a. & b. & c. & m. & n. \end{matrix}$$

& j'ay à réduire $\frac{17}{6}\sqrt[6]{\frac{a^9 b^3 c^3}{m^3 n^3}}$.

160   1°. Je réduis l'exposant 6 du radical au plus simple terme, en le divisant par 3, & tirant la racine troisiéme de sa puissance, & j'ay à réduire $\frac{17}{6}\sqrt[3]{\frac{a^3bc}{mn}}$.

2°. Je réduis sa puissance $\frac{a^3bc}{mn}$ en entier, en multipliant son coefficient $\frac{17}{6}$ par son dénominateur mn, & multipliant son numérateur par m^2n^2, & j'ay à réduire $\frac{17}{6mn}\sqrt[3]{a^3bcm^2n^2}$.

3°. Je divise sa puissance $a^3bcm^2n^2$ par la plus grande puissance $a^2m^2n^2$, de même dégré que son exposant 3, je multiplie son coefficient par la racine amn de cette puissance, & j'ay $\frac{17amn}{6mn}\sqrt[3]{bc} = \frac{17a}{6}\sqrt[3]{bc} = \frac{17}{3}\sqrt[3]{15} = \frac{17}{3}\sqrt[3]{15}$, en substituant les nombres 2. 5. 3. à la place des lettres a. b. c. & réduisant les fractions aux moindres termes. Et le radical proposé est réduit aux plus simples termes.

Car 1°. Ce radical, après la première **162** operation, * ne peut pas avoir d'exposant plus simple. 2°. Si sa puissance étoit une fraction, la racine d'une fraction renfermant implicitement deux radicaux, les termes de ce radical ne seroient pas si simples, quelque petits que fussent les termes de cette fraction, que les termes d'un radical dont la puissance est un nombre entier quelque grand qu'il peut être. 3°. Soit

tel autre radical qu'on veüille propo- 160
ser plus simple, & de même exposant que
$\sqrt{15}$, on aura $a\sqrt{b} = \sqrt{ba^n} = \sqrt{15}$. Donc
$a^n = 15$; ce qui est impossible, puisque
par la supposition 15 ne peut être divisé
par une puissance a^n de même dégré que
le signe $\sqrt{}$. Après toutes ces operations
un radical est donc réduit aux plus simples
termes.

V.

Pour réduire deux radicaux à un même
exposant, multipliez les exposans l'un par
l'autre, & élevez mutuellement la puissance de l'un au dégré de l'exposant de l'autre.

Ainsi pour réduire $\frac{1}{4}\sqrt{6}$ à $\frac{1}{4}\sqrt[3]{9}$, multipliez l'exposant 2 de $\frac{1}{4}\sqrt{6}$ par l'exposant
3 de $\frac{1}{4}\sqrt[3]{9}$, & élevez sa puissance 6 à la
troisiéme puissance, & vous aurez $\frac{1}{4}\sqrt{6}$
$= \frac{1}{4}\sqrt[6]{216}$; multipliez l'exposant 3 de $\frac{1}{4}\sqrt[3]{9}$
par l'exposant 2 de $\frac{1}{4}\sqrt{6}$, & élevez 9 à
la seconde puissance, & vous aurez
$\frac{1}{4}\sqrt[3]{9} = \frac{1}{4}\sqrt[6]{81}$.

Vous réduirés de même $\frac{1}{4}\sqrt{\frac{1}{5}}$ & $\frac{1}{4}\sqrt[3]{\frac{1}{7}}$
à $\frac{1}{4}\sqrt[6]{\frac{1}{75}}$ & $\frac{1}{4}\sqrt[6]{\frac{1}{49}}$, & generalement
$\frac{1}{a}\sqrt[u]{\frac{a}{b}}$ & $\frac{1}{n}\sqrt[u]{\frac{c}{d}}$ à $\frac{1}{a}\sqrt[nu]{\frac{a^u}{b^u}}$ & $\frac{1}{n}\sqrt[nu]{\frac{c^n}{d^n}}$

Y iiij

160   Pour réduire $\sqrt[3]{a}$ & $\sqrt[6]{b}$ à un même exposant, au lieu de multiplier 3 par 6 je multiplie 3 par 2, & j'éleve a à la seconde puissance, & j'ay $\sqrt[3]{a} = \sqrt[6]{a^2}$, de même degré que $\sqrt[6]{b}$.

Et pour réduire $\sqrt[4]{a}$ & $\sqrt[6]{b}$, je prends le plus petit multiple 12 de 4 & 6, & je multiplie 4 par 3, & 6 par 2, & j'ay $\sqrt[4]{a} = \sqrt[12]{a^3}$ & $\sqrt[6]{b} = \sqrt[12]{b^2}$.

Il est visible que ces operations ne changent point la valeur des radicaux, & qu'on peut toûjours leur donner par ce moyen un même exposant ou un même signe.

§ VI.

Pour connoître quel de deux radicaux proposés est le plus grand. On leur donnera un même exposant s'il est necessaire, & on réduira leur coefficient à l'unité.

Ainsi pour connoître quel des deux radicaux $3\sqrt{15}$ & $4\sqrt{10}$ est le plus grand, je réduis leurs coefficiens à l'unité, & j'ay $\sqrt{125}$, moindre que $\sqrt{160}$.

Pour $\frac{1}{3}\sqrt[3]{5}$ & $\frac{1}{4}\sqrt[3]{4}$, j'auray $\sqrt[3]{\frac{5}{27}}$ & $\sqrt[3]{\frac{4}{64}}$ ou $\sqrt[3]{\frac{1}{16}}$, & donnant un même second terme aux deux fractions $\frac{5}{27}$ & $\frac{1}{16}$, j'auray $\sqrt[3]{\frac{27}{432}}$, moindre que $\sqrt[3]{\frac{80}{432}}$.

Mais pour connoître quel des deux radicaux $3\sqrt{5}$ & $2\sqrt[3]{12}$ est le plus grand.

1°. Je leur donne un même exposant, & 160 j'ay $3\sqrt[6]{125}$ & $2\sqrt[6]{144}$. 2°. Je réduis leurs coefficiens à l'unité, & j'ay $\sqrt[6]{125}$ ×729 plus grand que $\sqrt[6]{144}$×64. Il en sera de même des autres exemples.

VII.

Pour connoître lorsque deux nombres radi- *caux sont commensurables entre eux.* On les réduira aux plus simples termes, & alors si l'exposant de l'un est le même que l'exposant de l'autre, & la puissance de l'un la même que la puissance de l'autre, les radicaux seront commensurables entre eux, autrement ils seront incommensurables entre eux.

On dit que deux radicaux sont commensurables entre eux lorsqu'on peut trouver un radical qui soit contenu tant de fois au juste dans l'un & tant de fois au juste dans l'autre, comme 7 fois dans l'un & 5 fois dans l'autre. Ainsi $7\sqrt[3]{2}$ & $5\sqrt[3]{2}$ sont commensurables entre eux, & $1\sqrt[3]{2}$ est leur commune mesure. Il en est de même de $\frac{1}{4}\sqrt[3]{5}$ & $\frac{2}{3}\sqrt[3]{5}$. Car en donnant même second terme aux coefficiens $\frac{1}{4}$ & $\frac{2}{3}$ on aura $\frac{3}{12}\sqrt[3]{5}$ & $\frac{8}{12}\sqrt[3]{5}$, dont $\frac{1}{12}\sqrt[3]{5}$ est la commune mesure.

On connoîtra de même que $\sqrt[3]{\frac{1}{2}}$ &

260 $\sqrt[3]{\frac{45}{18}}$, qui étant réduits aux plus simples termes deviennent $\frac{1}{3}\sqrt[3]{5}$ & $\frac{1}{4}\sqrt[3]{5}$ sont commensurables entre eux, & que $\frac{1}{12}\sqrt[3]{5}$ est leur commune mesure.

Mais les radicaux $\sqrt[3]{80}$ & $\sqrt[3]{63}$, qui étant réduits aux plus simples termes, deviennent $4\sqrt[3]{5}$ & $3\sqrt[3]{7}$: ou $\sqrt[6]{6400}$ & $\sqrt[6]{18225}$, qui étant réduits aux plus simples termes, deviennent $4\sqrt[3]{5}$ & $3\sqrt[3]{5}$, ou enfin $\sqrt[4]{12544}$ & $\sqrt[6]{18225}$, qui étant réduits aux plus simples termes $4\sqrt[3]{7}$ & $3\sqrt[3]{5}$, sont tels que l'exposant ou la puissance de l'un n'est pas le même que l'exposant ou la puissance de l'autre ; ces radicaux sont incommensurables entre eux.

Car le coefficient d'un radical pouvant toûjours être réduit à l'unité, & tout nombre entier pouvant être réduit en fraction; tout radical pourra être désigné par $\sqrt[n]{\frac{a}{b}}$, dont les lettres *n*. *a*. *b*. désignent des nombres entiers.

Si donc l'on veut assigner un radical quelconque désigné par $\sqrt[n]{\frac{a}{b}}$, qui soit tant de fois contenu au juste dans l'un des radicaux proposés, & tant de fois dans l'autre, comme 7 fois dans l'un & 5 fois dans l'autre; on aura le premier égal à $7\sqrt[n]{\frac{a}{b}}$, & le second égal à $5\sqrt[n]{\frac{a}{b}}$.

Or ces radicaux, dont les exposans *n*, *a*, & les puissances $\frac{a}{b}$, $\frac{a}{b}$ sont les mê-

mes, ne peuvent être réduits aux plus simples termes que les exposans, & les puissances des radicaux qui proviendront de
cette operation ne soient aussi les mêmes,
ce qui est évident.

Donc à moins que les exposans & les
puissances de deux radicaux proposés réduits
aux plus simples termes ne soient les mêmes, les radicaux seront incommensurables
entre eux.

PROBLEME II.

FAIRE toutes les operations de l'Arithmetique sur les nombres Radicaux.

Ou trouver, lorsqu'il est possible, un
radical qui soit égal à la somme, ou à la
difference, ou au produit, ou au quotient
de deux radicaux proposez ; ou à la puissance, ou à la racine quelconque d'un radical.

I.

*Pour trouver la somme & la difference
de deux radicaux.* On les réduira aux plus
simples termes, & si après cette réduction
l'exposant & la puissance de l'un sont é-
gaux à l'exposant & à la puissance de l'autre, on aura leur somme ou leur differen-

160 ce, en prenant la somme ou la différence de leurs coefficiens, sans toucher au reste.

Mais si après la réduction l'exposant ou la puissance de l'un se trouvent différens de l'exposant ou de la puissance de l'autre, alors on ne pourra point trouver de radical qui soit égal à la somme ou à la différence des deux proposez, & on se contentera de les joindre l'un à l'autre par le signe (+) pour l'addition, & par le signe (—) pour la soustraction.

Ainsi 1°. Pour trouver la somme ou la différence de $4\sqrt[2]{28}$ & $3\sqrt[4]{391}$, je réduis ces radicaux aux plus simples termes $16\sqrt[2]{7}$ & $6\sqrt[2]{7}$. Et l'exposant 2 de l'un étant égal à l'exposant 2 de l'autre, & la puissance 7 de l'un à la puissance 7 de l'autre. Pour en avoir la somme j'ajoûte au coefficient 16 de l'un le coefficient 6 de l'autre, & je dis que $22\sqrt[2]{7}$ en est la somme. Et pour en avoir la différence j'ôte du coefficient 16 de l'un le coefficient 6 de l'autre, & je dis que $10\sqrt[2]{7}$ en est la différence, ce qui est tout évident.

On verra de même que la somme de $\frac{1}{2}\sqrt[3]{2\frac{1}{3}}$ & de $3\sqrt[3]{\frac{2}{7}\frac{1}{8}}$, ou de $\frac{1}{3}\sqrt[3]{21}$ & $\frac{2}{3}\sqrt[3]{21}$, en les réduisant aux plus simples termes est $2\frac{1}{3}\sqrt[3]{21}$, en ajoûtant $\frac{1}{3}$ à $\frac{1}{3}$. Et que leur différence est $1\frac{1}{3}\sqrt[3]{21}$, en retranchant $\frac{1}{3}$ de $\frac{2}{3}$.

Que la somme de $\sqrt[3]{243}$ & $\sqrt[3]{81}$, ou 150 & $3\sqrt[3]{9}$ & $1\sqrt[3]{9}$, en les réduisant aux plus simples termes est $4\sqrt[3]{9}$, & leur difference est $2\sqrt[3]{9}$.

Que la somme de $\sqrt[3]{72}$ & $\sqrt[3]{3\frac{3}{8}}$, ou de $1\sqrt[3]{9}$ & $\frac{3}{4}\sqrt[3]{9}$, en les réduisant aux plus simples termes, est $\frac{7}{4}\sqrt[3]{9}$ &c.

2°. Mais que la somme de $4\sqrt[3]{7}$ & $3\sqrt[3]{5}$ réduite aux plus simples termes, & dont les puissances 7 & 5 sont differentes, ne peut se trouver autrement qu'en joignant ces deux radicaux, qui sont incommensurables entre eux, par le signe $(+)$ en cette sorte $4\sqrt[3]{7}+3\sqrt[3]{5}$; ni leur difference qu'en les joignant avec le signe $(-)$ en cette sorte $4\sqrt[3]{7}-3\sqrt[3]{5}$. ce qui est l'origine d'un nouveau calcul qu'on appelle communément *Algebre.*

Que la somme de $4\sqrt[3]{7}$ & $3\sqrt[3]{5}$ est $4\sqrt[3]{7}+3\sqrt[3]{5}$, & que leur difference est $4\sqrt[3]{7}-3\sqrt[3]{5}$ &c.

Qu'on ne pourra non plus trouver la somme des radicaux $4\sqrt[2]{7}$ & $5\sqrt[3]{7}$, dont les exposans 2 & 3 sont differens, quoique les puissances 7 & 7 soient les mêmes qu'en posant $4\sqrt[2]{7}+5\sqrt[3]{7}$ pour la somme, & pour la difference, après avoir connu que le premier est le plus grand, on posera $4\sqrt[2]{7}-5\sqrt[3]{7}$.

On verra de même que $4\sqrt[2]{7}+6\sqrt[3]{9}$ est

160 la somme de $4\sqrt[2]{7}$ & de $6\sqrt[3]{9}$, & que $6\sqrt[3]{9}-4\sqrt[2]{7}$ en est la difference ; car $6\sqrt[3]{9}$ est plus grand que $4\sqrt[2]{7}$. Mais que $4\sqrt[2]{7}-5\sqrt[3]{9}$, est la difference de $4\sqrt[2]{7}$ à $5\sqrt[3]{9}$. Tous ces radicaux étant incommensurables entr'eux.

On verra encore que $12+\sqrt[2]{20}$ est la somme, & $12-\sqrt[2]{20}$ est la difference de 12 & $\sqrt[2]{20}$, que $12+5\sqrt[2]{20}$ est la somme, & $5\sqrt[2]{20}-12$ est la difference de 12 & $5\sqrt[2]{20}$, d'autant que $5\sqrt[2]{20}=\sqrt[2]{500}$ est plus grand que $12=\sqrt[2]{144}$.

8 II.

Pour multiplier ou diviser deux radicaux l'un par l'autre. On leur donnera un même exposant, & on multipliera ou divisera le coefficient & la puissance de l'un par le coefficient & par la puissance de l'autre.

Ainsi pour multiplier $1\sqrt[2]{7}$ par $1\sqrt[2]{5}$, je multiplie le coefficient 1 de l'un par le coefficient 1 de l'autre, & la puissance 7 *155 de l'un par la puissance 5 de l'autre, *& $1\sqrt[2]{35}$ en est le produit.

Et pour diviser $1\sqrt[2]{7}$ par $1\sqrt[2]{5}$, je divi- *156 se 1 par 1, & 7 par 5, * & $1\sqrt[2]{\tfrac{7}{5}}$ ou *161 * $\tfrac{1}{5}\sqrt[2]{35}$ en le quotient.

*164 Pour multiplier $\sqrt[2]{5}$ par $\sqrt[3]{7}$, * on leur donnera d'abord un même exposant, ce qu'on peut toûjours faire en toute rencontre, & on aura $\sqrt[6]{125}\times\sqrt[6]{49}=\sqrt[6]{6125}$, & $\sqrt[6]{125}\,\big(\,\sqrt[6]{49}=\sqrt[6]{\tfrac{125}{49}}$.

Pour

Pour multiplier $a\sqrt[n]{b}$ par $p\sqrt[n]{q}$, ces radi- 160 caux ayant un même exposant n, je multiplie a par p & b par q, & je dis que $ap\sqrt[n]{bq}$ en est le produit, car en réduisant les coefficiens à l'unité vous aurez $a\sqrt[n]{b} = \sqrt[n]{a^n b}$, & $p\sqrt[n]{q} = \sqrt[n]{p^n q}$, & $\sqrt[n]{a^n b} \times \sqrt[n]{p^n q} = \sqrt[n]{a^n p^n bq} = ap\sqrt[n]{bq}$.

Et pour diviser $a\sqrt[n]{b}$ par $p\sqrt[n]{q}$, je divise *155 a par p, & b par q, & je dis que $\frac{a}{p}\sqrt[n]{\frac{b}{q}}$ *158 en est le quotient, ce qui se démontre de la même façon.

On verra de même que le produit de $\frac{a}{b}\sqrt[n]{\frac{c}{d}}$ par $\frac{p}{q}\sqrt[n]{\frac{r}{s}}$ est $\frac{ap}{bq}\sqrt[n]{\frac{cr}{ds}}$, & que le quotient du premier par le second est $\frac{aq}{bp}\sqrt[n]{\frac{cs}{dr}}$.

Pour multiplier un radical par un nombre entier ou rompu, comme $3\sqrt[n]{5}$ par 4, ou par $\frac{3}{4}$, on multipliera le coefficient 3 par 4, ou par $\frac{3}{4}$, & on aura $12\sqrt[n]{5}$, ou $\frac{9}{4}\sqrt[n]{5}$. Le produit de $a\sqrt[n]{b}$ par p sera $ap\sqrt[n]{b}$, car $a\sqrt[n]{b} = \sqrt[n]{a^n b}$, $p = \sqrt[n]{p^n}$, & $\sqrt[n]{a^n b} \times \sqrt[n]{p^n} = \sqrt[n]{a^n p^n b} = ap\sqrt[n]{b}$.

Et pour diviser $3\sqrt[2]{5}$ par 4 ou par $\frac{2}{3}$, on divisera le coefficient 3 par 4 ou par $\frac{2}{3}$, & on aura $\frac{3}{4}\sqrt[2]{5}$ ou $4\frac{1}{2}\sqrt[2]{5}$.

Et pour diviser 4 ou $\frac{3}{4}$ par $3\sqrt[2]{5}$. Je divise 4 ou $\frac{3}{4}$ par le coefficient 3, & j'ai $\frac{4}{3}\sqrt[2]{5}$ ou $\frac{1}{4}\sqrt[2]{5}$, ce qui se démontre de la même façon.

Quelquefois pour multiplier un radical

160 par un autre, on se contente de les joindre. Ainsi pour multiplier $\sqrt[2]{5}$ par $\sqrt[3]{7}$, on pose $\sqrt[2]{5}\,\sqrt[3]{7}$, & pour multiplier celui-ci par $\sqrt[4]{2}$, on pose $\sqrt[2]{5}\,\sqrt[3]{7}\,\sqrt[4]{2}$, & ainsi de suite, & lorsqu'on veut ensuite réduire ces radicaux sous un seul signe, on les multiplie selon les regles que nous venons de prescrire, ainsi $\sqrt[2]{5}\,\sqrt[3]{7}\,\sqrt[4]{2} = \sqrt[2]{300125000}$.

9

III.

Pour élever un radical à une puissance quelconque. On élevera à cette puissance son coefficient & sa puissance : ou bien si l'on peut diviser au juste son exposant par le nombre des dégrez proposez, on le fera sans toucher au reste.

Ainsi pour élever $\sqrt[3]{7}$ au quarré ou à la seconde puissance, j'éleve la puissance 7 au quarré, & $\sqrt[3]{49}$ est le quarré de $\sqrt[3]{7}$, car le quarré de $\sqrt[3]{7} = \sqrt[3]{7} \times \sqrt[3]{7} = \sqrt[3]{49}$.

Mais pour élever $\sqrt[6]{7}$ au cube ou à la troisiéme puissance, je puis le faire en divisant 6 par 3 & $\sqrt[2]{7}$ est le cube de $\sqrt[6]{7}$. Car $\sqrt[6]{7} \times \sqrt[6]{7} \times \sqrt[6]{7} = * \sqrt[6]{7\times7\times7} = * \sqrt[2]{7}$.

*155

*158 Pour élever $\sqrt[2]{5}$ au quarré, il n'y a qu'à effacer le signe. Car $\sqrt[2]{5} \times \sqrt[2]{5} = \sqrt[2]{25} = * 5$.

*149 On verra de même que la troisiéme puissance de $\sqrt[3]{2}$ est 2 Et ainsi des autres.

Pour élever $3\sqrt[3]{10}$ au cube, il faut élever le coefficient 3 & la puissance 10 au

cube, & 27 $\sqrt[2]{1000}$ sera le cube de 3 $\sqrt[2]{10}$. 160
Car 3 $\sqrt{10}$×3 $\sqrt[2]{10}$×3 $\sqrt[2]{10}$=27 $\sqrt[2]{1000}$.

Mais pour élever au cube, $\sqrt[6]{10}$, j'éleve le coefficient 3 au cube, & je divise l'exposant 6 par le nombre des dégrez 3, & 27 $\sqrt[2]{10}$ est le cube de 3 $\sqrt[6]{10}$. Car 3 $\sqrt[6]{10}$ ×3 $\sqrt[6]{10}$×3 $\sqrt[6]{10}$=27 $\sqrt[6]{10×10×10}$=* 27 $\sqrt[2]{10}$. *158
On verra de même que le quarré de $\frac{3}{4}$ $\sqrt[3]{\frac{5}{7}}$ est $\frac{9}{16}$ $\sqrt[3]{\frac{25}{49}}$, & que celui de $\frac{3}{4}$ $\sqrt[3]{\frac{5}{7}}$ est $\frac{9}{16}$ $\sqrt[3]{\frac{5}{7}}$. Et ainsi des autres.

IV.

16

Pour extraire la racine quelconque d'un radical. On tirera, s'il est possible, la racine proposée de son coefficient & de sa puissance, ou bien on réduira son coefficient à l'unité, & on multipliera son exposant par le nombre des dégrez de la racine proposée.

Ainsi pour tirer la racine quarrée de 4 $\sqrt{9}$, je tire la racine quarrée du coefficient 4 & de la puissance 9, & 2 $\sqrt[3]{3}$ est la racine quarrée de 4 $\sqrt{9}$, puisque 2 $\sqrt[3]{3}$×2 $\sqrt[3]{3}$=4 $\sqrt{9}$.

Mais pour tirer la racine cube de 4 $\sqrt[2]{5}$, comme le coefficient 4 n'est pas une troisiéme puissance parfaite, je le réduis à l'unité, & j'ay $\sqrt{80}$, & comme 80 n'est pas non plus une troisiéme puissance parfaite, je multiplie l'exposant 2 du radical par l'exposant

160 3 de la racine proposée, & $\sqrt[6]{80}$ est la racine troisiéme de $4\sqrt[2]{5}$ ou de $\sqrt[2]{80}$. Car $\sqrt[6]{80} \times \sqrt[6]{80} \times \sqrt[6]{80} = \sqrt[6]{80 \times 80 \times 80} = \sqrt[2]{80}$.

Pour tirer la racine cube de $8\sqrt[2]{5}$, je tire la racine cube du coefficient 48, & je multiplie l'exposant 2 par le nombre 3 des dégrez de la racine proposée, & j'ay pour racine cube $2\sqrt[6]{5}$. Car $2\sqrt[6]{5} \times 2\sqrt[6]{5} \times 2\sqrt[6]{5} = 8\sqrt[6]{5 \times 5 \times 5} = 8\sqrt[2]{5}$.

On verra de même que la racine quarrée de $\frac{3}{4}\sqrt[3]{\frac{5}{3}}$, ou de $\sqrt[3]{\frac{4}{4}\frac{5}{8}}$, en réduisant le coefficient à l'unité, est $\sqrt[6]{\frac{4}{4}\frac{5}{8}}$. Et il en est de même des autres.

AVERTISSEMENT.

Le calcul des Radicaux est très-important pour les Mathematiques, ainsi il faut se le rendre bien familier si l'on veut faire quelque progrès considerable dans cette Science. On ne doit donc point se rebuter de la diversité & de la bizarrerie apparente des operations de ce calcul, elles paroîtront fort naturelles dans la suite pour peu qu'on les ait pratiquées, & qu'on en ait penetré les démonstrations.

Il en est de même du calcul suivant, dont toute la difficulté ne consiste que dans les divers changemens qui arrivent à l'égard des Signes $+$ & $-$, à quoi il faut principalement faire attention.

LECON SIXIE'ME

DE L'ALGEBRE,

OU

DU CALCUL

DES POLYNOMES.

DEFINITIONS

I.

OLYNOME est l'expres-
sion d'un nombre, dans laquelle on distingue plusieurs
parties jointes ensemble par
les Signes $+$ & $-$.
Lorsqu'un Polynome est composé de deux
parties ou de deux termes, on le nom-
me *Binome*. Ainsi $3+5$. $5-2$. $\sqrt{y}+\sqrt{z}$
$4-\sqrt{3}$. $\sqrt{12}-2$ sont des *Binomes*.
Lorsqu'un Polynome est composé de deux

170 parties , on le nomme *Trinome* ; ainſi $2 - \frac{3}{4} + \sqrt[3]{7} . 4 \sqrt[3]{2} - 3 \sqrt[3]{\frac{2}{4}} + \sqrt[3]{7}$, &c. ſont des *Trinomes*. Et ainſi de ſuite.

2   II.

On nomme *Monomes* les parties ou les termes qui compoſent un Polynome. *Monomes poſitifs* , ceux qui ſont précedés du ſigne $+$, comme $+6. + \sqrt[3]{5}$. *Monomes negatifs* , ceux qui ſont précedés du ſigne $-$ comme $-3. - \frac{3}{4} . - 4 \sqrt[3]{5}$ &c.

Lorſqu'un Monome n'eſt précedé d'aucun ſigne , on y ſous entend le ſigne $+$, ainſi il eſt toûjours poſitif , c'eſt-à dire , que 3 eſt la même choſe que $+3. \sqrt[3]{7}$ la même choſe que $+ \sqrt[3]{7}$ &c. Ainſi dans un polynome le ſigne $+$ ou $-$ ſe rapporte toûjours au terme qui le ſuit , & jamais à celui qui le précede.

3   III.

Lorſqu'on conſidere un Monome tout ſeul , on conçoit qu'il eſt précedé de zero qui eſt le terme où l'on parvient par la numeration. Ainſi $+3$ eſt une même choſe que $0 + 3$, & -3 le même que $0 - 3$.

Si de $+3$, ou 3 , on ôte 1 , on aura $+2$, ou 2 ; ſi de $+2$, ou 2 , on ôte 1 ,

on aura $+1$, ou 1; si de $+1$, ou 1, 170
on ôte 1, on aura 0; si de 0, on ôte 1,
on aura $0-1$; si de $0-1$, ou -1, on
ôte 1, on aura $0-2$, ou -2; si de $0-2$,
ou -2, on ôte 1, on aura $0-3$, ou -3.
Et ainsi de suite.

Ces nombres negatifs expriment une
dette, le bien d'un homme qui n'a rien, &
qui ne doit rien, est plus grand, pour ainsi dire,
que celui d'un homme qui n'ayant rien doit 3
écus par exemple; ainsi comme il s'en faut
de 3 écus que cet homme n'ait rien, on conçoit de même qu'il s'en faut de 3 unités que le
nombre -3, ou $0-3$ ne soit rien. Si à
$0-3$, ou -3 on ajoûte 1, on aura $0-2$,
ou -2; si à $0-2$ on ajoûte 1, on aura
$0-1$, ou -1; si à $0-1$ on ajoûte 1,
on aura 0; si à 0 on ajoûte 1, on aura
$0+1$, ou $+1$, ou 1; si à $0+1$ on
ajoûte 1, on aura $0+2$, ou $+2$, ou 2,
& ainsi de suite. On voit par-là que la
difference de -3 à $+2$ est 5, c'est-à-
dire, que pour qu'un homme qui doit 3
écus parvienne à en avoir 2, il faut qu'il
en gagne 5. On est obligé de se servir de
ces expressions negatives pour donner au
calcul toute la generalité qui lui convient.

Ce calcul renferme tous les calculs précedens, & s'étend encore beaucoup plus
loin.

PROBLEME PREMIER.

FAIRE les operations de l'Arithmeti-que sur les Polynomes, dont les ter-mes sont des nombres entiers. Les lettres de l'Alphabet dont on se sert désigneront ici des nombres entiers.

4   I.

Pour ajoûter un Polynome à un n'y a qu'à les joindre sans changnes. *Et pour ôter un Polynome* il faut changer tous les signes du p que l'on veut ôter, les $+$ en $-$, & en $+$. Ainsi,

1°. Pour ajoûter au nombre 4 le nombre 7 il faut poser $4+7$, car il est visible que $4+7$ est égal à la somme 11 de 4 & de 7. On verra de même que pour ajoûter à $4+7$ le nombre 5, il faut poser $4+7+5$; & ainsi de suite. Et generalement que pour ajoûter au nombre a le nombre b, il faut poser $a+b$, & pour ajoûter à $a+b$ le nombre c, il faut poser $a+b+c$, &c. Pour ajoûter au nombre $a+b$ le nombre b, il faut poser $a+b+b$, ou pour abreger $a+2b$; & pour ajoûter à $a+2b$ le nombre b, on posera $a+2b+b$, o

$a + 3b$; & pour ajoûter à $a + 3b$ le nombre $5b$, on posera $a + 3b + 5b$, ou $a + 8b$, &c.

Pour ôter du nombre 36 le nombre 4, ou $+4$, il faut poser $36 - 4$, car il est visible que $36 - 4$ est égal à la difference 32 de 36 & de 4. On verra de même que pour ôter de $36 - 4$ le nombre 5, ou $+5$, on doit poser $36 - 4 - 5$, & ainsi de suite. Generalement pour ôter du nombre a le nombre b, ou $+b$, on doit poser $a - b$, & pour ôter de $a - b$ le nombre c, on doit poser $a - b - c$; & ainsi de suite, changeant le signe $+$ de $+b$ en $-$.

Pour ôter du nombre $a - b$ le nombre b, on pose $a - b - b$, ou $a - 2b$, & pour ôter de $a - 2b$ le nombre b, on pose $a - 3b$, & ainsi de suite, pour ôter de $a - 5b$ le nombre $3b$, on pose $a - 5b - 3b$, ou $a - 8b$, &c.

2°. Pour ajoûter au nombre $5 + 7 - 3$ le nombre $4 + 5 - 2$, ou $-2 + 4 + 5$, on doit poser $5 + 7 - 3 + 4 + 5 - 2$, ou $5 + 7 - 3 - 2 + 4 + 5$ sans changer les signes, exprimant seulement le signe $+$ du premier membre 5 du polynome qu'on veut ajoûter, qui est ordinairement sous-entendu, ce qui est évident, car $5 + 7 - 3$ vaut 9, $4 + 5 - 2$, ou $-2 + 4 + 5$ vaut 7, $9 + 7$ vaut 16, & $5 + 7 - 3 + 4 + 5 - 2$, ou $5 + 7 - 3 - 2 + 4 + 5$ vaut aussi 16.

170 Ainsi les lettres a, b, c. m, n, p. pouvant reprefenter quels nombres on voudra, on verra que pour ajoûter au nombre a $+b-c$ le nombre $m+n-p$, il faut pofer $a+b-c+m+n-p$. Et pour y ajoûter $-m+n-p$, il faut pofer $a+b-c-m+n-p$. Pour ajoûter à $a+3b-2c$ le nombre $5a-7b+10c$, il faut pofer $a+3b-2c+5a-7b+10c$, ce qui fe réduit à $6a-4b+8c$.

Pour ôter de 12 le nombre $5+3$, il faut changer $+5$ en -5, & $+3$ en -3, & pofer $12-5-3$, ce qui eft évident. Et pour en ôter $5-3$, il faut changer $+5$ en -5, & -3 en $+3$, & pofer $12-5+3$. Car $5-3=2$, & $12-2=10=12-5+3$. On verra de même que pour ôter de $12-7+2$, le nombre $4-3+6$, il faut pofer $12-5+2-4+3-6$, & pour en ôter $-4+6-1$, il faut pofer $12-5+2+4-6+1$, en changeant tous les fignes du nombre qu'on veut retrancher fans toucher aux fignes du premier. Et ainfi des autres. Generalement pour ôter du nombre a le nombre $m+n$, il faut pofer $a-m-n$, & pour en ôter $m-n$, il faut pofer $a-m+n$. Pour ôter de $a-b+c$ le nombre $m-n+p-q$, il faut changer tous les fignes du dernier, & pofer $a-b+c-m+n-p+q$.

Pour ôter de $5a-3b+c-4d$ le nombre $2a+5b-4c+4d$, il faut d'abord po-

ser 5*a* — 3*b* + *c* — 4*d* — 2*a* — 5*b* + 4*c* — 4*d*, 170
qui se réduit à 3*a* — 8*b* + 5*c*. Et ainsi des
autres.

II. 5

Pour multiplier un Polynome par un autre, il faut multiplier chacun des termes
de l'un par chacun des termes de l'autre,
& à l'égard des Signes.

+ par + donne + au produit
— par + donne — au produit
+ par — donne — au produit
— par — donne + au produit

Ainsi, 1°. Pour multiplier *a* par *b*, on
pose *ab* ; & pour multiplier *ab* par *c*, on
pose *abc* ; & pour multiplier *abc* par *d*, on
pose *abcd*, & ainsi de suite ; * & en quelqu'ordre que ces lettres soient arrangées,   *116
elles désignent toûjours le même nombre.

Pour multiplier *abcd* par 4, on pose
4*abcd* = *abcd* + *abcd* + *abcd* + *abcd*. & pour
multiplier 4*abcd* par 5, on multiplie 4
par 5, & on pose 20*abcd* = 4*abcd* + 4*abcd*
+ 4*abcd* + 4*abcd*, le chifre qui est devant
un produit litteral se nomme *coefficient*.

Pour multiplier *abc* par *def*, * il faut po-   *115
ser *abcdef*, & pour multiplier 4*abc* par
5*def*, il faut multiplier le coefficient 4 par
le coefficient 5, & le produit litteral *abc*
par le produit litteral *def*, ce qui donne

170 $20abcdef$ pour produit;* car $4abc \times 5def = 4 \times$
*116 $\times b \times c \times 5 \times d \times e \times f = 4 \times 5 \times abcdef = 20abcdef$. Pour multiplier $4abc$ par $6abc$, il faut poser $24abcabc = 24aabbcc$.

Pour multiplier a par a, il faut poser aa ; & pour multiplier aa par a, il faut poser aaa ; & pour multiplier aaa par aa, il faut poser $aaaaa$; & ainsi de suite. Pour abreger au lieu de a. aa. aaa. $aaaa$ &c. on pose a^1, a^2, a^3, a^4. Et il faut bien remarquer que $a^4 = a \times a \times a \times a$ est bien different de $4a = a + a + a + a$. On nomme *dignité* ou *exposant* le chifre qui est après la lettre, ainsi dans $4a^3$, 4 est le coefficient, & 3 est la dignité ou l'exposant de a.

Pour multiplier a^3 par a^4, ou aaa par $aaaa$, il faut poser $a^7 = aaaaaaa$. Et pour multiplier $5a^4$ par $3a^2$, il faut multiplier les coefficiens 5, 3, & ajoûter les dignités 4, 2, & poser $15a^6$ pour produit, ce qui est tout évident.

Pour multiplier a^3 par b^4, ou aaa par $bbbb$, il faut poser a^3b^4, ou $aaabbbb$. Remarqués que le nombre 3 n'a aucun rapport à la lettre b qui le suit, mais seulement à la lettre a qui le précede, dont il marque la dignité, c'est-à-dire, que a^3 est la troisiéme puissance de a, b^4 la quatriéme puissance de b &c.

Pour multiplier $4a^3$ par $3b^4$, il faut poser $12a^3b^4$. Et pour multiplier $12a^3b^4$ par $5b^2$,

$5b^2$, il faut poser $60a^3b^4c^2$; & pour mul- **170**
tiplier. $6a^3b^4c^2$ par $4a^2b^3c$, il faut multiplier le coefficient 6 par le coefficient 4;
ajoûter la dignité 2 de a à la dignité 3 de
a, la dignité 3 de b à la dignité 4 de b;
& la dignité 1 de c à la dignité 2 de c,
ce qui donne pour produit $24a^5b^7c^3 =$
$6 \times a^3 \times b^4 \times c^2 \times 4 \times a^2 \times b^3 \times c^1 = 6 \times 4 \times a^3 \times a^2 \times b^4 \times b^3$
$\times c^2 \times c^1$; Or $6 \times 4 = 24$, $a^3 \times a^2 = a^5$, $b^4 \times b^3$
$= b^7$, $c^2 \times c^1 = c^3$; & par conséquent $6 \times 4 \times a^3 \times a^2$
$\times b^4 \times b^3 \times c^2 \times c^1 = 24 \times a^5 \times b^7 \times c^3 = 24a^5b^7c^3$.

2°. Pour multiplier $a + b - c - d$ par
un nombre quelconque, comme 3, il faut
poser $3a + 3b - 3c - 3d$, multipliant chaque terme par 3, sans changer les signes.
Car multiplier $a + b - c - d$ par 3, c'est
l'ajoûter trois fois à zero; ainsi 3 fois $a + b$
$- c - d = 0 + a + b - c - d + a + b - c$
$- d + a + b - c - d = 3a + 3b - 3c$
$- 3d$.

D'où il suit generalement, que pour
multiplier un polynome $a + b - c - d$ par
un nombre quelconque m ou $+ m$, il faut
multiplier chacun de ses termes par m,
sans changer les signes qui les précedent,
& poser pour produit $ma + mb - mc - md$
ou $am + bm - cm - dm$, par où l'on voit
déja que $+$ par $+$ donne $+$, comme
$+a$ par $+m$ donne $+am$, & que $-$
par $+$ donne $-$, comme $-c$ par $+m$
donne $-cm$.

270　　On verra de même que pour multiplier $5ab^2 - 3a^2c - 4a^3d + 2ab^3$ par m ou $+m$, il faut poser $5ab^2m - 3a^2cm - 4a^3dm + 2ab^3m$. Et pour le multiplier par $3m$, il faut poser $15abm - 9a^2cm - 12a^3dm + 6ab^3m$.

3°. Pour multiplier $a + b - c$ par $5 + 3$, ou 8, il faut d'abord multiplier $a + b - c$ par 5, & ensuite par 3 sans changer les signes ; ce qui donne $5a + 5b - 5c + 3a + 3b - 3c = 8a + 8b - 8c$, & generalement pour multiplier $a + b - c$ par $m + n$, il faut poser $am + bm - cm + an + bn - cn$.

Mais pour multiplier $a + b - c$ par $5 - 3$ ou 2, il faut d'abord multiplier $a + b - c$ par 5 ou $+5$ sans changer les signes, & ensuite par 3 en changeant tous les signes $+$ en $-$, & $-$ en $+$, à cause de -3, ce qui donne $5a + 5b - 5c$, $-3a - 3b + 3c = 2a + 2b - 2c$. Car en multipliant d'abord $a + b - c$ par 5, ce qui donne $5a + 5b - 5c$ on l'ajoûte 5 fois à zero, & il ne s'agit que de l'y ajoûter $5 - 3$ fois, c'est-à-dire 2 fois, d'où il suit qu'après l'avoir ajoûté 5 fois dans $5a + 5b - 5c$, il faut l'en retrancher 3 fois, ce qui se fait en changeant tous les signes $+$ en $-$, & $-$ en $+$, & poser $-3a - 3b + 3c$. Par où l'on voit que $+$ par $-$ donne $-$, comme $+a$ par -3 donne $-3a$, & que $-$ par

$-$ donne $+$, comme $--c$ par $--3$ 170 donne $+3c$.

Generalement pour multiplier $a+b--c$ par $m--n$, il faut poser $am+bm--cm --an--bn+cn$. Et pour multiplier $3a--5b+2c--d$ par $4m--3n$, il faut poser comme

dans la mul-
tiplication
des nombres
entiers, le
multiplica-
teur B sous le

$$3a--5b+2c--d$$
$$4m--3n$$
$$\overline{}$$
$$12am--20bm+8cm--4dm$$
$$--9an+15bn--6cn+3dn$$

nombre à multiplier A; Puis multiplier chacun des termes du nombre A par le premier terme du multiplicateur, sans changer les signes, si le terme du multiplicateur à le signe $+$; & en changeant tous les signes $+$ en $--$ & $--$ en $+$, si le terme du multiplicateur à le signe $--$. Ce qui donne pour produit $12am--20bm+8cm--4dm--9an+15bn--6cn+3dn$; ce qui est évident par tout ce que nous venons de dire.

On verra de mê-
me que le produit
de $2a^2--3ab$ par
$3a--2b$ est $6a^3--13a^2b+6ab^2$.
Car $--9a^2b--4a^2b--13a^2b$. On ne

$$2a^2--3ab$$
$$3a--2b$$
$$\overline{}$$
$$6a^3--9a^2b$$
$$--4a^2b+6ab^2$$
$$\overline{}$$
$$6a^3--13a^2b+6ab^2$$

770 peut ainsi joindre deux termes en un, ce qu'il faut toûjours faire lorsqu'on le peut, que lorsque les produits litteraux de ces termes sont parfaitement semblables.

On verra de même que le produit de $aa+ab+bb$ par $a-b$ est a^3-b^3.

Car $+aab-aab=0$ & $+ab^2-ab^2=0$.

$$\begin{array}{l} aa+ab+bb \\ a-b \\ \hline a^3+a^2b+ab^2 \\ \quad -a^2b-ab^2-b^3 \\ \hline a^3 \quad * \quad * \quad -b^3 \end{array}$$

On marque quelquefois les termes qui manquent dans un produit par une étoile, ainsi qu'on le voit dans cet exemple.

On verra de même que le produit de $a^2-2ab+b^2$ par $a^2+2ab-b^2$ est $a^4-4a^2b^2+4ab^3-b^4$.

$$\begin{array}{l} a^2-2ab+b^2 \\ a^2+2ab-b^2 \\ \hline a^4-2a^3b+a^2b^2 \\ \quad +2a^3b-4a^2b^2+2ab^3 \\ \quad\quad -a^2b^2+2ab^3-b^4 \\ \hline a^4 \quad * \quad -4a^2b^2+4ab^3-b^4 \end{array}$$

Pour multiplier $x^2+2ax-3bx-a^4+b^2$ par $x-2a$, on pose, pour plus grande facilité, les uns sous les autres, les termes du nombre à multiplier A, ou les dimensions de x sont les mêmes, comme dans cet exemple on pose sous $2ax$ le terme $-3bx$ &c

$+b^2$ sous $-a^2$

On fait la même chose dans le produit, ce qui n'y cause aucun changement, & on a le produit P, qu'on appelle *ordonné* par rapport à la lettre x. Il faut pour bien or-

$$A \quad \begin{array}{l} x^2 + 2ax - a^2 \\ -3bx + b^2 \end{array}$$

$$x - 2a$$

$$\begin{array}{l} x^3 + 2ax^2 - a^2x \\ -3bx^2 + b^2x \\ -2ax^2 - 4a^2x + 2a^3 \\ +6abx - 2ab^2 \end{array}$$

$$P. \quad \begin{array}{l} x^3 - 3bx^2 - 5a^2x + 2a^3 \\ +6abx - 2ab^2 \\ -b^2x \end{array}$$

donner un Polynome par rapport à une lettre x, que les termes ou est xxx soit avant xx &c.

Souvent pour désigner le produit d'un Polynome par un autre, on se contente de mettre le Multiplicateur devant avec une ligne par dessus, ainsi $\overline{a-b}x^3$ désigne le produit de x^3 par $a-b$, lequel est $ax^3 - bx^3$, de même $\overline{ac-bd} \times \overline{ax-xx}$, désigne le produit de $ax-xx$ par $ac-bd$ &c.

III.

6

Comme la regle des signes est ce qu'il y a de plus important dans le calcul des Polynomes, il est necessaire d'y faire une attention particuliere, outre tout ce que

170 nous venons d'en dire, qui cependant pourroit suffire à la rigueur.

Pour en donner une démonstration qui soit immédiatement déduite des premieres définitions des operations de l'Arithmetique, sans se servir de moyens étrangers, comme on a coutume de faire, ce qui ne paroît pas naturel à tout le monde, il faut d'abord bien observer que *zero* est, comme nous l'avons déja dit, le centre ou le terme d'où les Polynomes partent, c'est à-dire, qu'il y est toûjours sous-entendu : que 3 ou $+3$ par exemple est une même chose que $0+3$, & -4 une même chose que $0-4$, d'où il suit que ce que nous avons appellé *Monome* soit positif, soit negatif, est un veritable *Binome*, dont zero, ou o, est le premier terme. D'où il suit bien clairement.

1°. Que pour ajoûter à un nombre quelconque a un Monome positif, comme $+3$, il faut poser $a+3$, & que pour y ajoûter un Monome negatif -4, il faut poser $a-4$, sans changer les signes de ces Monomes. Car pour ajoûter au nombre a, le Monome -4, ou le Binome $0-4$, il faut d'abord y ajoûter o, ce qui donne $a+0$, mais on y a trop ajoûté, on y a ajoûté 4 unités de trop, puisque $0-4$ vaut 4 unités moins que o, il faut donc les en retrancher & poser $a+0-4=a-4$.

2°. Que pour ôter d'un nombre quel- 170 conque *a* un Monome poſitif, comme $+3$, il faut poſer $a - 3$, & changer le ſigne $+$ en $-$. Car pour ôter du nombre *a* le nombre $+3$ ou $0+3$, il faut d'abord en ôter o, ce qui donne $a - o$, & enſuite 3, ce qui donne $a - o - 3 = a - 3$.

Et pour ôter du nombre *a* un Monome negatif, comme -4, il faut poſer $a + 4$, & changer le ſigne $-$ en $+$. Car pour ôter du nombre *a* le nombre -4 ou $o -4$, il faut d'abord en ôter o, ce qui donne $a - o$, mais on a trop ôté ; on a ôté 4 unités de trop, puiſqu'on en a ôté o, & qu'il n'en falloit ôter que $o - 4$, qui vaut 4 unités moins que o, il faut donc ajoûter à $a - o$ quatre unités, & poſer $a - o + 4 = a + 4$. Et tout cela eſt clair, tel que puiſſe être le nombre *a*, quand bien même il ſeroit o.

On voit donc bien clairement que pour ajoûter à zero un Monome quelconque poſitif ou negatif, il faut le poſer avec le même ſigne. Et que pour l'en ôter il faut le poſer avec le ſigne contraire.

3°. D'où il ſuit que pour multiplier un Monome poſitif $+4$ ou $o + 4$ par 3, c'eſt-à-dire, le poſer ou l'ajoûter à zero 3 fois, ou autant de fois & de la même maniere que l'unité eſt poſée dans 3 ou $+3$, il faut poſer $o + o + 4 + o + 4 + o + 4 = + 12,$

170 Ainſi +4 multiplié par +3 donne +12, & + par + donne donc +.

Et pour multiplier un Monome negatif — 4 ou o — 4 par + 3, c'eſt-à-dire, le poſer ou l'ajoûter à zero 3 fois, il faut poſer o +o — 4 +o — 4 +o — 4 = — 12. Ainſi — 4 multiplié par +3 donne +12, & — par + donne donc —.

Et pour multiplier un Monome poſitif +4 ou o +4 par — 3, c'eſt-à-dire, poſer o +4 autant de fois & de la même façon que l'unité eſt poſée dans +3; l'unité étant retranchée 3 fois de zero dans — 3, il faut retrancher o +4, 3 fois de zero, ce qui donne o — o — 4 — o — 4 — o — 4 = — 12. Ainſi +4, multiplié par — 3 donne — 12, & + par — donne donc —.

Enfin pour multiplier un Monome negatif — 4 ou o — 4 par — 3, c'eſt-à-dire, retrancher o — 4 de zero 3 fois, comme 1 eſt retranché 3 fois de zero dans — 3 ou o — 3, il faut retrancher o — 4 trois fois de zero. Or, pour retrancher o — 4 une fois de zero, il faut poſer o — o +4, & par conſequent pour l'en retrancher 3 fois, il faut poſer o — o +4 — o +4 — o +4 = +12. Ainſi — 4 multiplié par — 3 donne +12, & — par — donne donc +.

3°. Et comme la diviſion défait ce que

fait la multiplication pour diviser $+12$ par 170
$+3$, il faut poser au quotient $+4$, puisque le quotient $+4$ multiplié par le diviseur $+3$ donne le nombre à diviser $+12$. Ainsi dans la division $+$ par $+$ donne $-$ comme dans la multiplication.

Et pour diviser -12 par $+3$, il faut poser -4, puisque -4 multiplié par $+3$ donne -12. Ainsi dans la division $-$ par $+$ donne $-$, comme dans la multiplication.

Et pour diviser -12 par $+3$, il faut poser -4, puisque -4 multiplié par $+3$ donne -12. Ainsi dans la division $-$ par $+$ donne $-$, comme dans la multiplication.

Enfin pour diviser -12 par -3, il faut poser $+4$, puisque $+4$ multiplié par -3 donne -12. Ainsi dans la division $-$ par $-$ donne $+$, comme dans la multiplication, ce qu'il faut bien observer pour la suite.

IV.

7

Pour diviser un Polynome par un autre, il faut défaire ce qu'on a fait dans la multiplication, observant pour les signes la même regle que dans la multiplication.

Ainsi, 1°. Le quotient de ab divisé par

170 b est a, puisque le quotient a multiplié par le diviseur b donne le produit ab. Et que $12a^3b^3$ divisé par $4a^2b$ est $3a^2b^2$, puisque $3a^2b^2 \times 4a^2b = 12a^3b^3$, c'est-à-dire, qu'il faut diviser le coefficient 12 par le coefficient 3, & le produit a^3b^3 ou $aaabbb$ par le produit a^2b ou aab, en retranchant du nombre à diviser toutes les lettres du diviseur. On verra de même que $15a^3bc$ divisé par $3abc$ est $5a^2c$, & ainsi des autres.

Lorsque le coefficient du nombre à diviser ne peut être divisé au juste par le coefficient du diviseur : ou que toutes les lettres du diviseur ne peuvent être retranchées du nombre à diviser, le quotient est une fraction dont nous parlerons dans la suite. Ainsi $5a^3bc^2$ ne peut être divisé au juste par $4a^2b^3$, ni $12a^3bc^2$ par $4a^2b^3$, ni par $5a^2b^3$.

2°. Le quotient de $am - bm + cm - dm$ par m est $a - b + c - d$, puisque $a - b + c - d$ multiplié par m donne $am - bm + cm - dm$, c'est-à-dire, qu'il faut retrancher le diviseur m de chacun des termes sans toucher à tout le reste.

On verra de même que le quotient de $am + m$ ou $am + 1m$ par m est $a + 1$, puisque $a + 1 \times m = am + 1m$, que celui de $am - m$ est $a - 1$ par la même raison.

Et lorsque le diviseur ne peut être re-

tranché de chacun des termes du nombre à
diviser, la division ne peut se faire en entier, ainsi $am - bm + cd$ ne peut être divisé au juste par m. On verra de même que $12a^4b - 15a^3bc + 9abc^3$ divisé par $3ab$ est $4a^3 - 5a^2c + 3c^3$.

Lorsque le coefficient de chaque terme du nombre à diviser ne peut être divisé au juste par le coefficient du diviseur la division ne peut se faire en entier, ainsi on ne peut diviser en entier $10a^4b - 15a^3bc + 9abc^3$ par $3ab$, parce que le coefficient 10 du premier terme ne peut être divisé au juste par le coefficient 3 du diviseur. Lorsque le produit litteral du diviseur ne peut être retranché de chaque terme du nombre à diviser, la division ne peut pareillement se faire en entier. Ainsi on ne peut diviser en entier $12a^4b - 15a^3c^2 + 9abc^3$ par $3ab$, parce que ab ne peut être retranché du produit a^3c^2 du second terme du nombre à diviser. Et il en est de même des autres.

Avertissement. Pour bien entendre les operations suivantes dans lesquelles il a été impossible d'exprimer plusieurs circonstances qui ne se découvrent que par l'operation actuelle & successive, il ne faut les lire que la plume à la main, en pratiquant sur le champ ce qui y est ordonné, ce qui doit être dit une fois pour toutes.

170   3°. Pour diviser le Polynome A par le Polynome D

$$6a^3 - 13a^2b + 9ab^2 \quad \text{A}$$

$$2a^2 - 3ab \quad \text{D}$$
$$3a - 3b \quad \text{Q}$$

$$-6^2b + 9ab^2$$

Je fuis l'ordre qu'on a prefcrit dans la division des nombres entiers.

Je pofe le Divifeur D fous le Dividende A, & je divife le premier terme $6a^3$ ou $+6a^3$ du Dividende par le premier terme $2a^2$ ou $+2a^2$ du Divifeur, le quotient eft $+3a$ ou $3a$, que je pofe fous le Divifeur vers Q.

Je multiplie tout le Divifeur $2a^2 - 3ab$ par $3a$, & j'en ôte par ordre le provenu du Dividende en cette forte $+2a^2 \times +3a$ fait $+6a^3$, & $+6a^3$ ôté de $+6a^3$ ne *176 refte rien (* car pour ôter de $+6a^3$ le nombre $+6a^3$, il faut pofer $+6a^3 - 6a^3 = 0$) $-3ab \times +3a$ fait $-9a^2b$, & $-9a^2b$ ôté de $-13a^2b$ refte $-6a^2b$, que je pofe deffous (car pour ôter de $-13a^2b$ le nombre $-6a^2b$, il faut pofer $-13a^2b + 6aab = 0$).

J'abaiffe $9abb$ & je recommence l'operation, je divife $-6aab$ par $+2aa$, le quotient eft $3b$, que je pofe vers Q, je multiplie tout le Divifeur $2aa - 3ab$ par $-3b$

—3*b*, difant +2*aax*—3*b* fait —6*aab*, 170
& 6*a²b* ôté de —6*a²b* refte o (car pour
ôter de —6*a²b* le nombre —6*aab*, il
faut pofer —6*aab*+6*aab*=0). —3*ab*
×—3*b* fait +9*abb*, & +9*abb* ôté de
+9*abb* refte o (car pour ôter +9*abb*
de +9*abb*, il faut pofer +9*abb*—9*abb*
=0).

Et comme il ne refte rien l'operation eft
achevée, & le quotient eft 3*a*—3*b*. Ce qui
eft évident, & qui fe verifie en multipliant
ce quotient par le divifeur 2*aa*—3*ab*,
car on aura le dividende A.

4°. Pour divifer *a³*—*b³* ou *aaa*—*bbb*
par *a*—*b*, je fuis le même ordre.

<table>
<tr><td>

Je divife *aaa* par *a*,
le quotient eft *aa*, je
multiplie *a*—*b* par *aa*,
difant *aa×a*—*aaa*, &
aaa ôté de *aaa*, ou *aaa*
—*aaa*=0. —*b*×+*aa*
=—*aab*, & —*aab*
ôté de —*bbb* refte —*bbb*
+*aab*, ou +*aab*—*bbb*,

</td><td>

aaa—*bbb* **A**
——————————
a—*b* **D**
aa+*ab*+*bb* **Q**
——————————
+*aab*—*bbb*
+*abb*—*bbb*

</td></tr>
</table>

que je pofe deffous. Car pour ôter un Monome d'un autre, il faut changer le figne
de celui qu'on veut ôter.

Je divife +*aab* par +*a*, le quotient eft
+*ab* que je pofe. Je multiplie *a*—*b* par +*ab*,
difant +*a*×+*aab*=+*aab*, & +*aab* ôté de
+*aab* refte o. —*b*×+*ab*=—*abb*, &

170 $-abb$ ôté de $-bbb$ reste $-bbb+abb$, ou $+abb-bbb$, que je pose deſſous.

Je diviſe $+abb$ par $+a$, & je trouve $+bb$ que je poſe au quotient. Je multiplie enſuite $a-b$ par $+bb$, diſant $+a \times +bb = +abb$, & $+abb$ ôté de $+abb$, le reſte eſt $+abb-abb=0$. $-b \times +bb = -bbb$, & $-bbb$ ôté de $-bbb$, le reſte eſt $-bbb+bbb=0$.

Et comme il ne reſte plus rien, le quotient eſt au juſte $aa+ab+bb$. Ce qui ſe verifie en multipliant ce quotient par le diviſeur $a-b$, car on trouvera au produit le dividende $aaa-bbb$.

4°. Pour diviſer

$$1aaaa - 3aabb + 3abbb - 1bbbb \quad \text{A}$$

par

$$aa + 2ab - bb \dots\dots\dots \text{D}$$
$$aa - 2ab + bb \dots\dots\dots \text{Q}$$

$$-2aaab + 2abbb$$
$$-2aabb + 2aabb$$

Je diviſe $1aaaa$ ou $+aaaa$ par $+aa$, & je trouve $+aa$ ou aa pour quotient, que je poſe ſous le diviſeur, je multiplie enſuite chacun des termes du diviſeur par le terme aa du quotient trouvé, diſant $+aa \times +aa = +aaaa$ qu'il faut retrancher du dividende, ce que je fais, en effaçant $+1aaaa$ du dividende, où il eſt avec le

même figne , car $-aaaa$ ôté de $+1aaaa$, **170**
le refte eft $1aaaa - aaaa = 0$. (Pour effacer
$1aaaa$ du dividende , je me contente d'effacer fon coefficient 1 , ce qui fera défor-
mais une marque que le terme dont on
aura ainfi effacé le coefficient, ne devra
plus être regardé comme appartenant au
dividende). Je continuë à multiplier le divifeur, difant $+2abx +aa = +2aaab$ qu'il
faut ôter du dividende , & comme il ne
contient point de terme femblable dont on
puiffe l'ôter , il faut le faire en le pofant
au dividende avec le figne contraire ; ainfi
je pofe $-2aaab$ fous $4aabb$. Je continuë
à multiplier le divifeur , difant $-bbx +aa$
$= -aabb$, que j'ôte du dividende , en
l'ôtant du terme $-4aabb$, & j'ay le refte $-2aabb$, que je pofe deffous , après
avoir effacé $-4aabb$. (Car $-2aabb$
ôté de $-4aabb$, le refte eft $-4aabb$
$+2aabb = -2aabb$.)

Et recommençant l'operation , je divife
$-2aaab$ par $+aa$, & je trouve $-2ab$,
que je pofe au quotient. Je multiplie enfuite chacun des termes du divifeur par
$-2ab$, difant $+aax -2ab = -2aaab$,
que j'ôte du dividende , en effaçant fon
terme $-2aaab$ affecté du même figne
(car $-2aaab$ ôté de $-2aaab$, le refte
eft $-2aaab +2aaab = 0$). Je continuë à
multiplier le divifeur , difant $+2abx -2ab$

170 $= - 4aabb$, & $- 4aabb$ ôté de $- 2aabb$ le reſte eſt $+ 2aabb$, que je poſe deſſous, après avoir effacé $- 2aabb$. (Car pour ôter de $- 2aabb$ le nombre $- 4aabb$, il faut poſer $- 2aabb + 4aabb = + 2aabb$). Je continuë à multiplier le diviſeur, diſant $- bb \times + 2ab = + 2abbb$, & $+ 2abbb$ ôté de $+ 4abbb$, le reſte eſt $+ 2abbb$ que je poſe deſſous, après avoir effacé $+ 4abbb$.

Et recommençant l'operation, je diviſe $+ 2aabb$ par $+ aa$ je trouve $+ bb$ que je poſe au quotient, je multiplie enſuite le diviſeur par $+ aa$ (& comme le produit de ſon premier terme $+ aa$ qui a ſervi de diviſeur, par le quotient $+ bb$ trouvé par ſon moyen, eſt toûjours le même terme $+ 2aabb$ qu'on a diviſé, je neglige la multiplication du premier terme, & je me contente de l'effacer d'abord du dividende, ce qui eſt univerſel pour tous les cas ; (cet abrege eſt important, il faut y prendre garde). J'efface donc $+ 2aabb$ & je continuë à multiplier les autres termes, diſant $+ 2ab \times + bb = + 2abbb$, que j'efface du dividende, où il eſt affecté du même ſigne $- bb \times + bb = - bbbb$, que j'efface du dividende, où il eſt affecté du même ſigne. Et l'operation eſt achevée.

5°. Pour diviſer $ccfxxx - aacfxx - bbcc xx - 3bbcfxx + aabbcx + 3aabbfx + 3bbbbcx - 3aabbbbb$ par $cx - aa$.

J'ordonne ce produit par rapport à la 170.
lettre x, dont les dimensions sont les plus
hautes en posant l'un sous l'autre, les produits où la lettre x est élevée au même
degré, ce qui ne cause aucun changement
à ce nombre à diviser, & j'ay

$$A. \quad \begin{aligned} & x\,ccfxxx + x\,aabbcx \\ & - x\,aacfxx + z\,aabbfx \\ & - x\,bbccxx + z\,bbbbcx \\ & - z\,bbcfxx - z\,aabbbb \end{aligned}$$

par $D.$ $cx - aa$

$$Q. \quad cfxx - bbcx + 3\,bbbb \\ - 3\,bbfx$$

Et pour plus grande distinction je pose
dessous le diviseur $cx - aa$, je divise
$+ 1ccfxxx$ par $+ cx$, le quotient est $+ cfxx$,
ou $cfxx$, que je pose sous le diviseur. J'efface
$1ccfxxx$ du dividende, & je commence la
multiplication par le second terme du diviseur, disant $- aa \times + cfxx = - aacfxx$. J'efface $- 1aacfxx$ du dividende.

Je divise $- 1bbccxx$ par $+ cx$, le quotient est $- bbcx$, que je pose après $cfxx$.
J'efface le terme $- 1bbccxx$, & je commence la multiplication par le second terme du diviseur, disant $- aa \times - bbcx$
$+ aabbcx$ que j'efface du dividende (où

170 il est avec le même signe +).

Je divise — 3*bbcfxx* par + *cx*, le quotient est — 3*bbfx* que je pose sous — *bbcx*. J'efface le terme — 3*bbcfxx*, & multipliant — *aa* par — 3*bbfx*, j'ay + 3*aabbfx* que j'ôte du dividende où il est avec le même signe.

Je divise + 3*bbbbcx* par + *cx*, le quotient est + 3*bbbb* que je pose après — *bbcx*, j'efface + 3*bbbbcx*, je multiplie — *aa* par + 3*bbbb*, & j'ay — 3*aabbbb* que j'efface du dividende, & comme il ne reste plus rien, le quotient juste est *cfxx* — *bbcx* — 3*bbfx* + 3*bbbb*.

6°. Pour diviser 20*aaxx* + 2*abxx* — 6*bbxx* — 5*accx* — 3*bccx* + 4*addx* — *ccdd* par 4*ax* — 2*bx* — *cc*.

$$
\begin{array}{l}
20aaxx - 5accx \\
+ \; 2abxx - 3bccx \\
- \; 6bbxx + 4addx \\
 - 2bddx \\
+ \, 2 \, 2abxx - 2ccdd \\
\hline
\end{array}
$$

D.   4*ax* — 2*bx* — *cc*

Q.   5*ax* + 3*bx* + *dd*

J'ordonne le produit par rapport à la lettre *x*, & je divise 20*aaxx* par 4*ax*, le quotient est 5*ax*. J'efface 20*aaxx*, je mul-

tiplie —— $2bx$ par —+$5ax$, & j'ay —— $10abxx$ 170
que j'ôte de —+ $2abxx$, ce qui donne —+ $2abxx$
—+ $10abxx$ —— —+ $12abxx$ que je pose au dividende, effaçant —+ $2abxx$. Je continuë à
multiplier —— cc par —+ $5ax$, & j'ay —— $5accx$.
J'efface —— $5accx$ du dividende.

Comme —— $6bbxx$ ne peut être divisé au
juste par —+$4ax$, je divise —+ $12abxx$ par
—+$4ax$, & j'ay —+ $3bx$ que je pose au quotient sous $5ax$. J'efface $12abxx$, & multipliant —— $2bx$ par $3bx$, j'ay —— $6bbxx$. J'efface —— $6bbxx$ du dividende, multipliant
encore —— cc par —+ $3bx$, j'ay —— $3bccx$,
que j'efface du dividende.

Je divise —+$4addx$ par $4ax$, le quotient
est —+dd que je pose vers Q. J'efface $4addx$,
je multiplie —— $2bx$ par —+dd, & j'ay
—— $2bddx$ que j'efface du dividende. Je
continuë à multiplier —— cc par —+dd, &
j'ay —— $ccdd$ que j'efface du dividende.

Et comme il ne reste plus rien, je connois que $5ax$ —+ $3bx$ —+ dd par, chaque terme
duquel j'ay multiplié le diviseur $4ax$ —— $2bx$
—— cc, & dont j'ay retranché successivement les produits partiaux du dividende, est
le quotient que l'on demande.

Pour s'exercer sur la division des Polynomes, dont on peut trouver le quotient
au juste, ce qui est une operation très-
importante, il faut choisir deux Polynomes quelconques, les multiplier l'un par

170 l'autre, & en diviser le produit par l'un ou l'autre des Polynomes ; on va donner un exemple de la division d'un Polynome, dont le quotient ne peut être trouvé au juste, cette division est d'un grand usage dans l'Analyse, il faut la bien comprendre.

7°. Pour diviser A par D.

$$A. \qquad 1x^4 + 1nx^3 + 1pxx + qx + r$$

$$D. \qquad\qquad xx + fx + g$$

$$-1fx^3 - 1gxx - gnx - gp$$
$$-1fnxx + fgx + gg$$
$$+1ffxx - pfx + fgn$$
$$+fgx - ffg$$
$$+ffnx$$
$$-f^3x$$

$$Q. \quad xx + nx + p$$
$$-fx - g$$
$$-fn$$
$$+ff$$

Je divise x^4 par x^2, & vient x^2 au quotient que je pose dessous, j'efface $1x^4$, je multiplie $+fx$ par $+x^2$, & j'ay $+fx^3$, que je pose au dividende avec le signe contraire $-fx^3$, sous $+nx^3$. Je continuë à multiplier $+g$ par $+x^2$, & j'ay $+gx^2$ que je pose au dividende avec le signe contraire sous $-gx^2$.

Je divise $+nx^3$ par $+x^2$, & vient $+nx$ 170 au quotient, j'efface $+1nx^3$. Je multiplie $+fx$ par $+nx$, & j'ay $+fnx^2$ que je pose au dividende avec le même signe contraire. Je multiplie $+g$ par $+nx$, & j'ay $+gnx$ que je pose au quotient avec le signe contraire.

Je divise $-fx^3$ par x^2, & j'ay $-fx$ que je pose au quotient sous $+nx$. J'efface $-1fx^3$, je multiplie $+fx$ par $-fx$, & j'ay $-ffx^2$ que je pose au dividende avec le signe contraire. Je multiplie $+g$ par $-fx$, & j'ay $-fgx$ que je pose au dividende avec le signe contraire sous $+qx$.

Je divise $+px^2 -gx^2 -fnx^2 +ffx^2$ par x^2, & vient $+p -g -fn +ff$ que j'écris au quotient l'un sous l'autre, à la suite des autres termes j'efface tous les termes du dividende sur lesquels je viens d'operer. Je multiplie tous les termes que je viens de poser au quotient par $+fx$ du diviseur, & je les ôte à mesure du dividende, en les y posant avec le signe contraire. Je multiplie encore tous les mêmes termes du quotient par $+g$ du diviseur, & je les ôte à mesure du dividende, en les y posant avec le signe contraire sous $+r$.

Et comme les termes qui restent au dividende ne peuvent être divisés par x^2 l'operation en entier est finie. Et il y a un reste dont on peut former une fraction

170 dont le numerateur seroit la somme de tous les termes qui restent au dividende, & le dénominateur seroit le diviseur, laquelle étant jointe au quotient précedent donneroit au juste le quotient entier & parfait du dividende que l'on demande.

§. V.

Pour élever un Polynome à une puissance quelconque, on suivra les regles de la composition des puissances numeriques.

Ainsi, 1°. La premiere puissance de a est a, la seconde est aa, la troisiéme est aaa, la quatriéme est $aaaa$ &c. La premiere puissance de $3aabbb$ est $3aabbb$, la seconde est $3aabbb \times 3aabbb = 9aaaabbbbbb$, ou $9a^4b^6$. La 3e est $9a^4b^6 \times 3a^2b^3 = 27a^6b^9$. La quatriéme est $81a^9b^{12}$. Et ainsi des autres.

1°. La premiere puissance de $a+b$ est $\qquad a^1+b^1$
La seconde est $\qquad\qquad a^2+2ab+b^2$
La troisiéme est $\qquad a^3+3a^2b+3ab^2+b^3$
La quatriéme est $a^4+4a^3b+6a^2b^2+4ab^3+b^4$
La 5. est $a^5+5a^4b+10a^3b^2+10a^2b^3+5ab^4+b^5$

Et ainsi de suite, en multipliant successivement chacune de ces puissances par $a+b$.

Par exemple pour former la cinquiéme puissance de $a+b$ dont on aura trouvé

la 4e. $a^4+4a^3b+6a^2b^2+4ab^3+b^4$
$$a+b$$

M $\quad a^5+4a^4b+6a^3b^2+4a^2b^3+ab^4$
N $\qquad\quad +a^4b+4a^3b^2+6a^2b^3+4ab^4+b^5$

P $\quad a^5+5a^4b+10a^3b^2+10a^2b^3+5ab^4+b^5$

On multipliera d'abord cette cinquiéme 170
puiffance par a, ce qui donnera le produit
M, on la multipliera encore par b, ce
qui donnera le produit N ; on prendra la
fomme de ces deux produits partiaux, &
on aura la cinquiéme puiffance P que l'on
demande. Et en multipliant de la même
façon cette cinquiéme puiffance par $a+b$,
on aura la fixiéme. Et ainfi de fuite.

Comme ces puiffances du Binome $a+b$
peuvent fervir de regles ou de formules
pour découvrir immédiatement une puiffance quelconque d'un Polynome propofé,
tel qu'il puiffe être, il faut fe les rendre
bien familieres, & remarquer que le premier terme de chaque puiffance n'a que
l'unité pour coefficient, & ne contient que
la lettre a élevée à la même puiffance du
Binome, comme ici à la cinquiéme puiffance.

Que le fecond terme de chaque puiffance a 1°. Pour coefficient le nombre des
dégrés de la puiffance du Binome, ou la
fomme des coefficiens des deux premiers
termes de la puiffance qui précede. 2°. La
lettre a élevée à un dégré moindre que
dans le terme précedent. 3°. Et la lettre b
élevée à la premiere puiffance.

Que le troifiéme terme a 1°. pour coefficient la fomme des coefficiens du fecond
& troifiéme terme de la puiffance qui pré-

170 cede. 2°. La lettre *a* élevée à un dégré moindre que dans le terme précedent. 3°. La lettre *b* élevée à un dégré plus haut que dans le terme précedent.

Que le quatriéme terme a 1°. pour coefficient la somme des coefficiens du troisiéme & quatriéme termes de la puissance précedente. 2°. La lettre *a* élevée à un dégré moindre que dans le terme précedent. 3°. La lettre *b* élevée à un dégré plus haut. Et ainsi de suite jusqu'au dernier terme.

Que le dernier terme de chaque puissance n'a que l'unité pour coefficient, comme le premier, & ne contient que la lettre *b* élevée au même dégré que la lettre *a* dans le premier. Que le coefficient du pénultiéme terme est le même que celui du second, & ainsi de suite.

Qu'enfin, la premiere puissance a deux termes, la seconde trois, la troisiéme quatre ; & ainsi de suite.

Que les termes de la seconde puissance sont le quarré du premier *a*, deux produits du premier par le second *b*, & le quarré du second. Les termes de la troisiéme puissance sont le cube du premier *a*, trois produits du quarré du premier par le second *b*, trois produits du premier par l quarré du second, & le cube du second Et ainsi des autres

Toute

Toutes ces proprietés s'apperçoivent de 170 simple vûë par la formation actuelle & successive de ces puissances.

3°. *Pour élever le Binome* $3c^3 + 4ccd$ *au quarré ou à la seconde puissance*, on peut suivre la méthode précedente, en multipliant ce Polynome par lui-même ; mais souvent on peut avec avantage se servir de la formule $aa + 2ab + bb$, qui est le quarré du Binome $a + b$; se representer par a le premier terme $3c^3$ du *Binome* proposé, & par b son second terme $+ 4ccd$. Et comme dans le premier a est élevé à la seconde puissance, il faut aussi élever $3c^3$ au quarré, ce qui donne déja $9c^6$.

Le second terme $2ab$ de la formule me represente deux produits de a par b, ainsi je multiplie le premier terme $3c^3$ du Binome par son second terme $+ 4ccd$, ce qui donne $12c^5d$ que je double, & j'ay déja $9c^6 + 24c^5d$.

Le troisiéme terme bb de la formule me represente le quarré de b, je prends donc le quarré $+ 16c^4dd$ du second terme $+ 4ccd$ du Binome, & j'ay enfin le quarré demandé $9c^6 + 24c^5d + 16c^4d^2$.

4°. *Pour élever le Trinome* $3c^3 + 4ccd - 5cdd$ *au quarré.*

Après avoir formé comme auparavant le quarré $9c^6 + 24c^5d + 16c^4dd$ des deux premiers termes $3c^3 + 4ccd$ du Trinome pro-

170 posé. Je me représente ces deux premiers termes $3c^3 + 4ccd$ par la lettre a de la formule $aa + 2ab + bb$, & le troisiéme terme $— 5cdd$ par la lettre b.

Ensuite le premier terme aa de la formule m'indique qu'il faut d'abord prendre le quarré des termes représentés par a, ce qui me donne déja $9c^6 + 24c^5 d + 16cdd$.

Le second terme $2ab$ de la formule m'indique qu'il faut encore prendre deux produits des deux premiers termes $3c^3 + 4ccd$ représentés par a, par le troisiéme $— 5cdd$, ce qui donne $— 30c^4 dd — 40c^3 d^3$.

Enfin le troisiéme terme bb de la formule m'indique qu'il faut encore prendre le quarré du troisiéme terme $— 5ccdd$ du Polynome représenté par b, ce qui donne

$$9c^6 + 24c^5 d + 25c^4 d^2$$
$$+ 16c^4 d^2$$
$$— 30c^4 d^2 — 40c^3 d^3$$
$$+ 25c^2 d^4$$

$$\text{S. } 9c^6 + 24c^5 d — 14c^4 d^2 — 40c^3 d^3 + 25c^2 d^4$$

Et la somme S de ces trois produits est le quarré que l'on demande ; ce qui est évident, puisque les lettres a. b. peuvent représenter tels nombres que ce puisse être.

On suivra le même ordre pour élever

un Quadrinome tel que $3c^3 + 4ccd - 5cdd$ 170 $+2d^4$ au quarré, en se representant par a les trois premiers termes, & par b le quatriéme. Et ainsi de suite pour tous les Polynomes.

5°. *Pour élever un Binome* $3c^3 + 4ccd$ *au cube ou à la troisiéme puissance.* On peut suivre la regle generale, en multipliant ce Polynome deux fois par lui-même, ce qui ne renferme aucune difficulté. Ou en se servant de la formule $a^3 + 3aab + 3abb + b^3$, en cette sorte.

Je me represente le premier terme $3c^3$ par a, & le second $+4ccd$ par b.

Et à cause du premier terme a^3 de la formule j'éleve $3c^3$ à la troisiéme puissance, & j'ay $27c^9$.

Puis à cause du second terme $3aab$ de la formule, je prends 3 fois le quarré $9c^6$ du premier terme du Polynome, & j'ay $27c^6$ que je multiplie par le second $+4ccd$, & j'ay $108c^8d$.

Puis à cause du troisiéme terme $3abb$ de la formule, je prends trois fois le premier terme $3c^3$ du Polynome, & j'ay $9c^3$ que je multiplie par le quarré $16c^4dd$ du second $4ccd$, & j'ay $144c^7dd$.

Enfin à cause du quatriéme terme de la formule b^3, je prends le cube du second terme $4ccd$, & j'ay $64c^6d^3$.

Et la somme de tous ces produits ; sça-

170 voir , $27c^9 + 108c^8d + 144c^7d^2 + 64c^6d^3$ est le cube que l'on demande.

6°. *Pour élever un Trinome* $3c^3 + 4ccd$ $- 5cdd$ *au cube.*

Je me représente par a les deux premiers termes $3c^3 + 4ccd$, & par b le troisiéme terme $- 5cdd$, & me servant de la même formule $a^3 + 3aab + b^3$,

A cause de a^3 je prends le cube des deux premiers termes comme auparavant, & j'ay $27c^9 + 108c^8d + 144c^7dd + 64c^6d^3$.

Puis à cause de $3aab$ je prends le quarré $9c^6 + 24c^5d + 16c^4dd$ des deux premiers que je forme à part, je le multiplie par le triple $- 15cdd$ du troisiéme $- 5cdd$, & j'ay $- 135c^7dd - 360c^6d^3 - 240c^5d^4$.

Puis à cause de $3abb$ je prends le triple $9c^3 + 12ccd$ des deux premiers termes du Polynome, que je multiplie par le quarré $+ 25ccd^4$ du troisiéme $- 5cdd$, & j'ay $+ 225c^5d^4 + 300c^6d^3$.

Enfin à cause de b^3, je prends le cube du troisiéme terme $- 5cdd$, & j'ay $- 125c^3d^6$.

Je joins tous ces produits en une somme qui est le cube ou la troisiéme puissance du Polynome proposé ; Sçavoir , $27c^9 + 108c^8d + 9c^7d^2 - 296c^6d^3 - 15c^5d^4 + 300c^4d^3 - 125c^3d^6$.

7°. On suivra le même ordre pour élever un Quadrinome tel que $3c^3 + 4ccd$

— $5cd^3 + 2d^4$ au cube, en fe reprefen- 170
tant par a les trois premiers termes, &
par b le quatriéme, & ainfi de fuite pour
tous les Polynomes.

Enfin on pourra élever de la même façon un Polynome quelconque à la quatriéme puiffance, en fe fervant de la formule:
$a^4 + 4a^3b + 6a^2b^2 + 4ab^3 + b^4$. A la 5e. puiffance, en fe fervant de la formule $a^5 + 5a^4b$
$+ 10a^3b^2 + 10a^2b^3 + 5ab^4 + b^5$. Et à un
dégré quelconque, en fe fervant de la formule qui convient au même dégré.

Remarque. Souvent pour défigner feulement la puiffance d'un Polynome, on fe
contente de tirer une ligne fur tous fes termes, & de pofer au bout de cette ligne
le nombre qui marque le dégré de puiffance où on veut l'élever.

Ainfi $\overline{a+b}^2$ $\overline{a+b-c}^2$ &c. défignent
les fecondes puiffances des Polynomes $a+b$,
$\overline{a+b-c}$ &c. $\overline{a+b}^3$, $\overline{a+b-c}^3$, &c. en
défignent les troifiémes puiffances. Et ainfi
de fuite. $\overline{a+b}^n$, $\overline{a+b-c}^n$ &c. en défignent
la puiffance quelconque n.

VI.

Pour extraire la racine d'un Polynome,
on ordonnera fes termes par rapport à celui dont on pourra le plus facilement tirer

170 la racine proposée, & on suivra ensuite la regle qu'on a donnée pour les quantités numeriques.

I. Pour tirer la racine d'un terme, on tirera la racine de son coefficient, & on divisera chacun des exposans de ses lettres par l'exposant des dégrez de la racine proposée. Lorsque cette regle ne pourra pas être executée au juste, on ne pourra pas tirer la racine du terme ou du Monome proposé.

Ainsi, on connoît que la racine seconde de a^2 ou $1a^2$ est $1a^1$ ou a, en tirant la racine quarrée du coefficient 1 qui est 1, & divisant l'exposant 2 par l'exposant de la racine quarrée qui est 2, & en effet on a $a \times a = a^2$. On verra de même que la racine seconde ou quarrée de $9a^4b^2c^6$ est $3a^2b^1c^3$, en tirant la racine seconde de 9, & prenant la moitié de chacun des exposans ; *car $3a^2bc^3 \times 3a^2bc^3 = 9a^4b^2c^6$. **178** Mais on ne peut tirer la racine seconde de $7a^4b^2c^6$ ni celle de $9a^5b^2c^6$, parce qu'on ne peut tirer la racine seconde du coefficient 7, ni diviser l'exposant 5 en 2 également.

On connoît de même que la racine troisiéme ou cube de a^3 ou $1a^3$ est $1a^1$ ou a, que celle de $27a^3$ est $3a$, celle de $8a^6b^3d^9$ est $2a^2bd^3$ &c. en tirant la racine troisiéme du coefficient, & divisant cha

que expofant par 3. Que la racine quatriéme de a^4 eft a, celle de $16a^4$ eft $2a$,
celle de $81a^8b^4c^{12}$ eft $3a^2b^1c^3$, ou $3a^2bc^3$,
&c. Et ainfi des autres racines à l'infini.

Remarqués qu'on ne peut jamais tirer
la racine feconde, quatriéme, fixiéme,
huitiéme &c. d'un terme negatif, dont
l'expofant eft un nombre pair, comme la
racine feconde de -9. Car cette racine
n'eft pas $+3$, puifque $+3 \times +3 = +9$;
ni -3, puifque $-3 \times -3 = +9$ & non
pas -9. Que la racine quarrée de $-a^2$,
n'eft ni $-a$, ni $+a$. Que la racine quatriéme de $-a^4$ n'eft pareillement ni $-a$, ni
$+a$, celle de $-a^4b^8$ n'eft ni $-abb$, ni $+abb$,
& ainfi de toutes les autres racines paires d'un
terme negatif. La racine paire d'un Monome negatif eft donc un nombre impoffible ou *imaginaire*.

Mais on voit en même-temps qu'un
Monome pofitif a toûjours deux racines
paires, l'une pofitive & l'autre negative.
Que la racine feconde ou quarrée de 9 ou
$+9$, eft $+3$, & -3, puifque $+3$
$\times +3 = +9$, & $-3 \times -3 = +9$. Que la
racine quatriéme de 16 ou $+16$, eft $+2$
& -2. Que la racine feconde de $+9a^4b^2c^6$
eft $+3a^2bc^3$, & $-3a^2bc^3$. Et ainfi des
autres.

Il n'en eft pas de même des racines
impaires, la racine troifiéme de $+27$ eft

170 bien $+3$, mais elle n'eſt pas -3, car $-3 \times -3 = +9$, & $+9 \times -3 = -27$, & non pas $+27$; ce qui fait voir que l'on peut toûjours tirer la racine impaire troiſiéme, cinquiéme, ſeptiéme &c. d'un terme negatif, & que cette racine eſt toûjours negative. Ainſi la racine troiſiéme de -8 eſt -2, celle de $-a^3$ eſt $-a$, celle de $-27a^6b^3c^{12}$ eſt $-3a^2b^4$ &c. ce qu'il faut bien obſerver.

II. Pour tirer la racine troiſiéme ou cube du Polynome A. Après avoir ordonné ſes termes par rapport à la lettre y, & les avoir tous poſez l'un ſous l'autre pour plus grande commodité.

Pour trouver le premier terme de ſa racine, je tire la racine troiſié-me ou cube de ſon premier terme $27y^6$, & j'ai $3yy$ que je poſe deſſous vers R.

A. $\quad 27y^6$

$\qquad -54cy^5$

$\qquad +36c^2y^4, +108c^2y^4$

$\qquad -48c^3y^3, -144c^3y^3$

$\qquad +192c^4y^2$

$\qquad -96c^5y$

$\qquad +64c^6$

R. $3y^2 - 2cy + 4c^2$

S. $27y^4$

Pour trouver le ſecond terme, j'ôte le cube $27y^6$ du premier $3yy$ déja trouvé, je prends le

quarré $9y^4$ du premier $3yy$, je le multi- 170
plie par l'expofant 3 de la racine propofée,
& j'ay $27y^4$ que je pofe quelque part vers
S. Je divife le terme fuivant $-54cy^5$ du
Polynome A par S ($27y^4$), & j'ay $-2cy$
que je pofe vers R.

Pour trouver le troifiéme, je forme à
part le cube $27y^6 - 54cy^5 + 36ccy^4 - 8c^3y^3$,
des deux premiers termes R déja trouvez,
je l'ôte de tout le Polynome A, pofant
les reftes $+108ccy^4 - 144c^3y^3$ à côté. Je
divife le premier terme $+108ccy^4$ qui refte
du Polynome A par le premier terme $27y^4$
du triple du quarré des deux premiers,
lequel eft toûjours égal à S, & j'ay $4cc$ que
je pofe vers R.

Pour trouver le quatriéme terme, je
forme à part le cube des trois premiers,
je l'ôte de tout le Polynome A, je divife
le premier terme reftant de ce Polynome
par S, & le quotient eft le quatriéme terme &c. Et ainfi de fuite.

Pour abreger cette operation, au lieu
de former tout le cube des trois premiers
termes qu'il faut retrancher de tout le Polynome pour trouver enfuite le quatriéme
terme de la racine, ainfi que nous venons
de le faire, je me fers de la formule a^3
$+3aab + 3abb + 3b^3$, dont a^3 repre-
fente le cube des deux premiers termes de
la racine qu'on a déja ôté, $3aab$, le triple

170 du quarré des deux premiers par le troisiéme qu'on peut facilement former, comme on le voit vers M. $3abb$, le triple des deux premiers par le troisiéme, comme on le voit vers N. b^3, le cube du troisiéme, comme on le voit vers O, on prendra ensuite la somme P de tous ces produits que l'on ôtera du reste du Polynome A. Et s'il ne reste rien, comme il arrive en ce cas, l'operation sera achevée, & l'on connoîtra que le Polynome R est au juste la racine que l'on demande.

$$\begin{array}{ll}
M & 108c^2y^4 - 144c^3y^3 + 48c^4y^2 \\
N & + 144c^4y^2 - 96c^5y \\
O & + 64c^6 \\
\hline
P & 108c^2y^4 - 144c^3y^3 + 192c^4y^2 - 96c^5y + 64c^6
\end{array}$$

On suivra le même ordre pour trouver quelle racine on voudra d'un Polynome A proposé. Si c'est sa racine cinquiéme par exemple, on tirera la racine cinquiéme de son premier terme, & on aura le premier terme de la racine du Polynome. On multipliera la quatriéme puissance de ce premier terme de la racine moindre d'un dégré que la racine proposée par le nombre 5 des dégrez de cette racine, & on aura le diviseur S &c. suivant de point en point les regles prescrites pour les quantités numeriques.

III. Pour tirer la racine quarrée du Po- 170
lynome A

Je puis suivre
la regle gene-
rale, mais je
puis aussi me
servir des regles
particulieres à
cette puissance,
telles qu'on les
1 pratiquées
pour l'extrac-
tion des racines
quarrées nume-
riques. Ainsi,
Pour trouver

$$
\begin{aligned}
A. \quad & 9c^6 \\
& +24\,c^5 d \\
& -24\,c^4 d^2,\ -36\,c^4 d^2 \\
& -\ 48\,c^3 d^3,\ +36\,c^3 d^3 \\
& -79\,c^2 d^4,\ -48\,c^2 d^4 \\
& -60\,cd^5 \\
& +36\,d^6 \\
\hline
R. \quad & 3c^3 + 4c^2 d - 5cd^2 + 6d^3 \\
S. \quad & 6c^3 + 8c^2 d - 10\,cd^2
\end{aligned}
$$

le premier terme de la racine quarrée du
Polynome proposé A. Je tire la racine quarrée du premier terme $9c^6$ du Polynome
que j'efface en rayant son coefficient 9, &
j'ay $3c^3$ que je pose vers R.

Pour trouver le second terme, je double le terme trouvé, & j'ay $6c^3$ que je
pose sous R vers S, je divise $+24c^5 d$ par
S ($6c^3$) & vient $+4ccd$ que je pose vers
R. J'efface $24c^5 d$, j'ôte le quarré $+16c^4 dd$
de $-24c^4 dd$ que j'efface, & vient $-30c^4 dd$
que je pose dessous. Et par ce moyen j'ay
retranché du Polynome A le quarré de $3c^3$
deux produits de $3c^3$ par $+4ccd$, & le
quarré de $+4ccd$, c'est-à-dire, tout le

170 quarré des deux premiers termes R ($3c^3$ $+4ccd$) déja trouvez.

Pour trouver le troisiéme terme, je double les termes déja trouvez R ($3c^3$ $+4ccd$), & j'ay S ($6c^3+8ccd$), je divise —— $30c^4dd$ par $6c^3$, & j'ay —— $5cdd$ que je pose vers R j'efface —— $30c^4d^2$ (qui est le produit de $6c^3$, ou du double de $3c^3$ par —— $5cd^2$. Je multiplie encore —+ $8ccd$ par —— $5cdd$, & j'ay —— $40c^3d^3$ que j'ôte de —— $4c^3d^3$ que j'efface, & j'ay —+ $36c^3d^3$ que je pose dessous, enfin je prends le quarré —+ $25ccd^4$ de —— $5cdd$ que j'ôte de —— $73ccd^4$ que j'efface, & reste —— $48ccd^4$ que je pose dessous. Et par ce moyen j'ay ôté du Polynome A le quarré des deux premiers termes par le troisiéme, & le quarré du troisiéme, c'est-à-dire, tout le quarré des trois premiers termes.

Pour trouver le quatriéme terme, je double —— $5cdd$, & j'ay —— $10cdd$ que je pose vers S. Je divise —+ $36c^3d^3$ par $6c^3$, & j'ay —+ $6d^3$ que je pose vers R, & pour achever la division j'efface —+ $36c^3d^3$, & je dis —+ $8ccdx$ —+ $6d^3$ —— —+ $48ccd^4$ que j'efface : —— $10cd^2x$ —+ $6cd^3$ —— $60cd^3$ que j'efface : —+ $6d^3x$ —+ $6d^3$ —— —+ $36d^3$ que j'efface. Et par ce moyen j'ay ôté du Polynome A le quarré des trois premiers termes de la racine R : deux produits de ces trois premiers termes par le quatriéme :

le quarré du quatriéme terme, c'est-à-dire, 170
tout le quarré de la racine R, selon que
la regle generale le preſcrit. Et comme il
ne reſte rien, l'operation eſt achevée, &
je connois que R ($3a^3 + 4ccd - 5cd^3$
$+ 6d^4$) eſt la racine quarrée que l'on
demande, ce qui eſt évident.

VII. 10

*Pour trouver le plus grand commun divi-
ſeur de deux quantités quelconques.* On les
ordonnera par rapport à une même lettre,
& on ſuivra la regle qui a été preſcrite
pour les quantités numeriques, qui eſt de
diviſer la premiere par la ſeconde, juſqu'à
ce qu'on trouve un reſte qui ne puiſſe plus
être diviſé par la ſeconde. De diviſer la
ſeconde par ce reſte, & ce reſte par le
nouveau reſte, & ainſi de ſuite juſqu'à ce
qu'on trouve un reſte qui diviſe au juſte
le précedent, & qui ſera le plus grand
commun diviſeur que l'on demande.

Mais ces diviſions ne pouvant ſouvent
ſe faire immédiatement, pour y parvenir
on aura beſoin des re-
marques ſuivantes. Ainſi,

I. Pour trouver le plus $24a^5b^3c$. A
grand commun diviſeur $16a^2b^4d$. B
de $24a^5b^3c$, & de $8a^2b^3$. D
$16a^2b^4d$ que je déſigne

170 par A & B. Je prends d'abord le plus grand commun diviseur 8 de leurs coefficiens 24 & 16, ensuite je prends le produit aab^3 de toutes les lettres communes, aux deux quantités A. B. auquel je donne le nombre trouvé 8 pour coefficient, & il est visible que $8aab^3$, que je désigne par D, est le plus grand commun diviseur de B, surquoy je remarque.

1°. Que si on avoit d'abord divisé l'une & l'autre quantité A. B. par quelqu'un de leurs communs diviseurs, tel qu'est $4ab$, le plus grand commun diviseur E de leurs quotiens, M. N ne seroit pas le plus grand commun diviseur des deux premieres A. B, mais ce seroit le produit de E par ce commun diviseur $4ab$, qui le seroit, ce qui est évident.

$24a^5b^3c$	A
$16a^2b^4d$	B
$2ab^2$	E
$6a^4b^2c$	M
$4ab^3d$	N

2°. Si l'on multiplie la quantité A par quelque quantité $5c$, qui ne contient point de diviseur de la quantité B, ce qui donneroit $125a^5b^3cc$, que je désigne par P, alors le plus grand commun diviseur de P & B seroit le même D que celui de A & B, ce qui est encore évident, & ce qui n'arriveroit pas si l'on avoit multiplié A par $6c$, ou par $5d$, par

$24a^5b^3c$	A
$125a^5b^3c^2$	P
$16a^2b^4d$	B
$8a^2b^3$	D

ce que $6c$ est multiple d'un diviseur 2 de 170
B, & $5d$ multiple d'un diviseur d de B.

3°. Si l'on divise la quantité A par
quelqu'un de ses diviseurs C qui ne se trouve point dans B, ou la quantité B par
quelqu'un de ses diviseurs d qui ne se
trouve point dans A ; le plus grand commun diviseur du quotient
F, sera le même D
que celui de A & B, ce
qui est tout évident.

$24a^5b^3c$	A
$16a^2b^4c$	B
$24a^5b^3$	F
$16a^2b^4$	G

Ainsi ces multiplications & ces divisions
n'augmentent ni ne diminuent en rien le
plus grand commun diviseur de deux quantités , & contribuent merveilleusement à
le trouver en diverses rencontres. Ainsi,

II. Pour trouver le plus grand commun
diviseur des deux Polynomes A. B.

A. $\quad x^{12}-13x^{10}+65x^8-157x^6+189x^4-$
$$-105x^2+21.$$

B. $\quad x^{10}-12x^8+54x^6-112x^4+105x^2-$
$$-35.$$

C. $-x^8+9x^6-28x^4+35x^2-14.$

D. $-x^6+7x^4-7.$

Après les avoir ordonnez par rapport à
la lettre x, c'est-à-dire, après avoir arran-
gé leurs termes de telle sorte que celui
qui contient une plus haute puissance de x
soit avant celui qui en contient une moin-

170 dre. Je divise le premier A par le second B, & je trouve le quotient $xx - 1$ que je neglige, & le reste C, qui ne peut plus être divisé par B. Je divise B par C, & je trouve le quotient $-xx + 3$ que je neglige, & le reste D. Je divise C par D, & comme la division se fait au juste, je connois que D est le plus grand commun diviseur des Polynomes A. B. ce qui est évident par les regles des quantités numeriques.

III. Pour trouver le plus grand commun diviseur de A & B.

$$A. \quad 3x^3 - 12x^2 + 15x - 6$$
$$B. \quad -12x^2 + 30x - 18$$

3. 3.

$$C. \quad + x^3 - 4x^2 + 5x - 2$$
$$D. \quad - 4x^2 + 10x - 6$$
$$E. \quad - 2x^2 + 5x - 3$$
$$F. \quad - 2x^3 + 8x^2 - 10x + 4$$
$$G. \quad + 3x^2 - 7x + 4$$
$$H. \quad - 6x^2 + 14x - 8$$
$$I. \quad - x + 1$$
$$K. \quad - 3x + 3$$

Je considere que tous les termes des deux Polynomes A. B. sont multipliés par 3. Ainsi je les divise l'un & l'autre par 3, que je mets à part vers 3, & j'ay les Polynomes C. D. sur lesquels il faut operer.

Et après que j'auray trouvé leur plus grand **170**
commun diviseur, je le multiplieray par 3
selon la premiere remarque de l'article précedent.

Je considere encore que tous les termes
de D peuvent être divisez par 2, je divise
D par 2, & j'ay E, je neglige ce diviseur
2, parce que 2 n'est pas diviseur de A selon la troisiéme remarque, & je divise C
par E.

Mais comme le coefficient 1 du premier
terme x^3 ou $1x^3$ de C, ne peut être divisé
au juste par le coefficient —2 de E, le
nombre 2 n'est ni diviseur ni multiple d'aucun diviseur de E, je multiplie C par —1,
ce qui n'augmente ni ne diminuë en rien
leur plus grand commun diviseur, selon la
seconde remarque. Et j'ay au lieu du Polynome C le Polynome F.

Je divise F par E, & je trouve le quotient x que je neglige, & le reste G qui
peut encore être divisé par E. Mais pour
le faire le coefficient 3 du premier terme
de G ne pouvant être divisé au juste par
le coefficient —2 de E, je multiplie G
par —2, & j'ay H.

Je divise H par E, & je trouve le quotient 3 que je neglige, & le reste I. qui
ne peut plus être divisé par E, à cause
que les dimensions de x dans le premier
terme de I sont moindres que celles de x

170 dans le premier terme de E.

Enfin, je divise le précedent reste E par le dernier reste I, & je trouve que la division se fait exactement.

Je multiplie I ($— x + 1$) par le commun diviseur x (3), que j'ay d'abord trouvé, & K ($— 3x + 3$) est le plus grand commun diviseur de A & B.

IV. Pour trouver le plus grand commun diviseur de $a^3 b^2 — a^3 c^2$ & de $adb — acd$.

Ces Polynomes estant ordonnés par rapport à la lettre b. Je remarque 1°. Que la lettre a se trouvant dans chacun des termes de ces deux Polynomes, cette lettre est un des diviseurs

$$a^3 b^2 —— a^3 c^2$$
$$adb —— acd$$
$$x. \quad a.$$
$$a^2 b^2 —— a^2 c^2$$
$$db —— cd$$
$$b^2 — c^2$$
$$b —— c$$
$$ab —— ac$$

communs des deux Polynomes. Je les divise donc par a que je mets à part vers x. Et les deux Polynomes sur lesquels je dois continuer l'operation sont $aabb —— aacc$, & $db —— cd$. Et quand j'auray trouvé leur plus grand commun diviseur, il faudra le multiplier par a, pour avoir le plus grand commun diviseur des deux Polynomes proposés.

Je remarque 2°. Que tous les termes

du Polynome $aabb - aacc$, ayant aa pour 176
diviſeur, ce Polynome peut être diviſé par
aa, ce que je fais, & vient $bb - cc$;
mais comme aa n'eſt pas diviſeur de l'autre Polynome $db - cd$, je ne mets pas aa
à part je le neglige. Je remarque de même que tous les termes du Polynome db
$- cd$, ayant d pour diviſeur ce Polynome
peut être diviſé par d, ce que je fais, &
vient $b - c$; mais comme d n'eſt pas diviſeur de l'autre Polynome $bb - cc$, je
le neglige. Je diviſe $bb - cc$ par $b - c$,
& trouvant que la diviſion ſe fait exactement, je multiplie $b - c$ par le diviſeur a
poſé vers χ, & je connois que $ab - ac$ eſt
le plus grand commun diviſeur des Polynomes propoſés, ce qui eſt évident.

Si $b - c$ n'eût pas été un diviſeur exact
de $bb - cc$, comme $b - c$ eſt un Polynome dont les termes ſont ſimples, les deux
Polynomes propoſés n'auroient point eu
d'autre plus grand commun diviſeur que a
que l'on a trouvé par le premier article de
l'opération.

V. Pour trouver le plus grand commun
diviſeur des Polynomes A. B. Ces Polynomes n'ayant aucun Monome pour commun diviſeur, je diviſe le ſecond B par 2,
& j'ay C. Je diviſe A par C, mais pour
le faire je confidere que les deux premiers
termes $aaxx - ccxx$ de A, ou x eſt au

170 même dégré, peuvent se réduire au seul $aa - cc \, xx$, & les deux premiers termes $2aax - 2acx$ de C au seul $2aa - 2ac \, x$.

$$\text{A.} \quad aaxx - ccxx - aacc + c^4$$

$$\text{B.} \quad 4aax - 4acx - 2acc + 2c^3$$

$$\text{C.} \quad 2aax - 2acx - acc + c^3$$

$$\text{Z.} \quad a - c$$

$$\text{D.} \quad axx + cxx - acc - c^3$$

$$\text{E.} \quad 2ax - cc$$

$$\text{F.} \quad xx - cc$$

Je cherche ensuite si le coefficient $aa - cc$ du premier terme de A, n'est pas un diviseur exact des deux Polynomes A & C, & comme je vois que la division de ces Polynomes ne peut se faire au juste par $aa - cc$.

Je cherche encore si les coefficiens $aa - cc$, & $2aa - 2ac$ de leurs premiers termes, n'auroient pas quelque commun diviseur qui pût diviser au juste les deux Polynomes A & C. Pour cet effet je cherche par le moyen des regles précedentes le plus grand commun diviseur des coefficiens $aa - cc$ & $2aa - 2ac$. Je divise d'abord $2aa - 2ac$ par $2a$, & vient $a - c$, je vois ensuite si $a - c$ divise au juste $aa - cc$, & comme cela arrive en cette occasion je vois si les deux Polynomes A & C peu-

vent être divisés au juste par $a - c$, & 170
comme la division se fait sans reste, je
mets à part le diviseur commun $a - c$
vers z.

Et j'ay les quotiens D. E. sur lesquels
il faut operer. Et comme les deux premiers termes $axx + cxx$ de D se réduisent
au seul $\overline{a + c}\, x^2$, je vois si son coefficient
$a + c$ ne seroit pas un diviseur de D, &
trouvant qu'il en est un, je divise D par
$a + c$, & vient F. ($xx - cc$).

Je cherche ensuite le plus grand commun diviseur de F & E, & comme je n'en
trouve point, je connois que les deux Polynomes A & B n'ont pas d'autre plus
grand commun diviseur que z ($a - c$).

VI. Pour trouver le plus grand commun
diviseur des Polynomes A & B.

$$A. \quad x^3 - 2ax^2 - bx^2 + a^2x - 2abx - a^2b$$

$$B. \quad - 2ax^2 - bx^2 + 2a^2x + 4abx - 3a^2b$$

$$C. \quad - 2ax^3 - bx^3 + 4a^2x^2 + 4abx^2 + b^2x^2$$
$$- 2a^3x - 5a^2bx - 2ab^2x + 2a^3b + a^2b^2$$

$$D. \quad 2a^2x^2 + b^2x^2 - 2a^3x - 2a^2bx - 2ab^2x$$
$$+ 2a^3b + a^2b^2$$

$$E. \quad - 4a^3x^2 - 2a^2bx^2 - 2ab^2x^2 - b^3x^2$$
$$+ 4a^4x + 6a^3bx + 6a^2b^2x + 2ab^3x$$
$$- 4a^4b - 4a^3b^2 - a^2b^3$$

$$F. \quad - 2a^3bx + 4a^2b^2x - 4a^3b^2$$
$$+ 2a^4b - 4a^3b^2 + 2a^2b^3$$

$$G. \quad x - a.$$

170 Ces Polynomes étant ordonnés par rapport à la lettre x, je remarque d'abord que cette lettre x étant au même dégré dans les deux premiers termes $-2axx$ $-bxx$ de B, ces deux termes peuvent être réduits à un seul $-2a-bxx$, dont le coefficient est $-2a-b$. Et comme ce coefficient du premier terme de B ne peut diviser le coefficient 1 du premier terme de A, je multiplie A par $-2a$ $-b$, & j'ay C qu'il faut diviser par B.

Pour le faire, je réduits les deux premiers termes $+2aaxx+bbxx$ de D en un seul $+2aa+bbxx$, & comme son coefficient $+2aa+bb$ ne peut être divisé au juste par le coefficient $-2a-b$ du premier terme de B, & que ces deux coefficiens n'ont point de commun diviseur, je multiplie D par $-2a-b$, & j'ay E.

Je continuë à diviser E par B, & j trouve le reste F, dont les trois premiers termes peuvent se réduire à
$$-2a^3b+4aabb-2ab^3x,$$
je tente si je ne pourrois pas diviser le Polynome F par le coefficient $-2a^3b+4aabb-2ab^3$ de ce terme, & je trouve que la division se fait exactement, & que F se réduit par-là à G. $(x-a)$.

Je divise B par ce reste G. & la division étant exacte, je connois que G

$(x - a)$ eſt le plus grand commun diviſeur des Polynomes A & B.

Regle generale. Les moyens de trouver
le plus grand commun diviſeur de deux
Polynomes, ſe réduiſent donc à diviſer
d'abord le premier par le ſecond ; & s'il
y a un reſte, à diviſer le ſecond par ce reſte ; & s'il y a encore un reſte, à diviſer le
premier reſte par le ſecond, & ainſi de ſuite.

Mais comme on ne peut ſouvent faire
ces diviſions immediatement & ſans préparation, il faut d'abord voir.

1°. Si les deux Polynomes ne peuvent
point être diviſés par quelque diviſeur
commun à tous les termes de ces Polynomes ; & ſi cela arrive, il faut les
diviſer & mettre le diviſeur à part pour en
multiplier enſuite le commun diviſeur que
l'on trouvera à la fin de l'operation.

2°. Il faut diviſer s'il eſt poſſible chaque Polynome par les quantités qui peuvent diviſer exactement ſon premier terme, & negliger ces diviſeurs.

3°. Enfin, ſi le coefficient du premier
terme du Polynome qui ſert de diviſeur,
ne peut diviſer au juſte le coefficient du
premier terme de l'autre Polynome, il faut
multiplier ce Polynome par la quantité,
qui empêche qu'on ne puiſſe faire cette
diviſion, c'eſt-à-dire, qu'il faut d'abord
chercher le plus grand commun diviſeur

170 des deux coefficiens, diviser le second par ce diviseur, & ne multiplier le premier Polynome que par le quotient de cette division.

Ainsi, si dans l'operation de l'art. IV. les coefficiens des Polynomes C & B eussent été $a_3 + abb$, & $— 2aa — ab$, il n'auroit pas fallu multiplier C par $— 2aa — ab$, mais seulement par $— 2a — b$. Et s'ils eussent été $aa — cc$, & $aa — ac$, il n'auroit fallu multiplier le Polynome C que par a, car ces quantités ayant $a — c$ pour commun diviseur, il suffit de multiplier $aa — cc$ par a pour que $a^3 — acc$ puisse être exactement divisé par $aa — ac$.

VII. Pour trouver le plus grand commun diviseur de trois Polynomes A. B. C. ou de quatre A. B. C. D. &c. on cherchera d'abord le plus grand commun diviseur M des deux premiers. Et ensuite le plus grand commun diviseur N de C & M, qui sera le plus grand commun diviseur des trois A. B. C. Ensuite on cherchera le plus grand commun diviseur O. de D & de N, qui sera le plus grand commun diviseur des quatre A. B. C. D. Et ainsi de suite, comme on a fait dans les quantités numeriques.

VIII. Pour trouver le plus petit multiple de deux Polynomes, on cherchera leu plus grand commun diviseur, on divisera

un de ces Polynomes par ce diviseur, & on 180
multipliera l'autre par le quotient de la
division, comme on l'a pratiqué dans les
quantités numeriques.

Et pour trouver le plus petit multiple de
trois Polynomes, on cherchera le plus petit multiple des deux premiers, & le plus
petit multiple de celui-ci, & du troisiéme
sera le plus petit multiple des trois. Et
ainsi de suite. Ces regles n'ont pas besoin
d'exemples pour être entenduës.

VIII.

  1

Pour trouver tous les diviseurs d'un Poly-
nome. On ordonnera le Polynome par rapport à quelqu'une de ses lettres, & on le
divisera d'abord par le Monome qui multiplie tous les termes, tous les diviseurs de
ce Monome seront aussi des diviseurs du
Polynome, & les seuls diviseurs Monomes
de ce Polynome. Ainsi,

I. Pour trouver tous les diviseurs Monomes du Polynome A, ordonné par rapport à la lettre a. *Fig. suivante.*

1°. Je divise d'abord le Polynome A
par $6bba^3$, qui divise au juste tous ses termes, & j'ai B pour quotient. Et tous les
diviseurs du Monome $6bba^3$ qui sont 1.
2. 3. a. a. a. b. b. sont aussi diviseurs du
Polynome A, comme il est évident.

E e

180   2°. Pour trouver tous les diviseurs Binomes d'une seule dimension du même Polynome A. après avoir trouvé tous ses diviseurs Monomes, je cherche tous les diviseurs Binomes du Polynome B.

$$A.\ \ 6b^2a^9 + 30b^4a^7 + 18b^6a^5 - 54b^8a^3$$

$$6b^2a^3.\ 1.\ 2.\ 3.\ a.\ a.\ a.\ b.\ b.$$

$$B.\ \ a^6 + 5b^2a^4 + 3b^4a^2 - 9b^6$$

$$a+b$$

$$C.\ \ a^5 - ba^4 + 6b^2a^3 - 6b^3a^2 + 9b^4a - 9b^5$$

$$a-b$$

$$D.\ \ a^4 + 6b^2a^2 + 9b^4$$

$$a^2 + 3b^2$$

$$E.\ \ a^2 + 3b^2$$

Et pour cela je considere, qu'il faut necessairement que le premier terme de ce diviseur puisse diviser exactement le premier terme de B, & que son dernier terme puisse aussi diviser exactement le dernier terme de B, sans quoi la division ne peut jamais se faire au juste, ce qui est évident, & que l'on verra sensiblement en faisant l'operation ; & comme dans ce cas 1 & a sont les seuls diviseurs du premier terme de B d'une seule dimension, & 1. 3. 9. b. les seuls diviseurs de son dernier terme, aussi d'une seule dimension, ce Binome ne peut être que $1+b$, ou $1-b$. 180 $a+1$, ou $a-1$. $a+3$, ou $a-3$. $a+9$, ou $a-9$. $a+b$, ou $a-b$.

Je divise donc d'abord, suivant les regles des quantités numeriques, le Polynome B par chacun de ces Binomes, je trouve qu'elle ne peut se faire au juste que par $a+b$, qui me donne le quotient C.

Je divise encore C par $a+b$, mais comme la division n'est pas juste, je le divise par $a-b$, & je trouve le quotient D.

Je divise encore D par $a-b$, mais comme la division ne se fait pas exactement, je connois déja que tous les Binomes d'une seule dimension qui peuvent diviser le Polynome A, sont $1. 2. 3. a$. $b. b. a+b. a-b.$

3°. Pour trouver tous les Binomes de deux dimensions qui peuvent diviser D, je cherche tous les diviseurs de deux dimensions du premier terme de D qui sont $1. aa.$ & les combinant avec tous les diviseurs de deux dimensions de son dernier terme, qui sont $1. 3. 9. bb. 3bb. 9bb$, je forme les Binomes $1+bb. 1-bb. aa+1.$ $aa-1.$ &c. $aa+bb. aa-bb. aa+3bb$ $aa-3bb. aa+9bb. aa-9bb.$

Je divise C par chacun de ces Binomes en commençant par le plus simple, & je trouve que $aa+3bb$ divise C exactement, & que le quotient est E ($aa+3bb$) que

780 je compte pour le dernier diviseur. Et je connois que tous les diviseurs simples du Polynome A sont 1. 2. 3. a. a. a. b. b. $a - b$. $aa + 3bb$. $aa + 3bb$.

4°. Si aucun diviseur Binome, ni d'une, ni de deux dimensions n'avoit pû diviser au juste le Polynome B, j'aurois formé de la même façon tous les diviseurs Binomes $1 + b^3$. $1 - b^3$. $a^3 + 1$. $a^3 - 1$. $a^3 + 3$. $a^3 - 3$. $a^3 + 9$. $a^3 - 9$. $a^3 + b^3$. $a^3 - b^3$. $a^3 + 3b^3$. $a^3 - 3b^3$. &c. de trois dimensions, & si la division du Polynome par aucun de ces derniers n'avoit pû se faire, j'aurois continué de former les Binomes $1 + b^4$. $1 - b^4$. $a^4 + 1$. $a^4 - 1$. $a^4 + 3$. $a^4 - 3$. $a^4 + 9$. $a^4 - 9$. $a^4 + b^4$. $a^4 - b^4$. $a^4 + 3b^4$. $a^4 - 3b^4$. &c. de quatre dimensions. Et ainsi de suite, achevant l'operation comme auparavant, ce qu'on doit étendre à tous les Polynomes.

5°. Pour connoître ensuite tous les diviseurs, tant simples que composés du Polynome A, il faut, comme dans les quantités numériques, poser 1. multiplier 1 par son second diviseur simple 2, ce qui donne 1. 2. multiplier 1. 2. par son troisiéme diviseur simple 3, ce qui donne 1. 2. 3. 6. multiplier les précedens par a, ce qui donne encore a. $2a$. $3a$. $6a$. Multiplier ces derniers encore par a, ce qui donne aa. $2aa$. $3aa$. $6aa$. Multiplier ces derniers entore par a, ce qui donne $a^3.$ $2a^3.$ $3a^3.$ $6a^3.$ 180 Multiplier ensuite tous ceux qu'on a déja trouvés par b, ce qui donne $b.$ $2b.$ $3b.$ $6b.$ $ab.$ $2ab.$ $3ab.$ $6ab.$ $aab.$ $2aab.$ $3aab.$ $6aab.$ $a^3b.$ $2a^3b.$ $3a^3b.$ $6a^3b.$ Multiplier tous ces derniers encore par b, ce qui donne $bb.$ $2bb.$ $3bb.$ &c. Puis multiplier tous ceux qu'on aura déja trouvés par $a+b$, ce qui donne $a+b.$ $2a+2b.$ $3a+3b.$ &c. Puis multiplier par $a-b$ tous ceux qu'on aura trouvez par toutes les operations précedentes ; puis par $aa+3bb$, puis enfin tous ces derniers par $aa+3bb$, * ce qui donne *146 168 diviseurs du Polynome A.

II. Pour trouver les diviseurs simples du Polynome B. * ordonné par rapport à la *Fig. lettre x. Aucun Monome ne pouvant divi- *suiv. ser tous les termes du Polynome B, au lieu de former, comme dans l'exemple précedent, tous les Binomes des diviseurs du premier terme 1, c, cc, f, cf, ccf, x, cx, ccx, fx, cfx, $ccfx$, xx, cxx, &c. & du dernier terme 1, 3, a, $3a$, aa, $3aa$, a^3, $3a^3$, &c. dont le nombre seroit très-grand, & diviser ce Polynome par chacun de ces Binomes ; j'abrege cette operation en cette sorte.

1°. Je partage le Polynome B en deux sommes C. D. mettant dans la premiere C tous les termes où se trouve une de ses lettres b, & les autres dans la seconde D.

180 Je cherche le plus grand commun diviseur de C & D, & pour cela.

$$B.\ c^2fx^3 - a^2cfx^2 + a^2b^2cx - 3a^2b^4.$$
$$- b^2c^2x^2 + 3a^2b^2fx$$
$$- 3b^2cfx^2 + 3b^4cx$$

$$C.\ - b^2c^2x^2 + a^2b^2cx - 3a^2b^4.$$
$$- 3b^2cfx^2 + 3a^2b^2fx$$
$$+ 3b^4cx$$

$$D.\ c^2fx^3 - a^2cfx^2.$$

$$E.\ c^2x^2 - a^2cx + 3a^2b^2.$$
$$+ cfx^2 - 3a^2fx$$
$$- 3b^2cx$$

$$F.\ cx - a^2.$$

$$G.\ cfx^2 - 3b^2fx + 3b^4.$$
$$- b^2cx$$

Je divise la première C par $- bb$, & la seconde D par $cfxx$, & j'ay E. F. dont le plus grand commun diviseur est $cx - aa$.

Il est visible que le diviseur $cx - aa$ de chacune des parties C. D. du Polynome B fera diviseur de tout ce Polynome. Ainsi,

Je divise le Polynome B par F $(cx - aa)$, & j'ay G. Et $cx - aa$ est donc déja un

$$\text{G.} \qquad cfx^2 - 3b^2fx + 3b^4.$$
$$- b^2cx$$
$$\text{H.} \qquad cfx^2 - 3b^2fx.$$
$$\text{I.} \qquad - b^2cx + 3b^4.$$
$$\text{K.} \qquad cx - 3b^2.$$
$$\text{L.} \qquad cx - 3b^2.$$
$$\text{M.} \qquad fx - b^2.$$

2°. Pour trouver les autres, je réitere la même operation sur le quotient G. je le partage en deux sommes H. I. mettant dans la premiere les termes où est f, & les autres dans la seconde.

Je divise H par fx, & I par bb, & j'ay K. L. dont le plus grand commun diviseur est L ($cx - 3bb$).

Je divise donc G par L, & j'ay le quotient M ($fx - bb$). Et les diviseurs F ($cx - aa$), L ($cx - 3bb$), M ($fx - bb$), dont le produit donne le Polynome B étant simples, c'est-à-dire ne pouvant plus être subdivisés ; ces trois diviseurs, dis-je, seront les seuls diviseurs simples du Polynome B.

3°. On trouvera tous les autres diviseurs, en multipliant alternativement ceux-ci, comme dans l'exemple précedent.

III. Pour trouver les diviseurs du Polynome C. ordonné par rapport à la lettre c.

$$C. \quad dc^2 \longrightarrow adc \longrightarrow abd + ax^2$$
$$+ xc^2 \longrightarrow bdc + abx + bx^2$$
$$\longrightarrow axc + adx + dc^2$$
$$\longrightarrow bxc + bdx + x^3$$
$$\longrightarrow 2dxc$$
$$\longrightarrow 2x^2c$$

$$D. \quad dc^2 \longrightarrow adc + abd \qquad E. \quad xc^2 \longrightarrow axc + abx$$
$$\longrightarrow bdc + adx \qquad\qquad \longrightarrow bxc + ax^2$$
$$\longrightarrow 2dxc + bdx \qquad\qquad \longrightarrow 2x^2c + bx^2$$
$$\longrightarrow 2axc + bdx$$

$$F. \quad c^2 \longrightarrow ac + ab \qquad G. \quad c^2 \longrightarrow ac + ab$$
$$\longrightarrow bc + ax \qquad\qquad \longrightarrow bc + ax$$
$$\qquad\qquad\qquad\qquad \longrightarrow 2xc + bx$$

$$\longrightarrow 2xc + bx \qquad H. \quad d + x$$

$$I. \quad \longrightarrow ac + ab \qquad K. \quad c \longrightarrow bc + bx$$
$$+ ax \qquad\qquad \longrightarrow 2xc + x^2$$

$$L. \quad \longrightarrow c + b + x \qquad M. \quad o \longrightarrow a \longrightarrow x$$

1°. Je partage le Polynome C en deux
sommes D. E. mettant dans la premiere D
les termes où se trouve la lettre d, & les
autres dans la seconde E, je cherche
plus grand commun diviseur de D & E.

Et pour le trouver, je divise d'abord

par d, & E par x, & j'ay F. G. Et trouvant que G, qui divise F au juste, est leur
plus grand commun diviseur, je divise C
par G, & j'ay le quotient H ($d + x$),
premier diviseur de C.

2°. Je partage le commun diviseur E,
qui contient les autres diviseurs de C, en
deux sommes I. K. mettant dans la premiere les termes où se trouve a, & les autres dans la seconde.

J'en cherche le plus grand commun diviseur, en divisant d'abord I par a, ce
qui donne L ($-c + b + x$). Je divise
ensuite K par L, & j'ay le quotient juste
M ($c - a - x$). Ainsi H ($d + x$), L
($-c + b + x$), M ($c - a - x$), sont
les seuls diviseurs simples du Polynome C.

Si en mettant dans la premiere partie
du Polynome, dont on veut trouver tous
les diviseurs, les termes qui contiennent
une certaine lettre, & tous les autres termes dans l'autre, on ne trouve point de
diviseur commun, on choisira une autre
lettre, ou bien on mettra dans la premiere
tous les termes, dont une même lettre est
elevée à un même dégré : ou enfin tous
ceux où sont deux lettres differentes, trois
lettres differentes, &c. & les autres dans
la seconde.

Et lorsqu'après avoir fait ce partage des
termes du Polynome proposé de toutes les

180 manieres qu'il est possible, on ne trouve point de diviseur commun, c'est une marque certaine que ce Polynome est simple, ou qu'il ne peut être divisé au juste que par lui-même ou par l'unité. Ainsi,

$$A\ x^4 - 2ax^3 - 3a^2x^2 + 15a^2bx - 18a^2b^2$$
$$- cx^3 + 3acx^2 - 15abcx + 18ab^2c$$
$$- 3bx^3 + 10abx^2 - 3a^2dx + 9a^2bd$$
$$+ dx^3 - 2adx^2 + 3acdx - 9abcd$$
$$+ 5bcx^2 - 12ab^2x$$
$$- dcx^2 + 6abdx$$
$$+ 6b^2x^2 - 6b^2cx$$
$$- 3bdx^2 + 3bcdx$$

Pour trouver tous les diviseurs du Polynome A ordonné par rapport à la lettre x. Si en mettant dans une somme tous les termes qui contiennent la lettre a. ou b. ou c. ou seulement tous les termes qui contiennent ces lettres élevées au second dégré, ou au troisiéme &c. on ne réüssit pas; on mettra dans la premiere somme tous les termes qui contiennent deux de ces lettres, ou trois &c. & tous les autres termes dans l'autre.

Dans cet exemple je mets dans la premiere somme tous les termes où sont les deux lettres b & d. Et j'ay les parties B & C, de A.

$$B. \quad -5bx^3 + 10abx^2 + 15a^2bx - 18a^2b^2$$
$$+d \qquad -2ad \qquad -15abc + 18ab^2c$$
$$+5bc \qquad -3a^2d + 9a^2bd$$
$$-dc \qquad +3acd - 6abcd$$
$$+9b^2 \qquad -12ab^2$$
$$-3b^2 \qquad +6abd$$
$$-6b^2c$$
$$+3bcd$$

$$C. \quad x^4 - 2ax^3 - 3a^2x^2. \qquad D. \quad x^2 - 2ax - 3a^2$$
$$-cx^3 + 3acx^2 \qquad\qquad -cx + 3ac$$

$$E. \quad x^2 - 5bx + 6b^2$$
$$-cx + 3ac$$

On a sous-entendu la lettre x^3, xx, x, dans tous les termes qui sont dessous, ce que l'on pratique ordinairement.

Je divise C par xx, & j'ay D, je cherche le plus grand commun diviseur de B & D, & je trouve que c'est D lui-même.

Je divise A par D, & je trouve E. Je connois donc que A est le produit de D par E, ou que D & E sont les diviseurs exacts du Polynome A.

Je cherche ensuite separément tous les diviseurs de D par la même méthode, & si je n'en trouve point, C & D sont les seuls diviseurs simples de A.

180　Mais comme je trouveray que $x - 3a$, & $x + a - c$, sont tous les diviseurs de C, & que $x - 3b$, & $x - 2b$ sont tous les diviseurs simples de D. Je connois que tous les diviseurs simples de A sont $x - 3a$. $x - 3b$. $x + a - c$. $x - 2b + d$, c'est-à-dire, que le produit de ces quatre Polynomes est égal au Polynome A.

En multipliant ensuite alternativement ces quatre Polynomes, je trouveray tous les diviseurs, tant simples que composez du Polynome A.

Pour le faire plus commodément, on pourra désigner ces Polynomes par les lettres a. b. c. d. & ces diviseurs seront désignez par ab. ac. ad. bc. bd. cd. abc. abd. bcd. $abcd$. & on pourra les former chacun en particulier, en substituant à la place de ces lettres les Polynomes qu'elles désignent. Ainsi, au lieu de ab on aura $x - 3a$ $x - 9bx + 9ab + 9ab$. produit de $x - 3a$ désigné par a, par $x - 3b$ désigné par b. Et ainsi des autres.

Cet article est très-important, il faut se le rendre familier. L'Analyse nous fournira dans la suite des formules par le moyen desquelles on pourra trouver infailliblement & sans tatonnemens tous les diviseurs d'un Polynome. Et connoître tout d'un coup ceux qui sont irreductibles. Mais ces méthodes sont toûjours les plus faciles, & celles qu'il faut employer les premieres. P. O.

PROBLEME II.

POUR faire les operations de l'Arithmetique sur les Polynomes fractionnez. On
joindra les regles prescrites sur les quantités entieres à celles des fractions numeriques. Ainsi,

I.

Pour diviser a par b, on posera $\frac{a}{b}$. Pour
diviser $12a^5b^3$ par $3aab^4c$, on posera
$\frac{12a^5b^3}{3aab^4c}$ pour diviser $3aa + bc - dd$ par
$2a - 1b + 4c$, on posera $\frac{3aa + bc - dd}{2a - b + 4c}$. Et
ainsi des autres.

Et l'on verra qu'en substituant aux les-
tres les nombres qu'elles désignent,
ces expressions se transformeront justement
aux fractions égales aux quotiens que l'on
demande. Ainsi,

Si $a = 7$. $b = 3$. $c = 4$. $d = 2$, on aura
$\frac{a}{b} = \frac{7}{3}$ *, qui est le quotient de a, divisé
par b, ou de 7 divisé par 3, on aura
$\frac{3aa + bc - dd}{2a - 1b + 4c} = \frac{147 + 12 - 4}{14 - 3 + 16} = \frac{155}{27}$; qui est
le quotient de $3aa + bc - dd$ (155) par
$2a - 1b + 4c$ (27). Et ainsi des autres.

D'où il suit qu'en joignant les regles des
signes $+$ & $-$, à celles des fractions,

180 on verra que le quotient de 0÷a, ou

de +a par +b, sera $\dfrac{+a}{+b} = +\dfrac{a}{b}$

car + par + donne +

de +a par —b, sera $\dfrac{+a}{-b} = -\dfrac{a}{b}$

car + par — donne —

de —a par +b, sera $\dfrac{-a}{+b} = -\dfrac{a}{b}$

car — par + donne —

de —a par —b, sera $\dfrac{-a}{-b} = +\dfrac{a}{b}$

car — par — donne +

ce qu'il faut bien remarquer. Ainsi,

+12   +4 donne $\dfrac{+12}{+4} = +3$

+12   —4 donne $\dfrac{+12}{-4} = -3$

—12   +4 donne $\dfrac{-12}{+4} = -3$

—12   —4 donne $\dfrac{-12}{-4} = +3$

divisé par

On verra de même que

+3   +4 donne $\dfrac{+3}{+4} = +\dfrac{3}{4}$

+3   —4 donne $\dfrac{+3}{-4} = -\dfrac{3}{4}$

—3   +4 donne $\dfrac{-3}{+4} = -\dfrac{3}{4}$

—3   —4 donne $\dfrac{-3}{-4} = +\dfrac{3}{4}$

divisé par

Et pour s'en assurer, on n'a qu'à concevoir dans chaque unité du nombre à diviser 3 autant de parties qu'il y a d'unités

dans le dénominateur 4. Et l'on verra bien 180 clairement que $+12$ *quarts* divisés par -4 unités, donneront -3 *quarts*, ou $-\frac{3}{4}$; par la même raifon que $+12$ divifés par -4 donnent -3. Et il en fera de même des autres cas.

Par où l'on voit que l'on peut toûjours rendre pofitif le dénominateur négatif d'une fraction en changeant les fignes, puifque $\frac{+3}{-4} = \frac{-3}{+4}$, & que $\frac{-3}{-4} = \frac{+3}{+4}$.

On verra de même que $\frac{+aab}{-cd} = \frac{-aab}{+cd}$ ou $-\frac{aab}{cd}$, & que $\frac{-aab}{-cd} = \frac{+aab}{+cd}$ ou $+\frac{aab}{cd}$

Et qu'il en fera de même des autres, ce qu'il faut bien obferver.

II. 3

Pour réduire la fraction $\frac{12aab}{8ac}$ aux moindres termes, on divifera l'un & l'autre de fes termes par leur plus grand commun divifeur $4a$, & on aura $\frac{12aab}{8ac} = \frac{3ab}{2c}$. On verra de même que $\frac{12a^5b^3}{9a^2b^4c}$ fe réduir à $\frac{4a^3}{3bc}$, en divifant de part & d'autre par $3aab^3$. Que pour $\frac{8a^2b^2 + 6ab^3 - 2abc^2}{4ab^2 - 10a^2b}$, on aura

180 $\dfrac{4ab + 3bb - cc}{2b - 5a}$, en divisant de part & d'autre par $2ab$, qui divise chacun des termes du numerateur & du dénominateur. Mais que $\dfrac{8a^2b^2 + 6ab^3 - 5c^4}{4ab^2 - 10a^2b}$ ne peut se réduire à des moindres termes, quoique les deux premiers termes du numerateur, & tous les termes du dénominateur puissent être divisés au juste par $2ab$, parce que le dernier terme $- 5c^4$ du numerateur ne peut l'être. On réduira aussi $\dfrac{a^3 - b^3}{a^2 - b^2}$ à $\dfrac{aa + ab + bb}{a + b}$, en divisant de part & d'autre par $a - b$. Que la fraction $\dfrac{12a^4b^3}{3a^2b}$ se réduit à $\dfrac{4a^2b^2}{1}$, ou à l'entier $4aabb$, en divisant de part & d'autre par $3aab$, & que $\dfrac{a^3 + 3a^2b + b^3}{aa + 2ab + bb}$, se réduit à $a + b$. Et ainsi des autres. Que $\dfrac{aa + ab + bb}{a + b} = \dfrac{aa + ab}{a + b} + \dfrac{bb}{a + b}$ se réduit à $a + \dfrac{bb}{a + b}$.

III.   4

Pour réduire deux ou plusieurs fractions litterales à un même dénominateur. On suivra les regles des fractions numeriques, & pour $\dfrac{a}{b}$ & $\dfrac{c}{d}$, on aura $\dfrac{ad}{bd}$ & $\dfrac{bc}{bd}$. Et pour

$\frac{a}{b}, \frac{c}{d}, \frac{e}{f}$, on aura $\frac{adf}{bdf}$ $\frac{bcf}{bdf}$ $\frac{bde}{bdf}$ 180

Pour réduire l'entier ab, ou $\frac{ab}{1}$, & la fraction $\frac{ac-bc}{a+b}$ à un même dénominateur, on aura $\frac{aab+abb}{a+b}$ & $\frac{ac-bc}{a+b}$, en multipliant l'entier ab par le dénominateur $a+b$ de sa fraction.

Pour réduire $\frac{ab}{c-d}$ & $\frac{ac-bc}{a+b}$, à un même dénominateur, on aura $\frac{\overline{a+b} \times ab}{\overline{a+b} \times \overline{c-d}}$ & $\frac{\overline{c-d} \times \overline{ac-bc}}{\overline{c-d} \times \overline{a+b}}$ ou $\frac{aab+abb}{ac+bc-ad-bd}$ & $\frac{acc-bcc-acd+bcd}{ac+bc-ad-bd}$.

Et pour $\frac{a4}{aab-b3}$ & $\frac{b3}{aa-ab}$, on aura d'abord $\frac{\overline{aa-ab} \times a4}{\overline{aa-ab} \times \overline{aab-b3}}$ & $\frac{\overline{aab-b3} \times b3}{\overline{aa-ab} \times \overline{aab-b3}}$ Mais comme $aa-ab$, & $aab-b3$ peuvent chacun être divisés par $a-b$, ces fractions, sans changer de commun dénominateur, pourront se réduire à $\frac{a \times a4}{a \times \overline{aab-b3}}$ & $\frac{\overline{ab+bb} \times b3}{a \times \overline{aab-b3}}$, ou enfin à $\frac{a5}{a3b-ab3}$ & $\frac{ab4+b5}{a3b-ab3}$.

IV.

Pour trouver la somme ou la difference des fractions $\frac{a}{b}$, $\frac{c}{d}$. Je les réduis à un même dénominateur, & j'ay $\frac{ad}{bd}$ & $\frac{bc}{bd}$. J'ajoûte leurs numerateurs, & j'ay leur somme $\frac{ad+bc}{bd}$. J'ôte bc de bd, & j'ay leur difference $\frac{ad-bd}{bd}$.

On trouvera de même que la somme des deux fractions $\frac{aa-cc}{a-b}$ & $\frac{aab-aac}{ac-bc}$, ou de $\frac{aab-c^3}{ac-bc}$ & (en leur donnant un même dénominateur, ce qui se fait en multipliant seulement l'un & l'autre terme de la premiere par c) est $\frac{aac-c^3+aab-aac}{ac-bc}$ $\frac{aab-c^3}{ac-bc}$.

Et que leur difference est $\frac{aac-c^3-aab+aac}{ac-bc}$ $= \frac{2aac-2aab-c^3}{ac-bc}$.

Que la somme de $\frac{a^4}{aab-b^3}$ & de $\frac{b^3}{aa-ab}$ ou de $\frac{a^5}{a^3b-ab^3}$ & $\frac{a^4b+b^5}{a^3b+ab^3}$ (en leur donnant un même dénominateur comme dans l'article III.) est $\frac{a^5+a^4b+b^5}{a^3b-ab^3}$. Et que leur difference est $\frac{a^5-a^4b-b^5}{a^3b-ab^3}$.

180. Que la somme de a & de $\frac{ab}{c}$ est $a + \frac{ab}{c}$ & leur difference est $a - \frac{ab}{c}$, ou en réduisant l'entier a en une fraction $\frac{ac}{c}$ qui ait le même dénominateur c que la fraction, on aura pour leur somme $\frac{ac+ab}{c}$, & pour leur difference $\frac{ac-ab}{c}$.

Que la somme de a & de $\frac{ab}{c}$ est $a - \frac{ab}{c}$, ou $\frac{ac-ab}{c}$, & leur difference est $a + \frac{ab}{c}$ ou $\frac{ac+ab}{b}$.

Que la somme de $a + \frac{ab}{c}$ & de $b - \frac{ac}{b}$ est $a + b + \frac{abb - acc}{bc}$, en ajoûtant l'entier a à l'entier b, & la fraction $+\frac{ab}{c}$ à $-\frac{ac}{b}$. Et que leur difference est $a - b + \frac{abb + acc}{bc}$, en retranchant $+b$ de a, & $-\frac{ac}{b}$ de $+\frac{ab}{c}$. Ou bien en réduisant les entiers en fraction, on aura à operer sur $\frac{ac+ab}{c}$ & $\frac{bbc-ac}{b}$ ou en leur donnant un même dénominateur, sur $\frac{abc+abb}{bc}$ & $\frac{bbc-acc}{bc}$, dont la somme sera $\frac{abc+abb+bbc-acc}{bc}$, & leur difference $\frac{abc+abb \quad bbc+acc}{bc}$.

189. Et si l'on veut réduire la premiere en entiers, on divisera son numerateur $abc + abb + bbc - acc$ par son dénominateur bc, & on trouvera le quotient entier $a + b$, & le reste $abb - acc$ que l'on mettra en fraction, & on aura $a + b + \dfrac{abb - acc}{bc}$. On verra de même que la seconde fraction se réduit à $a - b + \dfrac{abb + acc}{bc}$.

§. V.

Remarqués qu'une fraction telle que $\dfrac{abc + dd}{a - b}$, dont le numerateur renferme plusieurs termes, peut être réduite en autant de fractions que le numerateur à de termes, c'est-à-dire, qu'elle est égale à $\dfrac{ab}{a - b} - \dfrac{cd}{a - b} + \dfrac{dd}{a - b}$ que $\dfrac{abc + abb + bbc - acc}{bc}$ que $\dfrac{abc}{bc} + \dfrac{abb}{bc} + \dfrac{bbc}{bc} - \dfrac{acc}{bc}$, pour s'en persuader, il n'y a qu'à ajoûter ces dernieres fractions en une somme. Elle peut encore se réduire à $\dfrac{abc + bbc}{bc} + \dfrac{abb - acc}{bc}$, ou à $\dfrac{abc + abb + bbc - acc}{bc}$, &c. ce qui se démontre de la même façon. Par ce moyen on peut séparer des autres les termes qui peuvent être divisés par le dénominateur de ceux qui ne peuvent pas en être divisés, & réduire facilement une fraction en entiers. Par exemple $\frac{aa-3ab+bb}{a+b}$ peut se ré-

duire à $\frac{aa-bb}{a+b}-\frac{3ab}{a+b}$, & comme $\frac{aa-bb}{a+b}$

$=a-b$, on connoîtra que la fraction pro-

posée est égale à $a-b-\frac{3ab}{a+b}$.

V I.   7

Pour multiplier une fraction $\frac{a}{b}$ par un

entier c, on multipliera son numerateur

par l'entier, & on aura $\frac{ac}{b}$ pour produit,

ou bien, lorsqu'il est possible, on divisera

par cet entier son dénominateur. Ainsi,

pour avoir le produit de $\frac{a^3b}{ddf^3}$ par df, au

lieu de multiplier a^3b par df, ce qui donne

$\frac{a^3bdf}{ddf^3}$, on divise ddf^3 par f, & on a pour

produit $\frac{a^3b}{f^2}=\frac{a^3bdf}{ddf^3}$, en divisant de part &

d'autre par df. On verra de même que

pour multiplier $\frac{ab-cd}{ac-ad}$ par $c-d$, je mul-

tiplie le numerateur $ab-cd$ par $c-d$, &

j'ay $\frac{abc-ccd-abd+cdd}{ac-ad}$: ou bien le déno-

minateur $ac-ad$ pouvant être divisé par le

multiplicateur $c-d$, je le divise, & j'ay

pour produit $\frac{ab-cd}{a}$, par où l'on voit que

180 la voye de la division, lorsqu'elle est possible, est bien plus élegante que celle de la multiplication.

Pour multiplier $a + \frac{aa}{b}$ par $b - \frac{cc}{d}$. Je réduis les entiers en fractions, & j'ay à multiplier $\frac{ab + aa}{b}$ par $\frac{bd - cc}{d}$, dont le produit est $\frac{\overline{bd - cc} \times \overline{ab + aa}}{bd}$ ou $\frac{abbd + aabd - abcc - aacc}{bd}$ $= ab + aa - \frac{acc}{d} - \frac{aacc}{bd}$.

On peut aussi faire cette multiplication par parties, comme on le voit en B. en multipliant d'abord a par b, ce qui donne ab, ensuite $+ \frac{aa}{b}$ par b, ce qui donne $+ \frac{aab}{b}$ $= + \frac{aa}{1} = + aa$. Puis a par $- \frac{cc}{d}$, ce qui donne $- \frac{acc}{d}$, & enfin $+ \frac{aa}{b}$ par $- \frac{cc}{d}$, ce qui donne $- \frac{aacc}{bd}$ & on a pour produit $ab + aa - \frac{acc}{d} - \frac{aacc}{bd}$.

Pour multiplier un entier x, ou xz par une fraction $\frac{a}{b}$, au lieu de multiplier a

$$a + \frac{aa}{b}$$
$$b - \frac{cc}{d}$$
$$\overline{}$$
$$ab + \frac{aab}{b}$$
$$- \frac{acc}{d} - \frac{aacc}{bd}$$
$$\overline{}$$
$$ab + aa - \frac{acc}{d} - \frac{aacc}{bd}$$

par x, ou par $x\chi$, ce qui donne $\frac{ax}{b}$, ou 180

$\frac{ax\chi}{b}$ selon la regle on le fait en cette sorte

$\frac{a}{b}x$, ou $\frac{a}{b}x\chi$. Ainsi $\frac{a}{b}x$ & $\frac{ax}{b}$ sont deux expressions équivalentes. Il en est de même
de $\frac{a}{b}x\chi$ & $\frac{ax\chi}{b}$, de $\frac{2ax}{3}$ & $\frac{2}{3}ax$, &c.

VII.

8

Pour diviser une fraction $\frac{ac}{b}$ par un entier c, on divisera s'il est possible le numerateur ac de la fraction par l'entier c,
& on aura pour quotient $\frac{a}{b}$, ou bien s'il
n'est pas possible de le faire, on multipliera son
numerateur b par l'entier c, & $\frac{ac}{bc}$ en sera
également le quotient. Ainsi le quotient de
$\frac{ac}{b}$ par d sera $\frac{ac}{bd}$.

Pour diviser $\frac{ad-cd}{a-b}$ par $a-c$, je divise
$ad-cd$ par $a-c$, & j'ay pour quotient
$\frac{d}{a-b}$. Mais pour diviser $\frac{ad-cd}{a-b}$ par $a+b$,
je multiplie $a-b$ par $a+b$, & j'ay pour
quotient $\frac{ad-cd}{aa-bb}$.

Pour diviser $\frac{a}{b}$ par $\frac{c}{a}$, je divise d'a-

180 bord $\frac{a}{b}$ par c, & j'ay $\frac{bc}{a}$ que je multiplie par d, & j'ay $\frac{cd}{bc}$ pour quotient. Pour diviser $a + \frac{aa}{b}$ par $b - \frac{cc}{d}$, je réduis d'abord les entiers en fractions, & j'ay à diviser $\frac{ab + aa}{b}$ par $\frac{bd - cc}{d}$, dont le quotient est

$$\frac{abd + aad}{bbd - bcc}.$$

Quelquefois on se contente de mettre la fraction à diviser sur une ligne, & le diviseur dessous, en cette sorte $\dfrac{a + \frac{aa}{b}}{b - \frac{cc}{d}}$ que l'on réduit ensuite à $\frac{abb + aad}{bbd - bbc}$ comme auparavant.

Lorsque deux fractions ont un même dénominateur, comme pour diviser $\frac{a}{b}$ par $\frac{c}{b}$ la division se fait en posant tout simplement le numerateur du dividende au numerateur du quotient, & le numerateur du diviseur au dénominateur du quotient, en cette sorte $\frac{a}{c}$; car en suivant les regles on auroit $\frac{ab}{bc}$ qui se réduit à $\frac{a}{c}$, en divisant de part & d'autre par b.

On verra de même que le quotient de $\frac{aa - bb}{ba}$ par $\frac{ab - cc}{ba}$ est $\frac{aa - bb}{ab - cc}$, car en suivant les regles, on auroit $\dfrac{5dxaa-bb}{5dxab-cc}$, qui 180

se réduit à $\dfrac{aa-bb}{ab-cc}$, en divifant de part &
d'autre par $5d$.

Pour divifer le Polynome A
par le Polynome B.

A $\dfrac{1x^3}{3b} - \dfrac{3axx}{8b} + \dfrac{3aax}{16b} + \dfrac{2ax}{\cdot 3} - \dfrac{aa}{4}$

B $\dfrac{xx}{2b} - \dfrac{3ax}{4b} + a$

1°. Je réduis toutes les fractions du dividende A à un même dénominateur,
comme on le voit en C.

2°. Je réduis pareillement toutes les
fractions du divifeur B à un même dénominateur, comme on le voit en D. Et j'ai
C—A. D—B.

C $\dfrac{16x^3 - 30axx + 9aax + 32abx - 12aab}{48b}$

D $\dfrac{2xx - 3ax + 4ab}{4b}$

3°. Je réduis les deux fractions C. D
à un même dénominateur, comme on le
voit en E. F. & j'ay E—C—A. F—D—B

E $\dfrac{16x^3 - 30axx + 9aax + 32abx - 12aab}{48b}$

F $\dfrac{24xx - 36ax + 48ab}{48b}$

4°. Je divife la fraction E—A par la
fraction F—B, ce qui fe fait en pofant

tout simplement le numérateur de F sous le numérateur de H, comme on le voit en Q, qui le réduit à ce que je pose

$$\frac{16x^3 - 30axx + 40aax + 12abx - 12aab}{\cdots}$$

Et la fraction Q qui en divisant l'un & l'autre de ses termes par leur plus grand commun diviseur, $2xx - 3ax + 4ab$, se réduira à $\frac{2x - 3a}{12}$, est le quotient des deux Polynomes A & B, ce qui est évident.

VIII.

Mais on peut éviter la longueur de ce calcul qui est grande, sur-tout lors que les dénominateurs des fractions sont complexes, ou ont plusieurs termes, en joignant les regles de la division des entiers à celles des fractions, en cette sorte.

Pour diviser le même Polynome A par B on a

$$A \quad \frac{1x^3}{8} - \frac{5axx}{8} + \frac{3aax}{16} + \frac{2ax}{3} - \frac{aa}{4}$$

$$B \quad \frac{xx}{16} - \frac{2ax}{16} + a.$$

Je dis $\frac{1x^3}{3b}$ divisé par $\frac{1xx}{2b}$, le quotient 180
est $\frac{2bx^3}{30x^2}$, qui se réduit à $\frac{2x}{3}$, que je pose au quotient Q. J'efface $\frac{1x^3}{3b}$ posant o dessous. Je multiplie le reste du diviseur par ce quotient, disant $-\frac{3ax}{4b} \times \frac{2x}{3} = -\frac{6axx}{12b}$ $= -\frac{axx}{2b}$, que j'ôte de $-\frac{5axx}{8b}$. Et pour le faire je réduis ces fractions à un même dénominateur, & j'ay $-\frac{axx}{2b} = -\frac{4axx}{8b}$ que j'ôte de $-\frac{5axx}{8b}$ que j'efface, reste $-\frac{axx}{8b}$, que je pose dessous vers R. Je continue à multiplier $+ax\frac{2x}{3} = +\frac{2ax}{3}$ que j'ôte de $\frac{2axx}{3}$ que j'efface.

Je recommence l'operation, & je dis $-\frac{axx}{8b}$ divisé par $\frac{xx}{2b}$, le quotient est $-\frac{2abxx}{8bxx} = -\frac{a}{4}$, que je pose au quotient, j'efface $-\frac{axx}{8}$. Je multiplie le reste du diviseur par ce quotient, & je dis $-\frac{3ax}{4b}$ $\times -\frac{a}{4} = +\frac{3aax}{16b}$, que j'ôte de $+\frac{3aax}{16b}$ que j'efface: $+ax - \frac{a}{4} = -\frac{aa}{4}$ que j'ôte

Lorsqu'il ne reste plus rien du dividende A. R. l'operation est achevée. Et
je connois que le quotient de A divisé par
B est $Q = \frac{2x}{3} - \frac{x}{4}$ ou $\frac{8x - 3a}{12}$; en réduisant
les deux fractions qui le composent à un
même dénominateur. Lequel quotient est
le même que celui de l'operation précé-
dente réduit aux moindres termes.

Cette maniere de faire la division & la
multiplication des fractions litterales est
très-commode & d'un très-grand usage, il
faut se la rendre familiere.

10

IX.

On peut aussi, en joignant les regles des
entiers aux fractions, abreger & faciliter
beaucoup la méthode de trouver le plus
grand commun diviseur des Polynomes que
nous avons donné *Art.* 128, ce que l'on
concevra aisément par cet exemple.

Pour trouver le plus grand commun diviseur des Polynomes A & B.

$$A. \quad x^3 - 4x^2 + 5x - 2$$

$$B. \quad - 2x^2 + 5x - 3$$

$$Q. \quad \frac{x}{2} + \frac{1}{4}$$

$$S. \quad - \frac{3x^2}{2} + \frac{7x}{2} - 2$$

$$T. \quad 0 - \frac{x}{4} + \frac{1}{4}$$

Il faut dire x^3 divisé par $-2xx$, donne pour quotient $-\frac{x}{2}$, que je pose en Q. Je multiplie le diviseur B par Q $-\frac{x}{2}$ disant $-2x^2 \times -\frac{x}{2} = +\frac{2x^3}{2}$, ou x^3, je pose 0 sous x^3. $+5x \times -\frac{x}{2} = -\frac{5xx}{2}$ que j'ôte de $-4xx$, ou de $-\frac{8xx}{2}$, & reste $-\frac{3xx}{2}$ que je pose dessous vers S. $-3 \times -\frac{x}{2} = +\frac{3x}{2}$ que j'ôte de $+5x$, ou de $+\frac{10x}{2}$, le reste est $+\frac{7x}{2}$ que je pose dessous, j'abaisse -2.

Je continuë la division, & je dis $-\frac{3xx}{2}$ divisé par $-2xx$, le quotient est $+\frac{3}{4}$ que je pose en Q, je dis ensuite $-2x^2 \times +\frac{3}{4} = -\frac{6xx}{4}$ ou $-\frac{3xx}{2}$ que j'ôte de $-\frac{3xx}{2}$ reste 0, que je pose dessous en T. $+5x \times +\frac{3}{4} = +\frac{15x}{4}$ que j'ôte de $+\frac{7x}{2}$, ou de $\frac{14x}{4}$, le reste est $-\frac{x}{4}$, que je pose dessous. $-3 \times +\frac{3}{4} = -\frac{9}{4}$ que j'ôte de -2, ou de $-\frac{8}{4}$, le reste est $+\frac{1}{4}$ que je pose dessous.

je néglige le quotient Q, & je n'ay atten-
tion qu'au reste T. $= \dfrac{x}{4} + \dfrac{1}{4}$, dont
tous les termes peuvent être divisés par $\dfrac{1}{4}$
ce que je fais, & ce qui n'apporte aucun
changement au commun diviseur, & j'ay
$x + 1$, par lequel je divise B, selon
les regles ordinaires, & trouvant que la
division se fait au juste, je connois que ce
dernier reste $x + 1$ est le plus grand
commun diviseur de A & B.

X.

On peut aussi par ce même moyen approcher autant qu'on voudra du quotient
d'une division après laquelle on trouve un
reste : ou réduire ce reste en une suite infinie de fractions, ce qui est très-important
en bien des rencontres.

Par exemple si j'ay à diviser $aa - bb + 1$
par $a + b$, je trouveray le quotient entier
$a - b$, & le reste $+ 1$, ou la fraction
$\dfrac{1}{a + b}$, & le quotient sera au juste $a - b$
$+ \dfrac{1}{a + b}$

Mais je puis continuer à diviser ce reste
1, que je pose dessous vers S, disant 1
divisé par le premier terme a du diviseur
$a + b$, le quotient est $+ \dfrac{1}{a}$, que je pose

au quotient Q. J'efface par ... je multiplie

b par $-+\frac{1}{a}$, & j'ay ... que j'ôte du

nombre à diviser A, en le posant dessous

vers S, avec le signe contraire.

$$
\begin{array}{l}
A \quad aa - bb + 1 \\
B \quad \frac{b}{a} + a \\
Q \quad a - b + \frac{1}{a} - \frac{b}{aa} + \\
\hline
S \quad o \quad o + 1 - \frac{b}{a} + \frac{bb}{aa}
\end{array}
$$

Je continuë à diviser ce reste $-+\frac{b}{a}$ par

..., & j'ay $-\frac{1b}{aa}$ que je pose au quotient,

j'efface $-\frac{b}{a}$ du dividende S, je multiplie

$-\frac{b}{aa}$ par $-+b$, & j'ay $-\frac{bb}{aa}$ que j'ôte

du nombre à diviser A, en le posant des-

sous vers S, avec le signe contraire.

Je continuë à diviser ce reste $-+\frac{bb}{aa}$ par

..., & j'ay $-+\frac{bb}{a^3}$ que je pose au quotient

& ainsi de suite à l'infini. Mais je

Et je connois que le quotient de ... $\frac{bb}{...}$

... par ... $-+b$, qui est au juste ...

$\frac{1}{a-+b}$ est aussi égal à la suite infinie

$$a - b + \frac{1}{a} - \frac{b^1}{a^2} + \frac{b^2}{a^3} - \frac{b^3}{a^4} + \frac{b^4}{a^5} - \frac{b^5}{a^6}$$

$+$ &c. ou que la fraction $\dfrac{1}{a - + b}$ $\dfrac{1}{a} - \dfrac{b^1}{a^2}$

$+ \dfrac{b^2}{a^3} -$ &c. comme auparavant.

Nous ne nous arrêterons pas icy à donner d'autres exemples de ces approxima-
tions, parce que nous le ferons plus commodément ailleurs.

XIX.

Pour élever un Polynome fractionné, & une suite de fractions finie à une puissance quelconque. On les réduira, si l'on veut à
une seule fraction, & on élevera chacun
de ses termes à la puissance requise.

Ainsi la seconde puissance ou le quarré
de $\dfrac{a}{b}$ sera $\dfrac{a^2}{b^2}$, son cube ou sa troisième puissance sera $\dfrac{a^3}{b^3}$ &c. & $\dfrac{a^n}{b^n}$ sera la puissance
quelconque n.

Pour élever $\dfrac{x - a}{y - c}$ au quarré, on élevera
$x - a$ & $y - c$ chacun au quarré, & on
aura $\dfrac{xx - 2ax + aa}{yy - 2cy + cc}$, on pourra aussi poser

$\dfrac{\overline{x - a}\,|^2}{\overline{y - c}\,|^2}$ pour le quarré de $\dfrac{x - a}{y - c}$, $\dfrac{\overline{x - a}\,|^3}{\overline{y - c}\,|^3}$ pour

son cube &c. & $\dfrac{}{}$ pour la puissance
4 &c. ou que la fraction
quelconque n.

Pour élever $x \underline{\quad}$ à la seconde puissance, au lieu de $x - \dfrac{a}{2}$ on prendra
dont le quarré sera $\dfrac{4xx - 4ax +}{4}$
$+ \dfrac{aa}{4}$.

Mais on peut aussi le faire en multi-
pliant, selon les regles, des entiers $x - \underline{\quad}$

[plusieurs lignes illisibles, texte en transparence renversé]

Ainsi la seconde puissance ou le quarré
de $\dfrac{x}{2}$ sera $\dfrac{}{}$ ... la puissance

$xx - \dfrac{aa}{2}$ ... quarré, on élève ...
$P. \; xx - ax + \dfrac{aa}{4} + \ldots$

De même pour élever $y - \dfrac{2a}{3} + \dfrac{x}{4} \ldots$

190 | $\frac{1}{2}y = -\frac{2}{3}a + \frac{3}{4}c$ au cube, on trouvera en
suivant les regles de la formation des puis-
sances & du calcul des fractions, que c'est

$$\frac{1}{8}ay^3 - \frac{1}{4}ay^2 + \frac{2}{3}a^2y - \frac{8}{27}a^3 + \frac{9}{16}cy^2$$
$$-\frac{1}{2}acy + a^2c + \frac{27}{32}c^2y - \frac{9}{8}ac^2 + \frac{27}{64}c^3.$$

XII.

Pour tirer la racine proposée d'un Polynome fractionné, ou d'une suite de fractions.

On pourra de même les réduire à une seule fraction, réduire cette fraction aux moindres termes, en divisant ses deux termes par leur plus grand commun diviseur, & tirer la racine proposée de l'un & l'autre des termes de la fraction réduite.

Mais on pourra aussi suivre les regles de l'extraction des racines des Polynomes entiers, jointes à celle des fractions. Ainsi,

Pour tirer la racine quarrée ou seconde de $\frac{naa}{nbb} - \frac{aa}{bb}$, je tire la racine quarrée de aa & de bb, & j'ay $\frac{a}{b}$. On verra de même que la racine cube de $\frac{a^4}{ab^5} - \frac{a^3}{b^3}$ est $\frac{a}{b}$; que la racine cube de $\frac{1649b^2}{54ab^{11}} - \frac{8a^8}{2769}$ est $\frac{2aa}{3b^3}$.

Et ainsi des autres. Et generalement que

la racine n de $\dfrac{abcn}{\ldots}$ est $\dfrac{a}{b} + \ldots$

Que pour tirer la racine quarrée de …

fraction $\dfrac{4xx - 4ax + aa}{4}$, dont la racine est

$\dfrac{2x - a}{2}$ ou $x - \dfrac{a}{2}$.

Mais qu'on pourra aussi le faire en cette sorte.

Je pose le Polynome proposé au dividende A.

On pourra de $Axx - \ldots ax + \dfrac{aa}{4}$ à une seule fraction …

Et je dis la racine de xx est x que j'écris à la racine R, j'efface xx, posant o dessous.

Je double x & j'ay $2x$ que je pose dessous en S. Je divise $- ax$ par $2x$, & j'ay $-\dfrac{a}{2}$ ou $-\dfrac{1}{2}a$ que j'écris à la racine R. J'efface $- ax$ posant o dessous.

Je forme le quarré de $-\dfrac{a}{2}$ ou $\dfrac{aa}{4}$ que …

190 j'ôte de $+\frac{1}{4}aa$, & reste o que je pose deſſous.

Et comme il ne reſte plus rien du Polynome A, l'operation eſt achevée, & je connois, comme auparavant, que $x - \frac{1}{2}a$ en eſt la racine quarrée ou ſeconde.

Pour tirer la racine troiſiéme ou cube de A.

$$A. \quad \frac{1}{8}y^3 \quad - \frac{1}{2}ay^2 \quad + \frac{2}{3}a^2y \quad - \frac{8}{27}a^3$$
$$\quad O \qquad\qquad O \qquad\qquad O \qquad\qquad O$$
$$\qquad\qquad + \frac{9}{16}cy^2 \quad - \frac{3}{2}acy \quad + a^2c$$
$$\qquad\qquad\qquad O \qquad\qquad O \qquad\qquad O$$
$$\qquad\qquad\qquad\qquad + \frac{27}{32}c^2y \quad - \frac{9}{8}ac^2$$
$$\qquad\qquad\qquad\qquad\qquad O \qquad\qquad O$$
$$\qquad\qquad\qquad\qquad\qquad\qquad + \frac{27}{64}c^3$$
$$\qquad\qquad\qquad\qquad\qquad\qquad\qquad O$$

$$\overline{}$$

$$R. \; \frac{1}{2}y - \frac{2}{3}a + \frac{3}{4}c. \quad S. \; \frac{3}{4}yc^3$$

dont les termes contiennent des fractions, je me ſers de la formule de la troiſiéme puiſſance $a^3 + 3a^2b + 3ab^2 + b^3$. Et,

1°. Regardant $\frac{1}{8}y^3$ repreſenté par a^3 de la formule, je dis la racine troiſiéme de $\frac{1}{8}$ eſt $\frac{1}{2}$, & celle de y^3 eſt y. Ainſi je poſe $\frac{1}{2}$

à la

à la racine R. Et je pose o sous $\frac{1}{8}y^3$, dont 190
je me suis déja servi pour marquer qu'il
est effacé.

2°. Regardant $\frac{3}{2}y$ représenté par a de la
formule, ou ayant $\frac{3}{2}y=a$, j'auray $\frac{9}{4}y^2=3aa$,
qui sera le diviseur S contenu dans le se-
cond terme de la formule $3aab$, & qui
doit servir de diviseur pour trouver tous
les termes de la racine R. Je divise
$-\frac{1}{2}ay^2+\frac{9}{16}cy^2$ par S. $\frac{9}{4}y^2$, en employant
la division des fractions, & j'ay $-\frac{2}{3}a+\frac{1}{4}c$
que je pose en R, & que je fais $=b$ de
la formule.

Je forme ensuite par la multiplication
des fractions les produits que prescrit le
reste de la formule $+3aab+3abb+b^3$,
dont $a=\frac{3}{2}y$ & $b=-\frac{2}{3}a+\frac{1}{4}c$, je trouve

$$3aab = -\frac{1}{2}ay^2+\frac{9}{16}cyy$$
$$3abb = +\frac{2}{3}a^2y-\frac{3}{2}acy+\frac{27}{32}ccy$$
$$b^3 = -\frac{8}{27}a^3+aac-\frac{9}{8}acc+\frac{27}{64}c_3$$

que j'ôte du Polynome A. en posant o sous
chaque terme retranché.

H h

190 Et trouvant qu'il ne reste plus rien, je vois par-là que la racine troisiéme du Polynome A est au juste $\frac{1}{2}y - \frac{2}{3}a + \frac{3}{4}c$

4

XIII.

Pour approcher autant qu'on voudra de la racine d'un Polynome : on suivra les mêmes regles.

Ainsi pour approcher de la racine quarrée R. du Polynome A.

Je suis de point en point les regles de l'extraction de la racine quarrée. Ainsi,

Pour trouver le premier terme de la racine R. Je dis, la racine quarrée de *aa* est *a* que je pose vers R.

A. $aa - xx$

R. $a - \dfrac{1}{2a}xx - \dfrac{1}{8a3}x4 - \dfrac{1}{16a5}x6 - $ &c.

S. $2a - \dfrac{1}{a}xx - \dfrac{1}{4a3}x4$

M. $- \dfrac{1}{4a^2}x4$

N. $- \dfrac{1}{8a4}x6 - \dfrac{1}{64a^6}x8$

O. $- \dfrac{5}{64a^6}x8 - \dfrac{1}{64a6}x10 - \dfrac{1}{256a^{10}}x12$

Pour en trouver le second terme, j'efface aa, je double le premier terme a déja 190 trouvé, & j'ay $2a$, ou $+2a$ pour diviseur que je pose dessous vers S.

Je divise $-xx$ par $+2a$, & je trouve le quotient $-\frac{xx}{2a}$, ou $-\frac{1}{2a}xx$ que je pose en R.

Pour trouver le troisiéme terme de R. 1°. Je multiplie le diviseur S. $2a$ par le terme de la racine $-\frac{1}{2a}xx$ que je viens de trouver, & j'ay $-xx$ que j'ôte du Polynome A. Je forme le quarré de $+\frac{1}{4a^2}x^4$ de ce même second terme $-\frac{1}{2a}xx$ de la racine, & je l'ôte encore du Polynome A, en le posant dessous avec le signe contraire, & j'ay le premier reste M. $-\frac{1}{4a^2}x^4$.

Je double le terme $-\frac{1}{2a}xx$ de la racine R que je viens de trouver, & j'ay $-\frac{1}{a}xx$ que je joins au diviseur S. Je divise $-\frac{1}{4a^2}x^4$ par le premier terme $2a$ du diviseur S, & j'ay $-\frac{1}{8a^3}x^4$ que je pose à la racine R.

Pour trouver le quatriéme terme de la racine R. je réitere la même operation. Je multiplie le précedent diviseur S. $2a-\frac{1}{2a}x^2$

190 par le troisiéme terme de la racine $-\frac{1}{8a^3}x^4$,

que je viens de trouver, & j'ai $-\frac{1}{4a^2}x^4+\frac{1}{8a^3}x^6$
que j'ôte du Polynome A. Je forme le quarré $+\frac{1}{64a^6}x^8$ de ce même troisiéme terme $-\frac{1}{8a^3}x^4$ dela racine R. que j'ôte encore du Polynome A, & j'ay le second reste N. Je double ce même troisiéme terme, & j'ay $-\frac{1}{4a^3}x^4$ que je joins au diviseur S. Je divise $-\frac{1}{8a^4}x^6$ par x. Le premier terme $2a$ du diviseur S, & j'ay $-\frac{1}{16a^5}x^6$ que je pose à la racine R.

Pour trouver le cinquiéme terme de R. Je réitere la même operation, & je trouve le troisiéme reste O, dont je divise le premier terme $-\frac{5}{64a^6}x^8$ par le premier terme $2a$ du diviseur S, & vient $-\frac{5}{128a^7}x^8$. Et ainsi de suite à l'infini.

Nous ne donnerons pas ici d'autres exemples d'approximation des rationes des Polynomes quoiqu'elles soient d'un très grand usage dans les Mathematiques, parce que nous le ferons ailleurs plus commodément & d'une maniere plus generale.

LEÇON SEPTIE'ME

DU CALCUL

DES POLYNOMES

Qui contiennent des Radicaux.

PROBLEME I.

FAIRE les operations de l'Arithmeti-que sur les Polynomes compofez de nombres Radicaux.

I.

Nous avons vû que pour prendre la fomme ou la difference d'ún nombre en-tier, ou rompu, ou radical, & d'un au-tre nombre radical, il n'y avoit fouvent pas d'autre moyen que de joindre ces nom-bres par le figne + pour en prendre la fomme, & par le figne — pour en pren-dre la difference. Qu'ainfi $15 + \sqrt[2]{45}$ étoit la fomme, & $15 — \sqrt[2]{45}$ la difference de 15 & de $\sqrt[2]{45}$. Que $\frac{3}{4} + \sqrt[2]{45}$ étoit la

190 somme, & $\sqrt[3]{45} - \frac{3}{4}$ la difference de $\sqrt[3]{45}$ & de $\frac{3}{4}$. Que $\sqrt[3]{45} + \sqrt[3]{12}$ étoit la somme, & $\sqrt[3]{45} - \sqrt[3]{12}$ la difference de $\sqrt[3]{45}$ & de $\sqrt[3]{12}$.

Il n'y a pas non plus d'autre moyen pour ajoûter une somme de Radicaux, comme $15 + \sqrt[2]{45}$ à une autre telle que $\sqrt[2]{12} - \sqrt[2]{5}$, qu'à les joindre sans changer les signes, en exprimant seulement le signe $+$ qui est ordinairement sous-entendu avant le premier terme, en cette sorte $15 + \sqrt[2]{45} + \sqrt[2]{12} - \sqrt[2]{5}$. Ni d'autre moyen pour retrancher l'une de l'autre, que de changer tous les signes $+$ en $-$ & $-$ en plus de la suite qu'on veut retrancher, ce qui donne $15 + \sqrt[2]{45} - \sqrt[2]{12} + \sqrt[2]{5}$, à moins que les radicaux étant réduits aux moindres termes (ce que nous supposerons toûjours) ils ne puissent être réduits à un seul, ce qui ne peut arriver que lorsqu'ils contiennent un même nombre sous un même signe. Ainsi $\sqrt[2]{45}$ & $\sqrt[2]{20}$ pouvant être réduits à $3\sqrt[2]{5}$ & $2\sqrt[2]{5}$, on aura $\sqrt[2]{45} + \sqrt[2]{20} = 3\sqrt[2]{5} + 2\sqrt[2]{5}$, qui se réduit à $5\sqrt[2]{5}$, en ajoûtant les coefficiens 3 à 2. Et $\sqrt[2]{45} - \sqrt[2]{20} = 3\sqrt[2]{5} - 2\sqrt[2]{5}$, qui se réduit à $1\sqrt[2]{5}$ ou $\sqrt[2]{5}$, en ôtant du coefficient 3 le coefficient 2.

Par où l'on voit que pour ajoûter au

Polynome A le Polynome B, & en trou- 190
ver la ſomme S.

$$A. \quad 7 + 7\sqrt[2]{5} - 5\sqrt[2]{7} - \tfrac{2}{4}\sqrt[3]{9}$$

$$B. \quad \tfrac{11}{4} - 3\sqrt[2]{5} - 4\sqrt[2]{7} + \tfrac{5}{2}\sqrt[3]{9}$$

$$S. \quad \tfrac{39}{4} + 4\sqrt[2]{5} - 9\sqrt[2]{7} + \tfrac{7}{4}\sqrt[3]{9}$$

$$D. \quad \tfrac{17}{4} + 10\sqrt[2]{5} - 1\sqrt[2]{7} - \tfrac{13}{4}\sqrt[3]{9}$$

Il faut dire $7 + \tfrac{11}{4} = \tfrac{39}{4}$ qu'il faut poſer
deſſous. $+7\sqrt[2]{5} - 3\sqrt[2]{5} = +4\sqrt[2]{5}$. $-5\sqrt[2]{7}$
$-4\sqrt[2]{7} = -9\sqrt[2]{7}$. $-\tfrac{3}{4}\sqrt[3]{9} + \tfrac{5}{2}\sqrt[3]{9}$
$= +\tfrac{7}{4}\sqrt[3]{9}$. Suivant en tout les regles de
l'addition des Polynomes.

Et pour en avoir la difference D, il faut
dire, en changeant tous les ſignes du Po-
lynome B, $7 - \tfrac{11}{4} = \tfrac{17}{4}$. $+7\sqrt[2]{5} + 3\sqrt[3]{5}$
$= +10\sqrt[2]{5}$. $-5\sqrt[2]{7} + 4\sqrt[2]{7} = -1\sqrt[2]{7}$
$-\tfrac{3}{4}\sqrt[3]{9} - \tfrac{5}{2}\sqrt[3]{9} = -\tfrac{13}{4}\sqrt[3]{9}$.

On verra de même que la ſomme des
Polynomes M & N eſt S, & que leur
difference eſt D.

190   M. $a + 2\sqrt[2]{ab} + 3\sqrt[3]{ac} - 4\sqrt[2]{ad}$

N. $b - 5\sqrt[2]{ab} + 9\sqrt[3]{ac} + 2\sqrt[2]{ad}$

$$\overline{}$$

S. $a + b - 3\sqrt[2]{ab} + 12\sqrt[3]{ac} - 2\sqrt[2]{ad}$

D. $a - b + 7\sqrt[2]{ab} - 6\sqrt[3]{ac} - 6\sqrt[2]{ad}$

Et il en sera de même des autres exemples.

6

II.

Pour multiplier une suite de Radicaux par une autre, il faut donner à tous les radicaux un même signe, ensuite multiplier chacun des termes de l'un par chacun des termes de l'autre, observant la regle des signes $+$ & $-$, & suivre exactement la regle des autres Polynomes.

Ainsi pour trouver le produit P du Polynome A par le Polynome B.

A. $\sqrt[2]{3} + 2\sqrt[2]{5} - 3\sqrt[2]{2}$

B. $\sqrt[2]{3} + 2\sqrt[2]{5} - 3\sqrt[2]{2}$

$$\overline{}$$

$3 + 2\sqrt[2]{15} - 3\sqrt[2]{6}$

$\quad + 2\sqrt[2]{15} + 20 - 6\sqrt[2]{10}$

$\quad\quad - 3\sqrt[2]{6} - 6\sqrt[2]{10} + 6$

$$\overline{}$$

P. $29 + 4\sqrt[2]{15} - 6\sqrt[2]{6} - 12\sqrt[2]{10}$

Je dis $\sqrt[2]{3} \times \sqrt[2]{3} = \sqrt[2]{9} = 3$ que je pose dessous. $+ 2\sqrt[2]{5} \times + \sqrt[2]{3} = + 2\sqrt[2]{15}$. $- 3\sqrt[2]{2} \times + \sqrt[2]{3} = - 3\sqrt[2]{6}$. Je dis encore $\sqrt[2]{3} \times 2\sqrt[2]{5}$

$= +2\sqrt[2]{15}$. $+2\sqrt[2]{5} \times +2\sqrt[2]{5} = +4\sqrt[2]{25}$ 190
$= +4 \times +5 = +20$. $-3\sqrt[2]{2} \times +2\sqrt[2]{5}$
$= -6\sqrt[2]{10}$. Je dis encore $\sqrt[2]{3} \times -3\sqrt[2]{2}$
$= -3\sqrt[2]{6}$. $+2\sqrt[2]{5} \times -3\sqrt[2]{2} = -6\sqrt[2]{10}$.
$-3\sqrt[2]{2} \times -3\sqrt[2]{2} = +9\sqrt[2]{4} = +9 \times +2$
$= +6$. Enfin j'ajoûte tous ces produits par-
tiaux en une fomme P. qui eft le produit
total demandé, ce qui eft évident par tout
ce que nous avons dit jufqu'à prefent.

On verra de même que le produit du Polynome A par le Polynome B eft le Binome P.

A. $\quad \sqrt{a} + \sqrt{b} + \sqrt{c}$
B. $\quad \sqrt{a} + \sqrt{b} - \sqrt{c}$

$$a + \sqrt{ab} + \sqrt{ac}$$
$$+ \sqrt{ab} + b + \sqrt{bc}$$
$$- \sqrt{ac} - \sqrt{bc} - c$$

P. $\quad a + b - c + 2\sqrt{ab}$

Car fi $a = 5, b = 3, c = 2$, on aura $P = 6 - 2\sqrt{15}$.

Que le produit de M par N eft Q.

M. $\quad \sqrt[3]{a} + \sqrt[3]{b} - \sqrt[3]{c}$
N. $\quad \sqrt[3]{a} - \sqrt[3]{b} + \sqrt[3]{c}$

$$\sqrt[3]{aa} + \sqrt[3]{ab} - \sqrt[3]{ac}$$
$$- \sqrt[3]{ab} - \sqrt[3]{bb} + \sqrt[3]{bc}$$
$$+ \sqrt[3]{ac} + \sqrt[3]{bc} - \sqrt[3]{cc}$$

Q. $\quad \sqrt[3]{aa} - \sqrt[3]{bb} + 2\sqrt[3]{bc} - \sqrt[3]{cc}$

Et il en fera de même des autres exemples.

III.

Pour diviser une suite de radicaux par une autre. La regle generale est d'en former une fraction, dont le diviseur soit le numerateur, ainsi le quotient de $\sqrt[2]{a} + \sqrt[2]{b} - \sqrt[2]{c}$ par $\sqrt[2]{m} - \sqrt[2]{n}$ est $\dfrac{\sqrt[2]{a} + \sqrt[2]{b} - \sqrt[2]{c}}{\sqrt[2]{m} - \sqrt[2]{n}}$

Mais on peut aussi suivre la regle generale de la division des autres Polynomes, & trouver le quotient en quelques rencontres. Ainsi,

Pour diviser A par B, & en trouver le quotient Q

$$\text{A.} \quad 4\sqrt[3]{16} + 8\sqrt[3]{12} - 9\sqrt[3]{25} + 12\sqrt[3]{15}$$

$$\text{B.} \quad 2\sqrt[3]{4} - 3\sqrt[3]{5} + 4\sqrt[3]{3}$$

$$\text{Q.} \quad 2\sqrt[3]{4} + 3\sqrt[3]{5}$$

$$\text{S.} \qquad\quad +6\sqrt[3]{20}$$

Je dis $4\sqrt[3]{16}$ divisé par $2\sqrt[3]{4}$, le quotient est $2\sqrt[3]{4}$ que je pose vers Q. Je pose o sous $4\sqrt[3]{16}$, & je multiplie le reste du diviseur par ce quotient, disant $-3\sqrt[3]{5}$ x $+2\sqrt[3]{4} = -6\sqrt[3]{20}$, que j'ôte du dividende A (en le posant dessous vers S avec

le ſigne contraire $+$). $+ 4\sqrt[3]{3} \times + 2\sqrt[3]{4}$ 190
$= + 8\sqrt[3]{12}$ que j'efface du dividende, po-
ſant o ſous ce terme.

Je recommence l'operation, & je dis :
$+ 6\sqrt[3]{20}$ diviſé par $+ 2\sqrt[3]{4}$, le quotient
eſt $+ 3\sqrt[3]{5}$ que je poſe au quotient Q.
J'efface $+ 6\sqrt[3]{20}$, & je dis $- 3\sqrt[3]{5} \times + 3\sqrt[3]{5}$
$= - 9\sqrt[3]{25}$ que j'efface, $+ 4\sqrt[3]{3} \times + 3\sqrt[3]{5}$
$= + 12\sqrt[3]{15}$ que j'efface.

Et comme il ne reſte plus rien au dividende A & S, l'operation eſt achevée, &
Q eſt le quotient de A par B.

Pour diviſer M par N, & en trouver le
quotient Q.

$$\text{M.} \quad 4a + 8\sqrt[2]{ac} - 9b + 12\sqrt[2]{bc}$$
$$\text{N.} \quad 2\sqrt[2]{a} - 3\sqrt[2]{b} + 4\sqrt[2]{c}$$
$$\text{Q.} \quad 2\sqrt[2]{a} + 3\sqrt[2]{b}$$
$$\text{S.} \qquad\qquad + 6\sqrt[2]{ab}$$

J'ordonne ces Polynomes par rapport à
une des lettres a, & je dis,

$4a$ ou $4\sqrt[2]{aa}$ diviſé par $2\sqrt[2]{a}$, le quotient eſt $2\sqrt[2]{a}$ que je poſe vers Q. (S'il y
avoit eu $- 4a$, j'aurois dit $- 4a$ ou
$- 4\sqrt[2]{aa}$ diviſé par $+ 2\sqrt[2]{a}$, le quotient
eſt $- 2\sqrt[2]{a}$). J'efface $4a$, & multipliant
le reſte du diviſeur par ce quotient, je dis
$- 3\sqrt[2]{b} \times + 2\sqrt[2]{a} = - 6\sqrt[2]{ab}$ que je poſe

190 deſſous vers S avec le ſigne contraire, $+4\sqrt[2]{c} \times +2\sqrt[2]{a} = +8\sqrt[2]{ac}$ que j'efface.

Je recommence l'operation, & je dis: $-6\sqrt[2]{ab}$ diviſé par $+2\sqrt[2]{a}$, le quotient eſt $+3\sqrt[2]{b}$ que je poſe deſſous vers Q. J'efface $+6\sqrt[2]{ab}$, & je dis: $-3\sqrt[2]{b} \times +3\sqrt[2]{b} = -9\sqrt[2]{bb} = -9b$ que j'efface, $+4\sqrt[2]{c} \times +3\sqrt[2]{b} = +12\sqrt[2]{bc}$ que j'efface. Et comme il ne reſte plus rien, l'operation eſt achevée.

8 IV.

Mais comme il arrive rarement que l'on réuſſiſſe à faire ces diviſions ſans reſte, on remarquera,

I. Que lorſque le diviſeur n'aura qu'un ſeul terme, l'operation ſe fera toûjours ſans difficulté. Ainſi le quotient de A par B ſera Q.

A. $3\sqrt[3]{15} - 2\sqrt[3]{17} + \sqrt[3]{35} - \frac{3}{4}\sqrt[3]{12}$

B. $2\sqrt[3]{5}$

Q. $\frac{3}{2}\sqrt[3]{5} - \sqrt[3]{\frac{17}{5}} + \frac{1}{2}\sqrt[3]{7} - \frac{3}{8}\sqrt[3]{\frac{12}{5}}$

Le quotient de A par l'entier 3 ſera *R*.

R. $\sqrt[3]{15} - \frac{2}{3}\sqrt[3]{17} + \frac{1}{3}\sqrt[3]{35} - \frac{1}{4}\sqrt[2]{12}$

Le quotient de A par la fraction $\frac{2}{3}$ ſera *S*.

S. $\frac{9}{2}\sqrt[3]{15} - 3\sqrt[3]{17} + \frac{3}{2}\sqrt[3]{35} - \frac{9}{8}\sqrt{42}$

Le quotient de M par N ſera Q.

M. $a\sqrt[2]{bc} - b\sqrt[2]{cd} - \frac{c}{d}\sqrt[2]{ad}$

N. $\frac{m}{c}\sqrt[2]{de}$

Q. $\frac{ac}{m}\sqrt[2]{\frac{bc}{de}} - \frac{bc}{m}\sqrt[2]{\frac{c}{e}} - \frac{cc}{dm}\sqrt[2]{\frac{a}{e}}$

Et

Et ainsi des autres. Car $3\sqrt[3]{15}$ divisé par $2\sqrt[3]{5}$, ou $3\sqrt[3]{15}$ ($2\sqrt[3]{5} = \frac{3}{2}\sqrt[3]{5}$. — $2\sqrt[3]{17}$ ($2\sqrt[3]{5} = —\frac{2}{2}\sqrt[3]{\frac{17}{5}}$ ou — $\sqrt[3]{\frac{17}{5}}$. —+ $\sqrt[3]{35}$ (—+ $2\sqrt[3]{5} = —+\frac{1}{2}\sqrt[3]{7}$. — —$\frac{2}{4}\sqrt[3]{12}$ (—+ $2\sqrt[3]{5} = —\frac{3}{2}\sqrt[3]{\frac{12}{5}}$. Et ainsi des autres.

II. Pour diviser un Polynome A, composé de tant de termes qu'on voudra par un Binome B. les lettres n. a. b. p. q. r. &c. désignant tels nombres entiers ou rompus que ce soit.

A. $$\sqrt[n]{p} — \sqrt[n]{q} + \sqrt[n]{r} — \ \&c.$$

B. $$\sqrt[n]{a} + \sqrt[n]{b}$$

Après avoir réduit tous les signes à un même exposant n, & les coefficiens de tous les termes à l'unité, on formera d'abord une fraction, dont le diviseur Binome sera le dénominateur, comme on le voit icy. Et la valeur de cette fraction sera égale au quotient que l'on demande. Ensuite,

1°. Si l'exposant n est 2, on multipliera l'un & l'autre terme de la fraction par le Binome $\sqrt[2]{a} — \sqrt[2]{b}$, qui ne differera du diviseur $\sqrt[2]{a} + \sqrt[2]{b}$ qu'en ce que son dernier terme aura un signe contraire au dernier terme du diviseur.

Et par ce moyen, au lieu de la fraction

$$\frac{A}{B} = \frac{\sqrt[2]{p} — \sqrt[2]{q} + \sqrt[2]{r}}{\sqrt[2]{a} + \sqrt[2]{b}}$$ on en aura une autre

190 de même valeur, dont le numerateur
sera $\sqrt[2]{ap} - \sqrt[2]{aq} + \sqrt[2]{ar} - \sqrt[2]{bp} + \sqrt[2]{bq}$
$- \sqrt[2]{br}$, & dont le dénominateur ou divi-
seur sera $a - b$, que l'on pourra toûjours
réduire en un seul terme m, par lequel
divisant le numerateur, on aura le quotient que l'on demande ; sçavoir,

$$\tfrac{1}{m} \sqrt[2]{ap} - \tfrac{1}{m} \sqrt[2]{aq} + \tfrac{1}{m} \sqrt[2]{ar} - \tfrac{1}{m} \sqrt[2]{aq} +$$

$$\tfrac{1}{m} \sqrt[2]{bq} - \tfrac{1}{m} \sqrt[2]{cq}.$$

Par exemple n étant égal à 2, si $a=5$.
$b=3$. $p=8$. $q=6$. $r=7$. &c. on aura A divisé par B ou

$$\frac{A}{B} = \frac{\sqrt[2]{8} - \sqrt[2]{6} + \sqrt[2]{7}.}{\sqrt[2]{5} + \sqrt[2]{3}}.$$ Multipliant l'un &

l'autre terme par $\sqrt[2]{5} - \sqrt[2]{3}$, on aura

$$\frac{A}{B} = \frac{\sqrt{40} - \sqrt[2]{30} + \sqrt[2]{35} - \sqrt[2]{24} + \sqrt[2]{18} - \sqrt[2]{21}}{5 - 3, \text{ ou } 2}$$

$$+ \tfrac{1}{2} \sqrt[2]{40} - \tfrac{1}{2} \sqrt[2]{30} + \tfrac{1}{2} \sqrt[2]{35} - \tfrac{1}{2} \sqrt[2]{24}$$

$$+ \tfrac{1}{2} \sqrt[2]{18} - \tfrac{1}{2} \sqrt[2]{21}.$$

2°. Si l'exposant n est 3, le multiplicateur qui réduira le dénominateur de la
fraction ou le diviseur Binome, en un seul
terme, ne sera pas le Binome contraire
$\sqrt[3]{a} - \sqrt[3]{b}$, mais le produit de ce Binome
par son premier terme $\sqrt[3]{a}$, joint au quarré
$+ \sqrt[3]{bb}$ de son second terme $- \sqrt[3]{b}$. Sçavoir, $\sqrt[3]{aa} - \sqrt[3]{ab} + \sqrt[3]{bb}$, car on verra

que le produit de ce Polynome par le di- 190
viſeur $\sqrt[3]{a} + \sqrt[3]{b}$, ſera $a + b$, qui ſe réduira
à un ſeul terme m.

3°. Si l'expoſant n eſt 4, le multiplicateur ſera le précedent affecté de l'expo-
ſant 4 ; ſçavoir, $\sqrt[4]{aa} - \sqrt[4]{ab} + \sqrt[4]{bb}$ multiplié par le premier terme $\sqrt[4]{a}$ du Binome
contraire $\sqrt[4]{a} - \sqrt[4]{b}$ joint au cube $- \sqrt[4]{b^3}$
de ſon dernier terme $- \sqrt[4]{b}$, c'eſt-à-dire
que le multiplicateur ſera $\sqrt[4]{a^3} - \sqrt[4]{a^2 b}$
$+ \sqrt[4]{ab^2} - \sqrt[4]{b^3}$.

4°. Si l'expoſant n eſt 5, le multiplicateur ſera le précedent affecté de l'expoſant 5, multiplié par le premier terme $\sqrt[5]{a}$
du Binome contraire $\sqrt[5]{a} - \sqrt[5]{b}$ joint à la
quatriéme puiſſance $+ \sqrt[5]{b^4}$ de ſon dernier
terme $- \sqrt[5]{b}$; ſçavoir, $\sqrt[5]{a^4} - \sqrt[5]{a^3 b}$
$+ \sqrt[5]{a^2 b^2} - \sqrt[5]{ab^3} + \sqrt[5]{b^4}$. Et ainſi de ſuite
à l'infini.

5°. Si le diviſeur eſt $\sqrt[n]{a} - \sqrt[n]{b}$, on
prendra le Binome contraire $\sqrt[n]{a} + \sqrt[n]{b}$ pour
former les multiplicateurs comme aupara-
vant, & qui ſeront les mêmes que les
précedens, excepté que tous leurs termes
ſeront affectez du ſigne $+$.

6°. Pour diviſer un Polynome de tant
de termes qu'on voudra par un *Trino-*
me, lorſque l'expoſant du ſigne radical eſt 2,
comme $\sqrt[2]{p} - \sqrt[2]{q} + \sqrt[2]{r} - \sqrt[2]{s}$ &c.

par $\quad \sqrt[2]{a} + \sqrt[2]{b} + \sqrt[2]{c}$

190   On n'aura, après en avoir formé une fraction, qu'à multiplier l'un & l'autre de ses termes par le Polynome contraire $\sqrt[3]{a} + \sqrt[3]{b} - \sqrt[3]{c}$ qu'on formera, en changeant seulement le signe $+$ ou $-$ du dernier terme du diviseur, quels que puissent être les signes $+$ & $-$ de ce diviseur ; ce qui réduira la fraction précedente en une autre fraction, dont le dénominateur n'aura que deux termes, que l'on pourra ensuite changer par les regles précedentes en une troisiéme fraction, dont le dénominateur n'aura qu'un seul terme. Après quoi on fera la division à l'ordinaire.

Et pour diviser un Polynome par un *Quadrinome*, dont l'exposant du signe radical est toûjours 2, tel que $\sqrt[3]{a} + \sqrt[3]{b} + \sqrt[3]{c} + \sqrt[3]{d}$ on n'aura, après en avoir fait une fraction, qu'à en multiplier le numerateur & le dénominateur par le Polynome contraire $\sqrt[3]{a} + \sqrt[3]{b} - \sqrt[3]{c} - \sqrt[3]{d}$, qu'on formera en changeant seulement les signes des deux derniers termes du diviseur quels que puissent être les signes $+$ & $-$ des termes de ce diviseur. Ce qui réduira la fraction précedente en une autre fraction, dont le dénominateur n'aura que trois termes, sur laquelle on operera comme auparavant.

Mais lorsque le diviseur est composé de
5 termes, l'opération est plus difficile.

Nous ne nous arrêterons pas davantage
à poursuivre la méthode de la division d'un
Polynome par un autre, parce que la difficulté de trouver les multiplicateurs qui
réduisent ces Polynomes diviseurs à un seul
terme, est telle qu'on ne peut la lever que
par le secours de l'Analyse, & que d'ailleurs ces operations ne sont presque d'aucun usage.

§. V.

On peut aussi quelquefois extraire la racine quarrée cubique &c. d'un Polynome
qui renferme des radicaux par les regles
generales de l'extraction des racines des
Polynomes , & connoître par exemple
que la racine quarré

de $144 - 24\sqrt[3]{10} + \sqrt[3]{100}$

est $12 - \sqrt[3]{10}$

disant , la racine quarrée de 144 est 12,
j'efface 144. Je double 12, & j'ay 24 ;
je divise $- 24\sqrt[3]{10}$ par 24, & j'ai $- \sqrt[3]{10}$
que je pose après 12. J'efface $- 24\sqrt[3]{10}$,
j'efface encore le quarré $+ \sqrt[3]{100}$ de $- \sqrt[3]{10}$,
& comme il ne reste plus rien, je connois
que $12 - \sqrt[3]{10}$ est la racine quarrée du
Polynome proposé.

Lorsque la regle generale ne réussit pas,

190 l'Analyse nous en fournit de particulieres. Elle nous apprend par exemple que pour tirer la racine quarrée d'un Binome, dont l'expoſant du ſigne radical eſt 2 ; tel que $42 + 24 \sqrt{3}$.

1°. Après avoir réduit le coefficient du radical à l'unité, ce qui donne $42 + \sqrt{1728}$, il faut ôter du quarré 1764 du terme rationnel 42 le nombre 1728, qui eſt ſous le ſigne radical, ce qui donne 36.

2°. Il faut voir ſi l'on peut tirer au juſte la racine du reſte 36, ſi on ne peut pas la tirer au juſte, on connoît qu'on ne peut tirer au juſte la racine du Binome propoſé ; mais ſi on peut la tirer au juſte, comme il arrive dans le cas preſent, puiſque la racine de 36 eſt 6.

3°. Il faut prendre la moitié de la ſomme $42 + 6$ du nombre rationnel 42, & de cette racine 6, & on aura 24, dont la racine $\sqrt{24}$ ou $2\sqrt{6}$ ſera le premier terme de la racine du Polynome.

Il faut prendre la moitié de leur différence $42 - 6$, & on aura 18, dont la racine $\sqrt{18} = 3\sqrt{2}$ ſera le ſecond terme de la racine du Polynome.

Ainſi l'on connoîtra que la racine quarrée de $42 + 24\sqrt{3}$ eſt $2\sqrt{6} + 3\sqrt{2}$, & que celle de $42 - 24\sqrt{3}$ eſt $2\sqrt{6} - 3\sqrt{2}$.

On verra de même que la racine quarrée de $37 + 20\sqrt{3}$ eſt $5 + 2\sqrt{3}$; mais qu'on

ne peut tirer au juste la racine quarrée de
$37 + 12 \sqrt{3}$.

Nous ne nous arrêterons pas à détailler
plus au long ces regles particulieres, ni à
en donner la demonstration, parce qu'il ne
s'agit icy que des regles generales, & que
ces résolutions sont de peu d'usage.

V I.

Extraire la racine quelconque n d'un Polynome, soit qu'il renferme des radicaux,
ou qu'il n'en renferme pas, lorsqu'on ne
veut ou qu'on ne peut le faire par les regles précedentes.

On pose le signe $\sqrt{}$ avant le Polynome,
& on tire une ligne sur ses termes, pour
marquer qu'ils appartiennent tous au premier signe radical $\sqrt{}$.

Ainsi pour tirer la racine n du Polyno-
me $a + \sqrt[p]{b} - \sqrt[q]{d}$, on pose $\sqrt[n]{a + \sqrt[p]{b} - \sqrt[q]{d}}$.
Pour tirer la racine seconde ou quarrée de
$aa - ab + bb$, on pose $\sqrt{aa - ab + bb}$.
Pour en tirer la racine troisiéme ou cube,
on pose $\sqrt[3]{aa - ab + bb}$. &c.

Pour tirer la racine seconde ou quarrée
du Polynome $o - a$, ou $- a$, on pose
$\sqrt{- a}$. & $\sqrt[3]{- a}$ est la racine troisiéme
ou cube &c.

Ce qui forme des radicaux complexes,

qui peuvent toûjours être réduits comme les simples en une fraction, dont les termes sont infinis.

Par exemple le radical $\sqrt[3]{aa - ab + bb}$, si $a=2$ & $b=\frac{3}{4}$ sera $\sqrt[3]{2 - \frac{6}{4} + \frac{9}{16}} = \sqrt[3]{\frac{17}{16}}$ le radical $\sqrt[3]{12} + \sqrt[3]{3} - \sqrt[3]{\frac{2}{5}}$ pourra être réduit en une fraction qui approchera de plus en plus de sa valeur. 1°. En donnant s'il est necessaire un même signe aux radicaux, qui composent le Polynome $12 + \sqrt[3]{3} - \sqrt[3]{\frac{2}{5}}$, qui est sous le signe radical, réduisant leurs coefficiens à l'unité, & les nombres qui sont sous leurs signes, à un même dénominateur, ce qui donne $12 + \sqrt[3]{\frac{15}{5}} - \sqrt[3]{\frac{2}{5}}$.

2°. En approchant également autant qu'on voudra de la racine de ces fractions, ce qui réduira ces radicaux en autant de fractions qui auront toutes un même dénominateur, & qu'on pourra par consequent réduire en une. 3°. En tirant la racine n de cette derniere fraction, dont on pourra approcher à l'infini, & qui sera la valeur approchée du radical proposé.

PROBLEME II.

FAIRE toutes les operations de l'Arithmetique sur les Radicaux complexes.

Les Radicaux complexes, dont nous venons de parler, pouvant être réduits comme les simples à une fraction, dont les termes sont infinis, doivent être considerés comme des radicaux simples ; ainsi on doit suivre dans les operations que l'on peut faire sur ces radicaux les mêmes regles qu'on a prescrites pour les operations des radicaux simples. Ainsi,

I.

Si l'on veut ajoûter $\sqrt[2]{aa - ab + bb}$ au Monome a, on écrira $a + 1\sqrt[2]{aa - ab + bb}$ si on veut l'en retrancher, on écrira $a - 1\sqrt[2]{aa - ab + bb}$. Si on veut le multiplier par a, on multipliera son coefficient 1 par a, & on aura $a\sqrt[2]{aa - ab + bb}$. Si on veut le diviser par a, on divisera son coefficient 1 par a, & on aura $\frac{1}{a}\sqrt[2]{aa - ab + bb}$.

Si on veut ajoûter ce dernier radical au Monome ab, on posera $ab + \frac{1}{a}\sqrt[2]{aa - ab + bb}$

200 Si on veut l'en ôter, on posera $ab - \frac{1}{a}$ $\sqrt[3]{aa - ab + bb}$. Si $a = 5$, $b = 3$, on réduira ce Polynome à $15 - \frac{1}{5} \sqrt[3]{19} = 15 - \sqrt[3]{\frac{1}{1} \frac{1}{5}}$.

Si on veut réduire le coefficient de $a \sqrt[3]{aa - ab + bb}$ à l'unité, on élevera son coefficient a à la puissance, qui ait le même exposant que celui du signe radical, comme ici à la seconde puissance aa, & on multipliera le Polynome qui est sous le signe par aa; ce qui donnera $1 \sqrt[3]{aa \times aa - ab + bb}$ $= \sqrt[3]{a^4 - a^3 b + a^2 b^2}$.

Si l'on veut réduire ce dernier radical complexe aux plus simples termes $a \sqrt[3]{aa - ab + bb}$, on divisera le Polynome qui est sous le signe, par la plus grande puissance aa, de même dégré que le signe, & on multipliera son coefficient par la racine a de cette puissance. On verra de même que $\frac{1}{a} \sqrt[3]{aa - ab + bb} = 1 \sqrt[2]{\frac{aa - ab + bb}{aa}}$

& que $\sqrt[3]{1 - \frac{b}{a} + \frac{bb}{aa}} = \sqrt[3]{\frac{aa - ab + bb}{aa}}$ (en donnant un même dénominateur à tous les termes du Polynome qui est sous le signe $\sqrt{}$) se réduit à $\frac{1}{a} \sqrt[3]{aa - ab + bb}$. On verra de même que $\sqrt[3]{xx + \frac{4mp}{aa} xx} = \sqrt[3]{\frac{a^3 xx + 4mp xx}{aa}}$

se réduit à $\frac{x}{a} \sqrt[3]{aa + 4mp}$, en divisant la fraction qui eſt ſous le ſigne, par le quarré $\frac{xx}{nn}$, & multipliant le coefficient 1 par la racine quarrée $\frac{x}{n}$ de cette fraction &c.

II.

Si l'on veut ajoûter un radical complexe $\sqrt[n]{aa-bb}$ à un Polynome $ab+bb$, on poſera $ab+bb+\sqrt[n]{aa-bb}$. Si on veut l'en retrancher, on écrira $ab+bb-\sqrt[n]{aa-bb}$.

Si on veut multiplier $\sqrt[n]{aa-bb}$ par $ab+bb$, on écrira $\overline{ab+bb}\sqrt[n]{aa-bb}$, tirant une ligne ſur les termes du multiplicateur, pour marquer qu'ils appartiennent tous au coefficient du radical. Si $a=5$, $b=3$, on aura $\overline{ab+bb}\sqrt[2]{aa-bb}=24\sqrt[2]{16}=96$; au lieu que $ab+bb\sqrt[2]{aa-bb}=15+9\sqrt[2]{16}=15+36=51$, ce qu'il faut bien remarquer. Car dans cette derniere expreſſion ab n'appartient pas au coefficient du radical, mais il fait un terme à part, & bb en eſt le coefficient.

Si l'on veut réduire le coefficient de $\overline{ab-bb}\sqrt[n]{aa-bb}$ à l'unité, on élevera le coefficient $ab-bb$ à la puiſſance n, & on aura $1\sqrt[n]{\overline{ab-bb}^{n}\times aa-bb}$. Si $n=2$ on aura $1\sqrt[2]{a^4b^2-2a^3b^3-a^2b^4-b^6}$ que

200 l'on réduira aux moindres termes $\frac{ab - bb}{\sqrt[2]{aa - bb}}$, en divisant le Polynôme qui est sous le signe, par le quarré $a^2 b^2 - 2ab + b^4$, dont la racine quarrée est $ab - bb$, par laquelle on multipliera le coefficient 1.

On verra de même que

$$a + x \sqrt[2]{x^5 - 5ax^6 + 9a^2x^4 - 7a^3x^3 + 2a^4x^2}$$

se réduira à sa plus simple expression $xx - aa \sqrt[3]{x^3 - 2ax^2}$, en divisant le Polynome qui est sous le signe, par le cube $x^3 - 3ax^2 + 3a^2x - a^3$, & multipliant son coefficient $a + x$ par la racine $x - a$ de ce cube.

On réduira aussi $ax \sqrt[2]{\frac{x + a}{x - a}}$ égale à $\frac{ax \sqrt[2]{x + a}}{\sqrt[2]{x - a}}$ qui est une fraction où le signe radical se trouve dans l'un & l'autre de ses termes, en une autre $\frac{ax \sqrt[2]{xx - aa}}{x - a}$

$= \frac{ax}{x - a} \sqrt[2]{xx - aa}$ où le signe radical ne se trouve que dans le numerateur, en multipliant l'un & l'autre terme de la fraction $\frac{x + a}{x - a}$ par son dénominateur, ce qui ne change point sa valeur, car on aura

$$ax \sqrt[2]{\frac{x + a}{x - a}} = ax \sqrt[2]{\frac{x + a \times x - a}{x - a \times x - a}} = \frac{ax \sqrt[2]{xx - aa}}{\sqrt[2]{x - a}}$$

$$= \frac{ax \sqrt[2]{xx - aa}}{x - a} \quad \text{puisque} \quad \sqrt[2]{x - a}^2 = x - a \times x - a.$$

On pourra aussi délivrer le numerateur 20.
du signe radical, & pour $ax\sqrt[2]{\frac{x+a}{x-a}}$ avoir

$$\frac{ax\sqrt{x+a}}{\sqrt{xx-aa}}$$ en multipliant l'un & l'autre des termes de la fraction par son numerateur.

On pourra aussi réduire l'exposant d'un radical complexe $a\sqrt[6]{a^2b^2-2ab^3+b^4}$ au moindre terme $a\sqrt[3]{ab-bb}$, en divisant l'exposant 6 du radical par quelqu'un de ses diviseurs 2, & tirant la racine du Polynome compris sous le signe, qui ait pour exposant le même diviseur 2.

Enfin on pourra réduire deux radicaux complexes tels que $a\sqrt[2]{aa-bb}$ & $b\sqrt[3]{ab+bb}$ d'un même signe $a\sqrt[6]{\overline{aa-bb}^3}$ & $b\sqrt[6]{\overline{ab+bb}^2}$ en prenant le signe $\sqrt[6]{}$, dont l'exposant 6 est le produit des exposans 2 & 3 des précedens, & en élevant mutuellement le Polynome qui est sous le signe de l'un à la puissance marquée par l'exposant du signe de l'autre ; sçavoir, $aa-bb$ à la troisiéme puissance, & $ab+bb$ à la seconde, * ce *164 qui ne change point leur valeur.

III. $\mathcal{Z}$

On ajoûtera aisément un de ces radicaux complexes $a\sqrt[2]{aa-bb}$ à un autre $b\sqrt[3]{ab+bb}$,

K k

200 en les joignant par le signe +, en cette sorte $a\sqrt[3]{aa-bb}+b\sqrt[3]{ab+bb}$, & on ôtera l'un de l'autre, en les joignant par le signe —, en cette sorte $a\sqrt[3]{aa-bb}-b\sqrt[3]{ab+bb}$.

Et si après avoir réduit deux radicaux complexes aux plus simples termes, ils ont un même signe & un même Polynome sous le signe, tels que sont $a\sqrt[3]{aa-bb}$ & $b\sqrt[3]{aa-bb}$, on aura leur somme $\overline{a+b}\sqrt[3]{aa-bb}$, en ajoûtant au coefficient a de l'un le coefficient b de l'autre. Et leur différence $\overline{a-b}\sqrt[3]{aa-bb}$, * en ôtant du coefficient a de l'un le coefficient b de l'autre.

*167

Et l'on multipliera ou divisera un radical complexe $a\sqrt[3]{aa-bb}$ par un autre $b\sqrt[3]{ab-bb}$, après les avoir réduits à un même signe, en multipliant ou divisant le coefficient a de l'un par le coefficient b de l'autre, & le Polynome $aa-bb$ qui est sous le signe de l'un par le Polynome $ab+bb$ qui est sous le signe de l'autre, & leur produit sera $ab\sqrt[3]{aa-bb\times ab+bb}$ $=ab\sqrt[3]{a^3b+a^2b^2-ab^3-b^4}$, * & leur

*168 quotient sera $\dfrac{a}{b}\sqrt[3]{\dfrac{aa-bb}{ab+bb}}=\dfrac{a}{ab^2+b^3}\times\sqrt[3]{aa-bb\times ab+bb}$.

Mais le produit de $a\sqrt[3]{aa-bb}$ par

$b\sqrt[2]{aa-bb}$ sera $ab\sqrt[2]{aa-bb}=ab\times\overline{aa-bb}$,

& leur quotient sera $\dfrac{a}{b}\sqrt[2]{\dfrac{aa-bb}{aa-bb}}=\dfrac{a}{b}\sqrt[2]{1}=\dfrac{a}{b}$

ce qu'il faut bien remarquer.

IV.

Et pouvant ainsi ajoûter, soustraire, multiplier & diviser deux radicaux complexes l'un par l'autre, on pourra aisément faire les mêmes operations sur deux suites de ces radicaux, telles que sont

$$ab-a\sqrt[2]{aa-bb}+b\sqrt[2]{aa+bb}$$
$$cd+b\sqrt[2]{aa+bb}-c\sqrt[2]{aa-bb}$$

Puisqu'il ne s'agit dans l'addition que de les joindre l'une à l'autre, en exprimant le signe $+$ du premier terme de la seconde, qui est ordinairement sous-entendu.

Qu'il ne s'agit dans la soustraction qu'à changer tous les signes des coefficiens de la derniere suite $+$ en $-$ & $-$ en $+$; sans toucher à ceux qui sont sous les signes radicaux. Et de réünir à un seul terme les radicaux semblables, tant dans l'addition que dans la soustraction.

Qu'il ne s'agit dans la multiplication & division qu'à multiplier ou diviser chacun des termes de l'un par chacun des termes de l'autre, observant la regle des signes $+$ &

ccc —, comme on a fait dans les operations des ſuites des radicaux ſimples.

On pourra auſſi tirer la racine quelconque n d'une ſuite de radicaux complexes $aa + b \sqrt[2]{aa - bb - c \sqrt[2]{ac - cc}}$, en poſant devant cette ſuite le ſigne $\sqrt[n]{}$, & tirant une ligne ſur tous les termes de la ſuite en cette ſorte $\sqrt[n]{aa - b \sqrt[2]{aa - bb - c \sqrt[2]{ac - cc}}}$, ce qui formera des radicaux encore plus complexes, ſur leſquels on operera de la même façon, en les conſiderant comme des radicaux ſimples. Et ainſi de ſuite à l'infini.

§. **V.**

Il n'y a que le ſeul cas des imaginaires qui puiſſe faire quelque difficulté. On a vû que les racines paires d'un nombre negatif $-a$, comme $\sqrt[2]{-a}$, $\sqrt[4]{-a}$, $\sqrt[6]{-a}$, &c. étoient des nombres impoſſibles. Mais cela n'empêche pas qu'en les multipliant par eux-mêmes un certain nombre de fois, leurs produits ne deviennent des quantités réelles.

Par exemples $-a$ étant par la ſuppoſition le quarré de $\sqrt[2]{-a}$, il eſt viſible que le quarré de $\sqrt[2]{-a}$, ou, ce qui revient au même, le produit de $\sqrt[2]{-a}$ par $\sqrt[2]{-a}$ ſera $-a$, qui eſt une quan-

ité réelle negative. Que la quatriéme puis- 200
lance de $\sqrt[4]{-a}$ sera $-a$, & ainsi de suite.

Cela supposé, on voit clairement que suivant la regle generale de la multiplication des signes $+$ & $-$ & celle des radicaux, qui est * de multiplier ce qui est *168 hors du signe de l'un par ce qui est hors du signe de l'autre, & ce qui est sous le signe de l'un par ce qui est sous le signe de l'autre. On voit, dis-je, que le produit de $b\sqrt[2]{-a}$, ou de $b\times\sqrt[2]{-a}$, ou de

$$+b\sqrt[2]{-a} \text{ par } +c\sqrt[2]{-a} \text{ est } +bc\times-a=-abc$$
$$+b\sqrt[2]{-a} \text{ par } -c\sqrt[2]{-a} \text{ est } -bc\times-a=+abc$$
$$-b\sqrt[2]{-a} \text{ par } +c\sqrt[2]{-a} \text{ est } -bc\times-a=-abc$$
$$-b\sqrt[2]{-a} \text{ par } -c\sqrt[2]{-a} \text{ est } +bc\times-a=+abc$$

On voit encore bien clairement qu'il en est de même, lorsque l'exposant des radicaux est l'unité, & que le produit de

$$+1\sqrt[2]{-a} \text{ par } +1\sqrt[2]{-a} \text{ est } +1\times-a=-a$$
$$+1\sqrt[2]{-a} \text{ par } -1\sqrt[2]{-a} \text{ est } -1\times-a=+a$$
$$-1\sqrt[2]{-a} \text{ par } +1\sqrt[2]{-a} \text{ est } -1\times-a=+a$$
$$-1\sqrt[2]{-a} \text{ par } -1\sqrt[2]{-a} \text{ est } +1\times-a=-a$$

C'est-à-dire, qu'en sous-entendant l'unité qui est le coefficient de ces radicaux, comme on a coutume de le faire, le produit de

$$+\sqrt[2]{-a} \text{ par } +\sqrt[2]{-a} \text{ est } -a$$
$$+\sqrt[2]{-a} \text{ par } -\sqrt[2]{-a} \text{ est } +a$$
$$-\sqrt[2]{-a} \text{ par } +\sqrt[2]{-a} \text{ est } +a$$
$$-\sqrt[2]{-a} \text{ par } -\sqrt[2]{-a} \text{ est } -a$$

Par où l'on voit que, n'ayant égard qu'aux

200 signes qui précedent les radicaux, les signes semblables $+$ par $+$ & $-$ par $-$ donnent $-$ au produit, & que les signes contraires $+$ par $-$ & $-$ par $+$ donnent $+$ au produit, ce qui est tout l'opposé de la regle generale de la multiplication, quoique cette regle des imaginaires ne soit au fond qu'une suite des regles generales.

D'où il suit que pour diviser

$$
\begin{array}{ll}
+a \text{ par } +\sqrt[2]{-a} & \qquad -\sqrt[2]{-a} \\
+a \text{ par } -\sqrt[2]{-a} & \qquad +\sqrt[2]{-a} \\
-a \text{ par } +\sqrt[2]{-a} & \qquad +\sqrt[2]{-a} \\
-a \text{ par } -\sqrt[2]{-a} & \qquad -\sqrt[2]{-a}
\end{array}
$$

on aura … au quotient

Et pour diviser

$$
\begin{array}{ll}
+abc \text{ par } +b\sqrt[2]{-a} & \qquad -c\sqrt[2]{-a} \\
+abc \text{ par } -b\sqrt[2]{-a} & \qquad +c\sqrt[2]{-a} \\
-abc \text{ par } +b\sqrt[2]{-a} & \qquad +c\sqrt[2]{-a} \\
-abc \text{ par } -b\sqrt[2]{-a} & \qquad -c\sqrt[2]{-a}
\end{array}
$$

on aura … au quotient

puisque le produit du quotient par le diviseur doit donner le nombre à diviser.

On peut aussi désigner en cette sorte $\overline{\sqrt[2]{-a}}$ le quarré d'une imaginaire $\sqrt[2]{-a}$, lequel quarré est toûjours égal à $-a$.

Mais il faut éviter de se servir de l'expression $\sqrt[2]{-aa}$ que quelques-uns employent parce qu'elle est équivoque, & contre toutes les regles generales du calcul; la racine d'un quarré imaginaire $-aa$ ne pouvant être ni $-a$, ni $+a$; c'est pourquoy lors qu'on lit ces Auteurs, on doit ſubſtituer l'expreſſion $\sqrt[2]{\overline{-aa}^{2}-a}$, à leur expreſſion équivoque $\sqrt[2]{-aa}$ qui n'eſt égal à rien, ſi l'on veut comprendre ſans peine tout ce qu'ils diſent ſur le calcul des imaginaires.

Pour multiplier $+3\,\sqrt[2]{-a}$ par -2, on multipliera le coefficient $+3$ par l'entier -2, & on aura $-6\,\sqrt[2]{-a}$. On verra de même que $-1\,\sqrt[2]{-2}$ ou $-\sqrt[2]{-2}$ par -3 eſt $+3\,\sqrt[2]{-2}$ &c.

Pour multiplier $\sqrt[2]{a}$ par $\sqrt[2]{-a}$ il faut écrire ſimplement $\sqrt[2]{a}\times\sqrt[2]{-a}$, mais le produit de $+2\,\sqrt[2]{3}$ par $-1\,\sqrt[2]{-5}$ eſt $-2\,\sqrt[2]{3}\times\sqrt[2]{-5}$, car le produit du coefficient $+2$ par le coefficient -1 eſt -2. Le produit de $+a\,\sqrt[2]{a}$ par $-\sqrt[2]{-b}$ eſt $-a\,\sqrt[2]{a}\times\sqrt[2]{-b}$. Le produit de $+a\,\sqrt[2]{-a}$ par $-\sqrt[2]{-b}$ n'eſt pas $-a\,\sqrt[2]{+ab}$; mais $-a\,\sqrt[2]{-a}\times\sqrt[2]{-b}$. Car la multiplication des imaginaires ne rétablit la quantité réelle negative, dont la racine eſt imaginaire, que dans le ſeul cas que la racine imaginaire eſt élevée à la puiſſance, dont l'expoſant eſt le même que l'expoſant du ſigne radical.

De même pour diviſer $\sqrt[2]{-2}$ par $\sqrt[2]{-3}$ il faut poſer $\dfrac{\sqrt[2]{-2}}{\sqrt[2]{-3}}$. Le quotient de a diviſé par $\sqrt[2]{-b}$ eſt $\dfrac{a}{\sqrt[2]{-b}}$. Celui de $\sqrt[2]{-b}$

par $—a$ eſt $\dfrac{\sqrt[y]{}—b}{a}$. Celui de $\sqrt[y]{ab}$ par

$\sqrt[y]{}—bb$ eſt $\dfrac{\sqrt[y]{ab}}{\sqrt[y]{}—bb}$ &c.

- Mais lorſque la quantité imaginaire ſe trouve au numérateur & au dénominateur, on l'efface de part & d'autre.

Ainſi le quotient de $—+\sqrt[y]{}—3$ par $—\sqrt[y]{}—3$ eſt $\dfrac{+1\sqrt[y]{}—3}{—1\sqrt[y]{}—3} = \dfrac{—+1}{—1} = —1$. Celui de $a\sqrt[y]{}—bb$ par $b\sqrt[y]{}—bb$ eſt $\dfrac{a\sqrt[y]{}—bb}{b\sqrt[y]{}—bb} = \dfrac{a}{b}$. Pour diviſer $—b$ par $\sqrt[y]{}—b$, il faut changer $—b$ en $\sqrt[y]{}—b$ × $\sqrt{}—b$, & l'on aura $\dfrac{\sqrt[y]{}—b × \sqrt[y]{}—b}{\sqrt[y]{}—b}$ $= \sqrt[y]{}—b$. Et le quotient de $\sqrt[y]{}—b$ par $—b$ ſera $\dfrac{\sqrt[y]{}—b}{\sqrt[y]{}—b × \sqrt[y]{}—b} = \dfrac{1}{\sqrt[y]{}—b}$. Celui de $—bb$ par $a\sqrt[y]{}—bb$ ſera $\dfrac{1\sqrt[y]{}—bb × \sqrt[y]{}—bb}{a\sqrt[y]{}—bb}$ $= \dfrac{1}{a}\sqrt[y]{}—bb$, & celui de $a\sqrt[y]{}—bb$ par $—bb$ ſera $\dfrac{a\sqrt[y]{}—bb}{\sqrt[y]{}—bb × \sqrt[y]{}—bb} = \dfrac{a}{\sqrt[y]{}—bb}$.

, Ce que nous venons de dire, tant ſur les radicaux réels que ſur les imaginaires, doit ſuffire pour exécuter toutes les opérations que l'on peut être obligé de faire, tant ſur ces radicaux que ſur les ſuites de

ees radicaux, ainsi nous nous contenterons **200**
d'en donner quelques exemples.

VI.

6

Exemple d'une multiplication où il se
trouve des imaginaires. A. nombre à multiplier. B. multiplicateur. P. produit.

A. $x^2 + x\sqrt{-aa-bb}$
$\quad -x\sqrt{-cc} + b\sqrt{-aa}$
$\quad\quad\quad\quad\quad +b\sqrt{-cc}$

B. $x + b + \sqrt{-aa}$

$$\rule{6cm}{0.4pt}$$

$x^3 + x^2\sqrt{-aa} - b^2x \qquad b^3$
$\quad -x^2\sqrt{-cc} + bx\sqrt{-aa} + b^2\sqrt{-aa}$
$\quad +bx^2 \qquad +bx\sqrt{-aa} - b^2\sqrt{-aa}$
$\quad +x^2\sqrt{-aa} - bx\sqrt{-cc} - a^2b$
$\quad\quad\quad\quad -a^2x + b\sqrt{-cc}\times\sqrt{-aa}$
$\quad\quad\quad\quad\quad -x\sqrt{-cc}\times\sqrt{-aa}$

$$\rule{6cm}{0.4pt}$$

P. $x^3 + bx^2 \qquad -a^2x \qquad -a^2b$
$\quad -2x^2\sqrt{-aa} - b^2x \qquad -b^3$
$\quad -x^2\sqrt{-cc} + 2bx\sqrt{-aa} + b^2\sqrt{-aa}$
$\quad\quad\quad +b-x\sqrt{-cc}\times\sqrt{-aa}$

200 Exemple d'une division où il se trouve des imaginaires A. dividende. R. R. restes. D. diviseur. Q. quotient.

$$
\begin{array}{ll}
\text{A.} & \text{R.} \\
x^4 \bullet & + ax^3 \quad 0 \\
- 2aax^2 \bullet & - a^2x^2 \bullet \\
+ bbx^2 \; 0 & \\
+ ccx^2 \; 0 & \\
+ 2ab^2x \bullet & - a^3x \quad 0 \\
+ a^4 \quad 0 & + accx \quad 0 \\
+ aabb \; 0 & \\
+ aacc \; 0 & \\
+ bbcc \; 0 &
\end{array}
$$

$$
\begin{array}{l}
\text{R.} \\
+ aa\sqrt[2]{} - bb \bullet \\
+ ccx\sqrt[2]{} - bb \bullet \\
\\
+ a^3\sqrt[2]{} - bb \; 0 \\
+ acc\sqrt[2]{} - bb \; 0
\end{array}
$$

$$\text{D.} \quad x - a - \sqrt[2]{} - bb$$

$$\text{Q.} \quad x^3 + ax^2 \qquad - aax \qquad - a^3$$
$$+ x^2\sqrt[2]{} - bb + 2ax\sqrt[2]{} - bb + aa\sqrt[2]{} - bb$$
$$+ ccx \qquad\qquad + acc$$
$$+ cc\sqrt[2]{} - bb$$

Exemples de multiplications de radicaux complexes.

$$\text{A.} \quad a\sqrt[2]{} a + \sqrt[2]{} bc$$
$$\text{B.} \quad b\sqrt[2]{} c - \sqrt[2]{} bc$$
$$\overline{\qquad\qquad\qquad\qquad}$$
$$ac + c\sqrt[2]{} bc$$
$$- a\sqrt[2]{} bc - bc$$
$$\overline{\qquad\qquad\qquad\qquad}$$
$$\text{R.} \quad ab\sqrt[2]{} ac - bc + c - a\sqrt[2]{} bc$$

Second Exemple.

A. $b \sqrt[3]{a} \sqrt[2]{a} + \sqrt[3]{b}$

B. $c \sqrt[2]{a} \sqrt[3]{c} + a \sqrt[2]{d}$

$\qquad aa \sqrt[2]{ac} + aa \sqrt[3]{bc}$
$\qquad\qquad + aa \sqrt[3]{ad} + aa \sqrt{bd}$

P. $bc \sqrt[3]{aa} \sqrt[3]{ac} + \sqrt[2]{bc} + \sqrt[3]{ad} + \sqrt[2]{bd}$
$= abc \sqrt[2]{} \sqrt[2]{ac} + \sqrt[2]{bc} + \sqrt[3]{ad} + \sqrt[2]{bd}$

Troisiéme Exemple.

A. $\sqrt[3]{} - \tfrac{1}{2}q - \sqrt[2]{} \tfrac{1}{4}qq - \tfrac{1}{27}p^3$

B. $\sqrt[3]{} - \tfrac{1}{2}q - \sqrt[2]{} \tfrac{1}{4}q^2 - \tfrac{1}{27}p^3$

$+ \tfrac{1}{4}qq + \tfrac{1}{2}q \sqrt[2]{} \tfrac{1}{4}qq - \tfrac{1}{27}p^3$
$\qquad + \tfrac{1}{2}q \sqrt[2]{} \tfrac{1}{4}qq - \tfrac{1}{27}p^3$
$+ \tfrac{1}{4}qq - \tfrac{1}{27}p^3$

P. $\sqrt[2]{} \tfrac{1}{4}qq - \tfrac{1}{27}p^3 + q \sqrt[2]{} \tfrac{1}{4}qq - \tfrac{1}{27}p^3$

Quatriéme Exemple.

A. $\sqrt[3]{} - \tfrac{1}{2}q - \sqrt[2]{} \tfrac{1}{4}qq - \tfrac{1}{27}p^3$

B. $\sqrt[3]{} - \tfrac{1}{2}q + \sqrt[2]{} \tfrac{1}{4}qq - \tfrac{1}{27}p^3$

$+ \tfrac{1}{4}qq + \tfrac{1}{2}q \sqrt[2]{} \tfrac{1}{4}qq - \tfrac{1}{27}p^3$
$\qquad - \tfrac{1}{2}q \sqrt[2]{} \tfrac{1}{4}qq - \tfrac{1}{27}p^3$
$- \tfrac{1}{4}qq + \tfrac{1}{27}p^3$

P. $\tfrac{1}{27}p^3$

Cinquiéme Exemple.

$$A. \quad ab - a \sqrt[2]{aa - bb} + b \sqrt[2]{aa + bb}$$
$$P. \quad cd + b \sqrt[2]{aa + bb} - c \sqrt[2]{aa - bb}$$

$$P. \quad abcd - acd \sqrt[2]{aa - bb}$$
$$- aabb + bcd \sqrt[2]{aa + bb}$$
$$+ b^4 \quad - abc \sqrt[2]{aa - bb}$$
$$+ a^3c \quad + ab \sqrt[2]{a_4 - b_4}$$
$$- abbc - bc \sqrt[2]{a^4 - b^4}$$

Sixiéme Exemple.

Pour diviser le Polynome A par D.

$$A. \quad aa \sqrt[2]{ac} - a \sqrt[2]{bc} - bc + c \sqrt[2]{bc}$$

$$D. \quad a \sqrt[2]{a} + \sqrt[3]{bc}$$
$$Q. \quad a \sqrt[2]{c} - \sqrt[3]{bc}$$

1°. On divisera le coefficient aa par a, ce qui donne a au quotient Q. On divisera ensuite le Polynome qui est sous le signe de A par celui qui est sous le signe de D; & on aura le quotient Q.

Ces exemples suffisent pour concevoir la méthode qu'il faut suivre dans les operations des Polynomes plus composez, dont l'Analyse nous fournira des moyens plus abregez & plus commodes.

LECON HUITIE'ME. 200

DU CALCUL
DES PUISSANCES
PAR LEURS EXPOSANS.

DEFINITIONS.

I.

7

OUS  n'avons donné juf-
qu'à prefent le nom de *Puif-* * 87.
fance qu'aux nombres qui
naiffent de la multiplication
d'un nombre par ce nom-
bre. Ainfi nous avons
nommé.

Puiffance 1. d'un nombre *a*, le produit
1*a* de l'unité 1 par *a*.

Puiffance 2. de *a*, le produit 1*aa* de fa
puiffance premiere 1*a*, par *a*.

Puiffance 3. de *a*, le produit 1*aaa* de
L1

200 sa puissance seconde $1aa$ par a. Et ainsi de suite.

Et pour abreger, nous avons désigné ces produits

par $1a$. $1a^2$. $1a^3$. $1a^4$ . . . . . $1a^n$. a^n.

Et nous avons appellé *Exposant* le nombre n, qui désigne le dégré de puissance, auquel le nombre a se trouve élevé. Mais par la lettre n nous n'avons encore désigné qu'un nombre entier positif quelconque 1. ou 2. ou 3. ou 4. &c.

Maintenant nous donnerons au nom de *Puissance* une étenduë beaucoup plus grande, en l'attribuant à tous les nombres qui peuvent naître, non-seulement de la Multiplication, mais aussi de la Division & de l'Extraction des racines d'un même nombre a, & de ses puissances.

§ II.

109 Nous avons vû, qu'en ajoûtant l'unité à l'exposant n de la puissance quelconque a^n d'un nombre a, dont l'exposant n étoit un nombre entier positif, nous élevions la puissance a^n de a à un dégré plus haut; c'est-à-dire, que nous la multiplions par sa racine a. Et qu'en retranchant l'unité à de l'exposant n de la puissance a^n, nous l'abbaissions d'un dégré ; c'est-à-dire, que nous la divisions par sa racine a.

Qu'ainsi $a^{1+1} = a \cdot a^2 \cdot a^{2+1} = a^3 \cdot a^{3+1} = a^4$ &c.

Et que $a^{4-1} = a^3 \cdot a^{3-1} = a^2 \cdot a^{2-1} = a^1$.

D'où il suit que nous aurons

a^{1-1} ou $a^0 = \dfrac{a}{a} = 1$. a^{0-1} ou $a^{-1} = \dfrac{1}{a}$

a^{-1-1} ou $a^{-2} = \dfrac{1}{a^2}$. a^{-2-1} ou $a^{-3} =$

$\dfrac{1}{a^3}$. &c.

Ce qui donne déja lieu de diftinguer deux fortes de puiffances dans l'expreffion generale a^n d'un même nombre a.

Les unes $a^0 \cdot a^1 \cdot a^2 \cdot a^3 \ldots a^p$ dont l'expofant eft pofitif $+p$

Les autres $a^0 \cdot a^{-1} \cdot a^{-2} \cdot a^{-3} \ldots a^{-p}$ dont l'expofant p eft négatif $-p$.

C'eft-à-dire, que l'expofant n de l'ex-preffion generale a^n des puiffances d'un même nombre a pourra être égalé à un nombre entier pofitif $+p$, & à un nombre entier négatif $-p$. Et que a^{+p} auffi bien que a^{-p} feront des expreffions connuës, ou que l'on pourra évaluer.

Car fi $n = +p$. $p = 3$. $a = 10$. on aura

200
$$a^n = a^{+p} = \frac{a^p}{1} = a^{+3} = \frac{a^3}{1} = 1000.$$

Et si $n = -p$. on aura

$$a^n = a^{-p} = \frac{1}{a^p} = a^{-3} = \frac{1}{a^3} = \frac{1}{1000}.$$

D'où il suit que de même que la puiſſance 1, d'un nombre a eſt a^1. Sa puiſſance 2 eſt a^2. Sa puiſſance 3 eſt a^3....

Sa puiſſance p, ou $+p$ eſt a^p ou a^{+p}

*208 Sa puiſſance 0, ſera $a^0 = \frac{a}{a} = 1$.

Sa puiſſance -1, ſera $a^{-1} = \frac{1}{a^1}$.

Sa puiſſance -2, ſera $a^{-2} = \frac{1}{a^2}$.

Sa puiſſance -3, ſera $a^{-3} = \frac{1}{a^3}$. &c.

Sa puiſſance $-p$, ſera $a^{-p} = \frac{1}{a^p}$.

III.

Nous avons vû que pour tirer la Racine quelconque q d'une puiſſance a^p d'un nombre a, dont l'expoſant p poſitif pouvoit être diviſé ſans reſte par l'expoſant q auſſi

positif de cette racine, il n'y avoit qu'à di- 200
viser p par q, & qu'ainsi la racine q de a^p, ou $\sqrt[q]{a^p}$ étoit $a^{\frac{p}{q}}$

Par exemple que la racine 2 de a^{12} ou $\sqrt[2]{a^{12}}$ étoit $a^{\frac{12}{2}} = a^6$, car $a^6 \times a^6 = a^{12}$

Sa racine 3, ou $\sqrt[3]{a^{12}}$, étoit* $a^{\frac{12}{3}} = a^4$

Sa racine 4, ou $\sqrt[4]{a^{12}}$, étoit $a^{\frac{12}{4}} = a^3$

Sa racine 6, ou $\sqrt[6]{a^{12}}$, étoit $a^{\frac{12}{6}} = a^2$

Sa racine 12, ou $\sqrt[12]{a^{12}}$, étoit $a^{\frac{12}{12}} = a^1$

Presentement pour ne pas borner le Calcul à ce point, nous dirons que la racine quelconque q d'une puissance quelconque a^p, ou a^{-p} d'un nombre a, soit que son exposant positif $+p$, ou négatif $-p$, puisse ou ne puisse pas être divisé au juste par l'exposant q positif de la racine que l'on veut tirer, sera toûjours $a^{\frac{+p}{q}}$, ou $a^{\frac{-p}{q}}$; parce que nous pourrons toûjours évaluer ces expressions, comme on va le voir.

Ce qui nous donnera encore lieu de distinguer parmi les puissances a^n d'un nombre a des puissances, dont les exposans se-

* On prie le Lecteur de mettre par tout avec la plume la petite ligne qui manque entre les termes de ces fractions.

200 ront tels nombres rompus qu'on voudra positifs ou négatifs.

Car si $n = +\frac{p}{q}$ ou $\frac{p}{q}$, $p=3$. $q=4$. $a=10$ nous aurons

$$a^n = a^{+\frac{p}{q}} = a^{\frac{p}{q}} = \sqrt[q]{a^p}$$

$$a^n = a^{+\frac{3}{4}} = a^{\frac{3}{4}} = \sqrt[4]{a^3} = \sqrt[4]{1000}.$$

Et si $n = -\frac{p}{q}$, nous aurons

$$a^n = a^{-\frac{p}{q}} = \sqrt[q]{a^{-p}} = \sqrt[q]{\frac{1}{a^p}} = \frac{\sqrt[q]{1}}{\sqrt[q]{a^p}} = \frac{1}{\sqrt[q]{a^p}}$$

$$a^n = a^{-\frac{3}{4}} = \sqrt[4]{a^{-3}} = \sqrt[4]{\frac{1}{a^3}} = \frac{\sqrt[4]{1}}{\sqrt[4]{a^3}} = \frac{1}{\sqrt[4]{a^3}}$$

$$= \frac{1}{\sqrt[4]{1000}} = \sqrt[4]{\frac{1}{1000}},$$

dont nous pourrons approcher tant qu'on voudra de la juste valeur.

D'où il suit que comme nous avons vû que la puissance 1 de a étoit a^1, sa puissance 2 étoit a^2, sa puissance 3 étoit a^3, Sa puissance p étoit a^p, ou a^{+p}. De même

Sa puissance $\frac{1}{2}$, sera $a^{\frac{1}{2}} = \sqrt[2]{a}$

Sa puissance $\frac{1}{3}$, sera $a^{\frac{1}{3}} = \sqrt[3]{a}$. &c.

Sa puissance $\frac{2}{3}$, sera $a^{\frac{2}{3}} = \sqrt[3]{a^2}$

Sa puissance $\frac{3}{4}$, sera $a^{\frac{3}{4}} = \sqrt[4]{a^3}$. &c.

Sa puissance $\frac{p}{q}$ ou $+\frac{p}{q}$, sera $a^{\frac{p}{q}} = \sqrt[q]{a^p}$

Et ayant vû que la puissance -1 de

a, étoit $a^{-1} = \frac{1}{a^1}$

Sa puissance -2, étoit $a^{-2} = \frac{1}{a^2}$

Sa puissance -3, étoit $a^{-3} = \frac{1}{a^3}$, &c.

Sa puissance $-p$, étoit $a^{-p} = \frac{1}{a^p}$. Ainsi

Sa puissance $-\frac{1}{2}$, sera $a^{-\frac{1}{2}} = \frac{1}{\sqrt[2]{a^1}}$

Sa puissance $-\frac{1}{3}$, sera $a^{-\frac{1}{3}} = \frac{1}{\sqrt[3]{a^1}}$ &c.

Sa puissance $-\frac{2}{3}$, sera $a^{-\frac{2}{3}} = \frac{1}{\sqrt[3]{a^2}}$

Sa puissance $-\frac{3}{4}$, sera $a^{-\frac{3}{4}} = \frac{1}{\sqrt[4]{a^3}}$ &c.

Sa puissance $-\frac{p}{q}$, sera $a^{-\frac{p}{q}} = \frac{1}{\sqrt[q]{a}}$

10   IV.

Ayant donc par tout ce que nous venons de dire dans les articles précedens

$$a^0 = \frac{a}{a} = 1 . \quad a^p = \frac{a^p}{1} . \quad a^{-p} = \frac{1}{a^p}$$

$$a^{\frac{p}{q}} = \sqrt[q]{a^p} . \quad a^{-\frac{p}{q}} = \frac{1}{\sqrt[q]{a^p}} = \frac{1}{a^{\frac{p}{q}}}$$

il nous sera par conséquent libre de substituer les expressions anciennes

$$1 . \quad a^{\frac{p}{1}} . \quad \frac{a^p}{1} . \quad \sqrt[q]{a^p} . \quad \frac{1}{\sqrt[q]{a^p}}$$

aux expressions nouvelles

$$a^0 . \quad a^{+p} . \quad a^{-p} . \quad a^{\frac{p}{q}} . \quad a^{-\frac{p}{q}} = \frac{1}{a^{\frac{p}{q}}}$$

& de substituer les expressions nouvelles aux anciennes, sur lesquelles nous avons appris de faire toutes les operations de l'Arithmetique.

D'où il suit que les operations que nous allons prescrire sur les nouvelles expressions seront bien démontrées, si par cette substitution il paroît que ce que nous aurions trouvé en calculant sur les anciennes expressions, nous le devons trouver en calculant sur les nouvelles.

PROBLEME. I.

FAIRE toutes les operations de l'Arithmetique ſur les puiſſances d'un nombre *a*, ſoit que les Expoſans de ces Puiſſances ſoient des nombres entiers, ou rompus, poſitifs ou négatifs.

Il faut ſuivre les mêmes regles qu'on a preſcrites à l'égard des puiſſances d'un même nombre *a*, dont les Expoſans ſont des nombres entiers poſitifs. Ainſi

I.

Pour l'Addition & la Souſtraction. Nous avons vû que pour ajoûter à elle-même une puiſſance quelconque a^n, ou $1a^n$ d'un nombre *a*, dont l'expoſant *n* étoit un nombre entier poſitif, comme 3. Il n'y avoit qu'à augmenter ſon coefficient de l'unité, & qu'ainſi $a^3 + a^3$, ou $1a^3 + 1a^3 = 2a^3$.

$2a^3 + 1a^3 = 3a^3 \cdot 3a^3 + 1a^3 = 4a^3$. &c. Et generalement que $1a^n + 1a^n = 2a^n \cdot 2a^n + 1a^n = 3a^n \cdot 3a^n + 1a^n = 4a^n$. &c.

Et que pour prendre la ſomme ou la

210 difference de deux puissances $7a^3$ & $4a^3$, ou generalement de pa^n & qa^n d'une même quantité a, dont les Exposans n, n étoient un même nombre entier positif, il n'y avoit qu'à prendre la somme ou la difference de leurs coefficiens, & qu'ainsi

$$7a^3 + 4a^3 = \overline{7+4} \times a^3 = 11a^3 , \quad 7a^3 - 4a^3 = \overline{7-4} \times a^3 = 3a^3.$$

Et generalement que $pa^n + qa^n = \overline{p+q} \times a^n$, & $pa^n - qa^n = \overline{p-q} \times a^n$, soit que les coefficiens p & q soient des nombres entiers ou rompus positifs ou négatifs.

De même, lorsque l'exposant de ces puissances sera un nombre entier ou rompu, positif ou negatif, verrons nous en substituant les expressions anciennes à la place des nouvelles

Que $7a^{-3} + 4a^{-3} = 11a^{-3}$. Car $a^{-3} = \frac{1}{a^3}$.

Donc $7 \times \frac{1}{a^3} + 4 \times \frac{1}{a^3} = 11 \times \frac{1}{a^3} = 11a^{-3}$

Que $7a^{\frac{3}{4}} - 4a^{\frac{3}{4}} = 3a^{\frac{3}{4}}$. Car $a^{\frac{3}{4}} = \sqrt[4]{a^3}$

Donc $7\sqrt[4]{a^3} - 4\sqrt[4]{a^3} = 3\sqrt[4]{a^3} = 3a^{\frac{3}{4}}$.

Que $5a^{-\frac{3}{4}} + 3a^{-\frac{3}{4}} = 8a^{-\frac{3}{4}}$. Car $a^{-\frac{3}{4}} = \frac{1}{\sqrt[4]{a^3}}$.

Donc $5 \times \frac{1}{\sqrt[4]{a^3}} + 3 \times \frac{1}{\sqrt[4]{a^3}} = 8 \times \frac{1}{\sqrt[4]{a^3}} = 8a^{-\frac{3}{4}}$.

Il ſeroit inutile de donner d'autres exemples. Remarqués ſeulement que $11 \times \frac{1}{a^3} = \frac{11}{a^3}$. Et que $8 \times \frac{1}{\sqrt[4]{a^3}} = \frac{8}{\sqrt[4]{a^3}}$.

Mais lorſque les deux puiſſances, dont on veut prendre la ſomme ou la differen-ce, ont des expoſans differens, comme $7a^p$ & $4a^q$, alors on ne peut les réduire à un ſeul terme, par la même raiſon qu'on ne peut réduire $7a^5 + 4a^3$, ni $7a^3 - 4a^5$.

On ne peut auſſi réduire $7a^p + 4a^{-p}$ à un ſeul terme, quoiqu'ils ayent un même expoſant p, parce qu'il eſt *poſitif* dans l'un & *negatif* dans l'autre, par la même raiſon qu'on ne peut réduire à un ſeul ter-me $7a^3 + 4a^{-3}$, $= 7a^3 + \frac{4}{a^3}$, ce qu'il faut remarquer,

I I.

Pour la Multiplication & la Diviſion,

210 Nous avons vû que pour prendre le Produit ou le Quotient de deux puissances a^m & a^n d'un même nombre a, dont les exposans étoient des nombres entiers positifs, il n'y avoit qu'à prendre la somme ou la différence de leurs exposans m & n, & qu'ainsi le produit de a^m par a^n étoit a^{m+n} & leur quotient étoit a^{m-n} : Que le produit a^n par a^1 étoit a^{n+1}, & leur quotient étoit a^{n-1}.

Que le produit de a^7 par a^3 étoit $a^{7+3} = a^{10}$, & que leur quotient étoit $a^{7-3} = a^4$.

Il en sera de même lorsque les Exposans m & n de ces puissances seront des nombres entiers ou rompus, positifs ou négatifs.

Ainsi le quotient de a^3 par a^7, ou $\dfrac{a^3}{a^7}$ sera $a^{3-7} = a^{-4}$. Car $\dfrac{a^3}{a^7} = \dfrac{1}{a^4} = a^{-4}$

Le produit de a^7 par $a^{-3} = \dfrac{1}{a^3}$ sera $a^{7-3} = a^4$.

$=a^4$, car $a^7 \times \dfrac{1}{a^3} = \dfrac{a^7}{a^3} = a^4$. Et leur quotient sera $a^{7+3}=a^{10}$. Car a^7 divisé par $\dfrac{1}{a^3}=a^{10}$.

Le produit de $a^{\frac{2}{3}}$ par $a^{\frac{1}{2}}$ sera $a^{\frac{2}{3}+\frac{1}{2}}=a^{\frac{7}{6}}$. Car $\sqrt[3]{a^2} \times \sqrt[2]{a} = \sqrt[6]{a^4} \times \sqrt[6]{a^3} = \sqrt[6]{a^7} = a^{\frac{7}{6}}$. Et leur quotient sera $a^{\frac{2}{3}-\frac{1}{2}}=a^{\frac{1}{6}}$; car $\sqrt[6]{a^4}$ divisé par $\sqrt[6]{a^3} = \sqrt[6]{a} = a^{\frac{1}{6}}$.

Le produit de $a^{\frac{1}{2}}$ par $a^{-\frac{2}{3}}$ sera $a^{\frac{1}{2}-\frac{2}{3}} = a^{-\frac{1}{6}}$; car $\sqrt[2]{a} \times \dfrac{1}{\sqrt[3]{a^2}} = \sqrt[6]{a^3} \times \dfrac{1}{\sqrt[6]{a^4}} = \dfrac{\sqrt[6]{a^3}}{\sqrt[6]{a^4}} = \dfrac{1}{\sqrt[6]{a^1}} = a^{-\frac{1}{6}}$. Et leur quotient sera $a^{\frac{1}{2}+\frac{2}{3}} = a^{\frac{7}{6}}$; car $\sqrt[6]{a^3}$ divisé par $\dfrac{1}{\sqrt[6]{a^4}} = \sqrt[6]{a^7} = a^{\frac{7}{6}}$.

En general le produit

de a^p par a^q est a^{p+q}.

de a^p par a^{-q} est a^{p-q}.

de a^{-p} par a^q est a^{-p+q}.

de a^{-p} par a^{-q} est a^{-p-q}.

de $a^{\frac{p}{r}}$ par $a^{\frac{q}{s}}$ est $a^{\frac{p}{r}+\frac{q}{s}} = a^{\frac{ps+qr}{rs}}$. &c.

M m

210 Le Quotient

de a^p par a^q est a^{p-q}.

de a^p par a^{-q} est a^{p+q}.

de a^{-p} par a^q est a^{-p-q}.

de a^{-p} par a^{-q} est a^{-p+q}.

de $a^{\frac{p}{r}}$ par $a^{\frac{q}{s}}$ est $a^{\frac{p}{r}-\frac{q}{s}} = a^{\frac{ps-qr}{rs}}$ &c.

Cette regle est fondée fur ce que les operations que l'on fait fur les expofans de deux radicaux, tels que $\sqrt[r]{a^p}$ & $\sqrt[s]{a^q}$ pour en prendre le produit ou le quotient, font les mêmes que celles que l'on fait fur les deux fractions $\frac{p}{r}$ & $\frac{q}{s}$, (qui font les expofans des puiffances du nombre a dans les expreffions nouvelles, qui répondent à ces radicaux) pour en prendre la fomme, ou la difference.

Car pour prendre le produit ou le quotient de $\sqrt[r]{a^p}$ & $\sqrt[s]{a^q}$, il faut, 1°. Leur donner un même figne, ce qui donne $\sqrt[rs]{a^{ps}}$ & $\sqrt[rs]{a^{qr}}$ 2°. Il faut multiplier ou divifer ce qui eft fous le figne de l'un par ce qui eft fous le figne de l'autre, ce qui donne pour produit $\sqrt[rs]{a^{ps+qr}} = a^{\frac{ps+qr}{rs}}$, & pour quotient $\sqrt[rs]{a^{ps-qr}} = a^{\frac{ps-qr}{rs}}$.

Et pour prendre la somme ou la difference des fractions $\frac{p}{r}$ & $\frac{q}{s}$, il faut, 1°. Leur donner un même dénominateur, ce qui donne $\frac{ps}{rs}$ & $\frac{qr}{rs}$. 2°. Prendre la somme ou la difference des numerateurs, ce qui donne pour la somme $\frac{ps+qs}{rs}$, & pour la difference $\frac{ps-qr}{rs}$.

III.

Pour la composition des Puissances.

Nous avons vû que pour élever une puissance quelconque a^n, dont l'exposant n étoit un nombre entier positif à la puissance 2. 3. 4... p, il falloit multiplier l'exposant n par 2. 3. 4... p & poser a^{2n}. a^{3n}. a^{4n} ... a^{pn}.

Que pour élever par exemple a^5 à la puissance 2, il falloit multiplier 5 par 2, ce qui donne a^{10}.

Que pour élever a^5 à la puissance 3, il falloit multiplier 5 par 3, ce qui donne a^{15}. Et ainsi de suite.

Mm ij

Il en sera de même pour tous les cas. Ainsi a^{5} élevé aux puissances 2, -2, $\frac{2}{3}$. $-\frac{2}{3}$ sera a^{10}, a^{-10}. $a^{\frac{10}{3}}$, $a^{-\frac{10}{3}}$.

a^{-5} élevé aux mêmes puissances 2. -2. $\frac{2}{3}$. $-\frac{2}{3}$ sera a^{-10}. a^{10}. $a^{-\frac{10}{3}}$. $a^{\frac{10}{3}}$.

$a^{\frac{3}{4}}$ élevé aux mêmes puissances 2. -2. $\frac{2}{3}$. $-\frac{2}{3}$. sera $a^{\frac{6}{4}}$. $a^{-\frac{6}{4}}$. $a^{\frac{6}{12}}$. $a^{-\frac{6}{12}}$ ou $a^{\frac{3}{2}}$. $a^{-\frac{3}{2}}$. $a^{\frac{1}{2}}$. $a^{-\frac{1}{2}}$.

$a^{-\frac{3}{4}}$ élevé aux mêmes puissances 2. -2. $\frac{2}{3}$. $-\frac{2}{3}$ sera $a^{-\frac{6}{4}}$. $a^{\frac{6}{4}}$. $a^{-\frac{6}{12}}$. $a^{\frac{6}{12}}$ ou $a^{-\frac{3}{2}}$. $a^{\frac{3}{2}}$. $a^{-\frac{1}{2}}$. $a^{\frac{1}{2}}$.

En general, 1°. Pour élever a^{n} aux puissances p. $-p$. $\frac{p}{q}$. $-\frac{p}{q}$ il faut poser a^{pn}. a^{-pn}. $a^{\frac{pn}{q}}$. $a^{-\frac{pn}{q}}$

2°. Pour y élever a^{-n}

il faut poser a^{-pn}. a^{pn}. $a^{-pn}q$. $a q^{pn}$.

3°. Pour y élever $a^{\frac{n}{m}}$

il faut poser $a^{\frac{pn}{m}}$. $a^{-\frac{pn}{m}}$. $a q^{\frac{pn}{m}}$. $a^{-\frac{pn}{m}}q$.

4°. Pour y élever $a^{-\frac{n}{m}}$

il faut poser $a^{-\frac{pn}{m}}$. $a^{\frac{pn}{m}}$. $a^{-\frac{pn}{m}}q$. $a q^{\frac{pn}{m}}$.

Car 1°. Soit $a^{n} = c$. Nous avons appris que pour élever un nombre c aux puissances p. $-p$. $\frac{p}{q}$. $-\frac{p}{q}$ il falloit poser c^{p}. c^{-p}. $c q^{p}$. $c q^{-p}$ reste donc à démontrer que $c^{p} = a^{pn}$. $c^{-p} = a^{-pn}$. $c q^{p} = a q^{pn}$. $c^{-p}q = a^{-pn}q$. Or $c^{p} = a^{pn}$, puisque $c = a^{n}$.

$c^{-p} = \frac{1}{c^{p}} = \frac{1}{a^{pn}} = a^{-pn}$, puisque $c^{p} = a^{pn}$.

$c q^{p} = \sqrt[q]{c^{p}} = \sqrt[q]{a^{pn}} = a q^{pn}$. puisque $c^{p} = a^{pn}$.

$c^{-\frac{p}{q}} = \frac{1}{\sqrt[q]{c^{p}}} = \frac{1}{\sqrt[q]{a^{pn}}} = a^{-pn}q$. puisq. $c^{p} = a^{pn}$.

2°. Soit a^{-n}, ou $\frac{1}{a^{n}} = c$, reste donc

Mm iij

210

é-
gaux,
ce
qu'il
faut
sous-
en-
ten-
dre
dans
tou-
tes les
dé-
mon-
stra-
tions
qui
sui-
vent

à démontrer que $c^{\frac{p}{-pn}} = a$.

$c^{\frac{-p}{pn}} = a$, $c^{q\frac{p}{-pn}} = a^q$, $c^{\frac{-p}{q}\,pn} = a^q$. Or

$c^{p} = \dfrac{1}{a^{pn}} = a^{-pn}$, puisque $c = \dfrac{1}{a^{n}}$,

$c^{-p} = \dfrac{1}{c^{p}} = 1$ div. par $\dfrac{1}{a^{pn}} = a^{pn}$, puisque

$c^{p} = \dfrac{1}{a^{pn}}$,

$c^{q} = \sqrt[q]{c} = \sqrt[q]{\dfrac{1}{a^{pn}}} = \dfrac{1}{\sqrt[q]{a^{pn}}} = a^{\frac{-pn}{q}}$.

$c^{\frac{-p}{q}} = \dfrac{1}{\sqrt[q]{c^{p}}} = 1$ div. par $\dfrac{1}{\sqrt[q]{a^{pn}}} = \sqrt[q]{a^{pn}} = a^{\frac{pn}{q}}$.

3^{a}. Soit a^{m} ou $\sqrt[m]{a} = c$. Reste donc à démontrer que $c^{p} = a^{m}$, $c^{-p} = a^{\frac{pn}{m}}$, $c^{q} = a^{\frac{pn}{q}m}$.

$c^{\frac{-p}{q}} = a^{\frac{-pn}{q}m}$. Or

$c^{p} = \sqrt[m]{a}^{\,pn} = a^{\frac{pn}{m}}$ puisque $c = \sqrt[m]{a}$.

$c^{-p} = \dfrac{1}{c^{p}} = \dfrac{1}{\sqrt[m]{a^{pn}}} = a^{\frac{-pn}{m}}$, puisque $c^{p} = \sqrt[m]{a}$.

$c^{q} = \sqrt[q]{c} = \sqrt[q]{}$ de $\sqrt[m]{a}^{\,pn} = \sqrt[q]{\sqrt[m]{a}^{\,pn}} = a^{\frac{pn}{q}m}$.

$c^{\frac{-p}{q}} = \dfrac{1}{\sqrt[q]{c^{p}}} = \dfrac{1}{\sqrt[qm]{a^{pn}}} = a^{\frac{-pn}{q}m}$.

4°. Soit $a^{-\frac{n}{m}}$ ou $\dfrac{1}{\sqrt{a^n}} = c$. Reste donc

à démontrer que $c^{\frac{p}{q}} = a^{-\frac{pn}{m}}$. $c^{-\frac{p}{q}} = a^{\frac{pn}{m}}$.

$c^{\frac{p}{q}} = a^{-\frac{pn}{qm}}$. $c^{-\frac{p}{q}} = a^{\frac{pn}{qm}}$. Or

$$c^{p} = \frac{1}{\sqrt[m]{a^{pn}}} = a^{-\frac{pn}{m}}, \text{ puifque } c = \frac{1}{\sqrt[m]{a^n}}$$

$$c^{-p} = \frac{1}{c^p} = 1 \text{ divifé par } \frac{1}{\sqrt[m]{a^{pn}}} = \sqrt[m]{a^{pn}}$$

$$= a^{\frac{pn}{m}}, \text{ puifque } c^{p} = \frac{1}{\sqrt[m]{a^{pn}}}$$

$$c^{\frac{p}{q}} = \sqrt[q]{c^p} = \sqrt[q]{} \text{ de } \frac{1}{\sqrt[m]{a^{pn}}} = \frac{1}{\sqrt[qm]{a^{pn}}} = a^{-\frac{pn}{qm}}.$$

$$c^{-\frac{p}{q}} = \frac{1}{\sqrt[q]{c^p}} = 1 \text{ divifé par } \frac{1}{\sqrt[qm]{a^{pn}}} = \sqrt[qm]{a^{pn}} = a^{\frac{pn}{qm}}$$

IV.

Pour tirer la racine

$2.\ 3.\ 4\ \dots,\ p.\ = p.\ \dfrac{p}{q}.\ = \dfrac{p}{q}$

d'une puiffance quelconque

$a.\ a.\ a\ \dots\ a.\ a.\ a\ .\ a^{\frac{n}{m}}.\ a^{-\frac{n}{m}}.$

On divifera l'expofant de la puiffance propofée de a par l'expofant de la racine auffi propofée, obfervant la regle des fignes + & —, c'est-à-dire, que l'on fera le contraire de ce qu'on a fait dans l'article précedent. Ainsi,

La racine seconde de a^3 sera $a^{\frac{3}{2}}$, puisque $a^{\frac{3}{2}}$ élevé à la puissance 2, est $a^{\frac{6}{2}} = a^3$. Par la même raison

La racine 2 de a^{-3} sera $a^{-\frac{3}{2}}$, puisque $a^{-\frac{3}{2}}$ élevé à la puissance 2, est $a^{-\frac{6}{2}} = a^{-3}$.

La racine -2 de a^3 sera $a^{-\frac{3}{2}}$

La racine -2 de a^{-3} sera $a^{\frac{3}{2}}$

La racine $\frac{2}{3}$ de $a^{\frac{3}{4}}$ sera $a^{\frac{9}{8}}$

La racine $\frac{2}{3}$ de $a^{-\frac{3}{4}}$ sera $a^{-\frac{9}{8}}$

La racine $-\frac{2}{3}$ de $a^{\frac{3}{4}}$ sera $a^{-\frac{9}{8}}$

La racine $-\frac{2}{3}$ de $a^{-\frac{3}{4}}$ sera $a^{\frac{9}{8}}$

En général la racine $\frac{p}{q}$ de $a^{\frac{n}{m}}$ sera $a^{\frac{qn}{pm}}$, puisque $a^{\frac{qn}{pm}}$ élevé à la puissance $\frac{p}{q}$ est $a^{\frac{n}{m}}$ &c.

D'où il fuit que c'eſt une même choſe 210
de tirer la Racine

$$2. \quad —2. \quad \tfrac{2}{3}. \quad —\tfrac{2}{3}. \quad p. \quad —p. \quad \tfrac{p}{q}. \quad —\tfrac{p}{q}$$

d'une puiſſance quelconque

$$a^n . \; a^{-n} . \; a^{\frac{n}{m}} . \; a^{-\frac{n}{m}},$$ que de l'élever, en
renverſant les termes à la puiſſance

$$\tfrac{1}{2}. \quad —\tfrac{1}{2}. \quad \tfrac{3}{2}. \quad —\tfrac{3}{2}. \quad \tfrac{1}{p}.—\tfrac{1}{p}. \quad \tfrac{q}{p}. \quad —\tfrac{q}{p}$$

puiſqu'il en réſulte le même nombre. Ce
qu'il faut bien obſerver.

PROBLEME II.

POUR faire les operations de l'Arithmetique ſur les puiſſances, dont les
Expoſans ſont des nombres entiers ou rompus, poſitifs ou négatifs de differens
nombres *a. b. c. d.* &c. Et ſur les ſuites
de ces puiſſances. On ſuivra les mêmes
regles que ſur les puiſſances, & ſur les
ſuites des puiſſances, dont les expoſans
ſont des nombres entiers poſitifs. Ainſi,

I. 5

Les puiſſances a^n & b^{-m} étant propoſées
leur ſomme ſera $a^n + b^{-m}$

210 leur difference sera $\qquad a^n - b^{-m}$

leur produit sera $\qquad a^n b^{-m} = \dfrac{a^n}{b^m}$

leur quotient sera $\qquad \dfrac{a^n}{b^{-m}} = a^n b^m$

Car $b^{-m} = \dfrac{1}{b^m}$. Donc $a^n \times b^{-m}$ ou

$a^n b^{-m} = a^n \times \dfrac{1}{b^m} = \dfrac{a^n}{b^m}$. a^n divisé par b^{-m}

$= a^n$ divisé par $\dfrac{1}{b^m} = a^n b^m$.

Sur quoi il faut bien remarquer.

1°. Que c'est le même de diviser une puissance quelconque a^n par une autre b^n dont l'exposant est positif, que de multiplier a^n par b^{-m}, dont l'exposant est négatif ; car on voit que $\dfrac{a^n}{b^m} = a^n b^{-m}$

2°. Que c'est le même de diviser a^n par b^{-m}, dont l'exposant est négatif, que de multiplier a^n par b^{-m}, dont l'exposant est positif ; car on voit que $\dfrac{a^n}{b^m} = a^n$ divisé par $\dfrac{1}{b^m} = a^n b^m$

II.

D'où il suit qu'on peut toûjours délivrer un produit de tous les exposans négatifs.

1°. En posant au dénominateur, avec le même exposant positif, la lettre dont l'exposant est négatif dans le numérateur.

2°. En posant au numérateur, avec le même exposant positif, la lettre dont l'exposant est négatif dans le dénominateur.

Ainsi $a^2 b^{-3} c^{-1} d^4$ (ou $a^2 \times \dfrac{1}{b^3} \times \dfrac{1}{c}$

$\times d^4$) $= \dfrac{a^2 d^4}{b^3 c^1}$.

De même $\dfrac{a^2 b^{-3} c}{d^{-4} c^{-3}}$ (ou $a^2 \times \dfrac{1}{b^3} \times c$, divisé

par $\dfrac{1}{d^2} \times \dfrac{1}{c^3}$) $= \dfrac{a^2 d^2 c^4}{b^3} = a^2 d^2 c^4 b^{-3}$

De même $\dfrac{a^{-\frac{1}{2}} b^{\frac{2}{3}}}{c^{-\frac{3}{4}} d^{\frac{2}{2}}}$ (ou $\dfrac{1}{\sqrt[2]{a}} \times \sqrt[3]{b^2}$, divisé

par $\dfrac{1}{\sqrt[4]{c^3}} \times d^2 = \dfrac{\sqrt[3]{b^2} \times \sqrt[4]{c^3}}{\sqrt[2]{a} \times d^2}$) $= \dfrac{b^{\frac{2}{3}} c^{\frac{3}{4}}}{a^{\frac{1}{2}} d^2}$

$= a^{-\frac{1}{2}} b^{\frac{2}{3}} c^{\frac{3}{4}} d^{-2}$

210   On voit par-là qu'on peut toujours réduire une fraction sous la forme d'un entier, en posant au numerateur les lettres qui sont au dénominateur, après avoir changé les signes de leurs exposans.

$$\text{Ainsi } \frac{a}{x} = ax^{-1} \quad . \quad \frac{1}{x} = x^{-1} \quad . \quad \frac{a^2}{b^2} = a^2 b^{-2}$$

$$\frac{a^m}{a^2} = a^{m-2} \quad . \quad \frac{a^n}{a^{-3}} = a^{n+3} \quad . \quad \frac{a^m}{x^n} = a^m x^{-n}$$

7   III.

Les fractions étant ainsi réduites en entiers, on fait sur elles toutes les operations de l'Arithmetique suivant les regles des entiers, jointes aux regles des exposans que nous venons d'expliquer. Ainsi,

La somme de A & B est S, & leur difference est D.

$$
\begin{array}{ll}
\text{A.} & 4ay^{-1} - ab^{-3} \\
\text{B.} & 3ay^{-1} + 3ab^{-1} \\
\hline
\text{S.} & 7ay^{-1} + 2ab^{-1} \\
\text{D.} & 1ay^{-1} - 4ab^{-1}
\end{array}
$$

Le produit de ax^{-1} par ax^{-1} est $a^2 x^{-2}$.

Celuy

Celui de ab^{-1} par ac^{-1} est $a^2 b^{-1} c^{-1}$.   210

Celui de ax^{-1} par ax^{2} est $a^2 x^{1-1} = a^2$. Celui de ax^{m} par ax^{-n} est $a^2 x^{m-n}$.

Le quotient de ab^{-1} par cd^{-1}, ou de $c^{+1} d^{-1}$ est (en changeant tous les signes des exposans du diviseur) $ab^{-1} c^{-1} d$. Le quotient de adx^{-3} par ax^{-1} est dx^{-2}.

Le quotient de $a^n x^m$ par $a^m x^{m-1} b^{-n+1}$ est $a^{n-m+1} x^{m-n-1} b^{-1}$.

Pour élever un produit $a^m b^{-n} c$ à une puissance quelconque p. — p. $\frac{p}{q}$. — $\frac{p}{q}$. Il n'y a qu'à multiplier chacun des exposans du produit par l'exposant de la puissance proposée.

Ainsi par la raison que la puissance 3 de $a^2 b^4 c$ est $a^6 b^{12} c^3$, par la même raison la puissance p, de $a^m b^{-n} c$ sera $a^{mp} b^{-np} c^p$. Et sa racine p, ou ce qui est la même chose, sa puissance $\frac{1}{p}$, sera $a^{\frac{m}{p}} b^{-\frac{n}{p}} c^{\frac{1}{p}}$.

La puissance $\frac{2}{3}$ de $a^3 b^2 c^{-1} d$, sera $a^2 b^{\frac{4}{3}}$

210
$c^{-\frac{2}{3}} d^{\frac{2}{3}}$. Et sa racine $-\frac{2}{3}$; ou, ce qui revient au même, sa puissance $-\frac{3}{2}$ sera $a^{-\frac{9}{2}} b^{-\frac{3}{4}} c^{2} d^{-\frac{3}{2}}$, ce qui est clair par tout ce que nous avons dit jusqu'à présent.

Que le produit de A par B est P.

$$\text{A.}\quad a\sqrt[n]{a} + \sqrt[n]{b}^{\,\overline{n-3}}$$

$$\text{B.}\quad b\sqrt[n]{a}^{\,\overline{n-1}} - \sqrt[n]{b}^{\,3}$$

$$ab\sqrt[n]{a^{n} + a^{\overline{n-1}}\sqrt[n]{b}^{\,\overline{n-3}} - a\sqrt[n]{b}^{\,3} - b^{n}}$$

$$\text{P.}\quad ab\sqrt[n]{a}^{\,n} - b^{n} + a^{\overline{n-1}}\sqrt[n]{b}^{\,\overline{n-3}} - a\sqrt[n]{b}^{\,3}$$

En multipliant ce qui est devant le signe de l'un par ce qui est devant le signe de l'autre : Et ce qui est sous le signe de l'un par ce qui est sous le signe de l'autre.

$$\text{A.}\quad ab\,\sqrt[n]{y}\,a + \sqrt[n]{y}\,ab + \sqrt[n]{y}\,a^{\overline{n-1}}\,c + \sqrt[n]{y}\,bc$$

$$\text{B.}\quad a\,\sqrt[n]{y}\,\sqrt[n]{y}\,a + \sqrt[n]{y}\,c$$

$$\text{Q.}\quad b\,\sqrt[n]{y}\,\sqrt[n]{y}\,a + \sqrt[n]{y}\,c$$

En divisant ce qui est avant le signe
de l'un par ce qui est avant le signe de
l'autre : Et ce qui est sous le signe de
l'un par ce qui est sous le signe de l'autre.

IV.   8

Pour désigner les puissances

$$2.\ 3.\ 4\ldots p.\ \dashrightarrow p.\ \frac{p}{q}.\ \dashrightarrow \frac{p}{q}$$

d'un Polynome $a + b \dashrightarrow c \dashrightarrow$ &c. On tire
une ligne sur tous les termes de ce Poly-
nome, & on pose au bout de la ligne
l'exposant de la puissance.

En cette forte $\overline{a + b \dashrightarrow c}^{\,p}$. $\overline{a + b \dashrightarrow c}^{\,\frac{p}{q}}$
Et l'on opere sur les puissances de ces Po-
lynomes de la même façon que sur celles
des Monomes.

Ainsi $\overline{a + b}^{\,n}$ & $\overline{c \dashrightarrow}^{\,-p}$ étant proposez,

leur somme fera $\overline{a + b}^{\,n} + \overline{c \dashrightarrow d}^{\,-p}$

leur difference $\overline{a + b}^{\,n} + \overline{c \dashrightarrow d}^{\,-p}$

N n ij

210. leur produit $\qquad \overline{a+b}^{\,n} \times \overline{c-d}^{\,-p}$

leur quotient $\qquad \overline{a+b}^{\,n} \times \overline{c-d}^{\,p}$

en changeant le signe —— de l'exposant —— p du diviseur en +.

Par la même raison que le quotient de a^n par c^{-p} ou par $\dfrac{1}{c^p}$ est $a^n \times c^p$,

On verra de même que le quotient de $a+b$ par $c-d$ $\left(= \dfrac{a+b}{c-d} = \overline{a+b} \times \dfrac{1}{c-d} \right)$ est $\overline{a+b} \times \overline{c-d}^{\,-1}$. Et que celui de $\overline{a+b}^{\,n}$, par $\overline{c-d}^{\,-p}$ est $\overline{a+b}^{\,n} \times \overline{c-d}^{\,p}$, en changeant le signe —— de l'exposant —— p du diviseur en +.

On prendra aussi les puissances, & on tirera les racines p. —— p. $\dfrac{p}{q}$. —— $\dfrac{p}{q}$ des puissances d'un Polynome de 2. de 3. de 4. &c. ou même d'une infinité de termes, tel que $\overline{a+b}^{\,n}$. $\overline{a-b}^{\,n}$. $\overline{a-b+c}^{\,n}$

$$\overline{a+by+cy^2+dy^3+ey^4+\&c.}^{\,n}$$

& ainsi des autres, en operant sur l'exposant n de ces puissances, comme on l'a fait sur celles de a. Car on peut considerer le Polynome qui est sous la ligne comme réduit à une seule quantité a. Ainsi la puiſſance p de $\overline{a+b}^{\,n}$ ſera $\overline{a+b}^{\,pn}$, &c

ſa racine p ſera $\overline{a+b}^{\,\frac{n}{p}}$. Et il en ſera de même des autres, comme la puiſſance p de a^{n} eſt a^{pn}, & ſa racine p eſt $a^{\frac{n}{p}}$.

Mais on a ſouvent beſoin de réduire les puiſſances de ces Polynomes en leurs ſuites infinies, ce qui ſera le ſujet du Problême ſuivant.

PROBLEME. III.

REDUIRE une puiſſance quelconque $\overline{a+b}^{\,n}$ d'un Binome $a+b$ en ſa ſuite infinie, ſoit que ſon expoſant n ſoit un nombre entier ou rompu, poſitif ou négatif ; ſçavoir p, ou $-p$, $\frac{p}{q}$, ou $-\frac{p}{q}$.

I.

Préparation.

On ſe ſervira de la formule F. que l'on pourra aiſément continuer à l'infini, en conſiderant,

1°. Que les numerateurs $n-0$. $n-p$. $n-2$. $n-3$. $n-4$. &c. des fractions

210 qui serviront à former les coefficiens des produits $a^{n-o} b^o$

$a^{n-1} b^1 . a^{n-2} b^2 .$

$a^{n-3} b^3 . a^{n-4} b^4 .$

&c. sont tous composez de la lettre n, qui est l'exposant general de la puissance $\overline{a+b}^{n}$, & vont tous en diminuant de l'unité.

2°. Que les dénominateurs des mêmes fractions croifsent selon l'ordre des nombres entiers positifs 1. 2. 3. 4. 5. &c. & surpaffent chacun d'une unité les nombres entiers négatifs — o. — 1. — 2. — 3. — 4. &c. qui font aux numerateurs.

3°. Que les exposans n—o. n—1. n—2. n—3. &c.

$$F$$

$$1a\;a^{n-o} b^{o}$$

$$\frac{n-o}{1} a^{n-1} b^{1}$$

$$\frac{n-1}{2} a^{n-2} b^{2}$$

$$\frac{n-2}{3} a^{n-3} b^{3}$$

$$\frac{n-3}{4} a^{n-4} b^{4}$$

$$\frac{n-4}{5} a^{n-5} b^{5}$$

$$\frac{n-5}{6} a^{n-6} b^{6}$$

$$\frac{n-6}{7} a^{n-7} b^{7}$$

$$\frac{n-7}{8} a^{n-8} b^{8}$$

$$\frac{n-8}{9} a^{n-9} b^{9}$$

$$\frac{n-9}{10} a^{n-10} b^{10}$$

$$\frac{n-10}{11} a^{n-11} b^{11}$$

$$\frac{n-11}{12} a^{n-12} b^{12} \quad \&c.$$

des puiſſances de la lettre *a*, vont toûjours 210
en diminuant de l'unité, pendant que les
expoſans 0. 1. 2. 3. 4. &c. des puiſſances de la lettre *b*, vont en augmentant de
l'unité. Cela ſuppoſé.

II.

Conſtruction de la ſuite generale.

Le premier terme de la ſuite infinie A
de la puiſſance $\overline{a+b}^{\,n}$ du Binome *a+b*

ſera $\qquad A.\; 1a^{n-0}\, b^{0}$

ſon ſecond terme ſera $\quad +1 \times \dfrac{n-0}{1} a^{n-1}\, b^{1}$

ſon 3e. terme ſera $+1 \times \dfrac{n-0}{1} \times \dfrac{n-1}{2} a^{n-2}\, b^{2}$

ſon 4e. ſera $+1 \times \dfrac{n-0}{1} \times \dfrac{n-1}{2} \times \dfrac{n-2}{3} a^{n-3}\, b^{3}$

ſon 5. $+1 \times \dfrac{n-0}{1} \times \dfrac{n-1}{2} \times \dfrac{n-2}{3} \times \dfrac{n-3}{4} a^{n-4}\, b^{4}$

Et ainſi de ſuite à l'infini.

C'eſt-à-dire, 1°. Que les produits
$a^{n-0} b^{0}.\; a^{n-1} b^{1}.$ &c. de chacun des
termes de la ſuite A, ſeront les mêmes que
ceux de la formule F.

2°. Le coefficient du premier terme de

220 la suite A, sera le même que le coefficient du premier terme de la suite F. sçavoir l'unité 1.

3°. Le coefficient du second terme de la suite A sera le produit des deux premiers coefficiens de la formule F.

4°. Le coefficient du troisiéme terme de la formule A sera le produit des trois premiers coefficiens de la formule F.

Et ainsi de suite à l'infini. Et on pourra mettre cette formule A sur une seule ligne, comme on le voit dans la Table qui est à la fin.

Où l'on a mis $\frac{n}{1}$, au lieu de $\frac{n-0}{1}$, & a^{n} au lieu de $a^{n-0} b^{0} = a$, puisque $n-0 = n$, & que $b^{0} = 1$.

III.

Construction des suites déterminées.

On aura la suite déterminée de telle puissance qu'on voudra du Binome $a+b$, comme celle de $\overline{a+b}^{2}$, ou $\overline{a+b}^{-2}$, ou $\overline{a+b}^{\frac{2}{3}}$, ou $\overline{a+b}^{-\frac{2}{3}}$, en substituant dans la suite A, l'exposant donné 2, ou —2, ou $+\frac{2}{3}$, ou $-\frac{2}{3}$, à la place de n. Ainsi,

1°. La suite de $\overline{a+b}^2$ sera $1a^2+2ab+b^2$ car on aura le premier terme de la suite A ; sçavoir, $1a^n=1a^2$.

On aura le second terme de la suite A,

$$+1\times\frac{n}{1}a^{n-1}b^1=+1\times\frac{2}{1}a^{2-1}b^1=2ab,\ \text{car}$$

$$a^{2-1}=a^1=a.$$

On aura le troisiéme terme de la suite

$$A.\ +1\times\frac{n}{1}\times\frac{n-1}{2}a^{n-2}b^2=+1\times\frac{2}{1}\times\frac{2-1}{2}$$

$$a^{2-2}b^2=1b^2\ ;\ \text{puisque}\ a^{2-2}=a^0=1.$$

On aura le quatriéme terme de la suite

$$A.\ +1\times\frac{n}{1}\times\frac{n-1}{2}\times\frac{n-2}{3}a^{n-3}b^3=1\times\frac{2}{1}.$$

$$\times\frac{2-1}{2}\times\frac{2-2}{3}a^{2-3}b^3=0,\ \text{puisque la fra-}$$

ction $\frac{2-2}{3}=\frac{0}{3}=0$, & que le produit de quelque nombre que ce soit par $z$ero est toûjours zero.

Et comme les autres termes de la suite A qui suivent ont tous pour multiplicateur la fraction $\frac{n-2}{2}=0$, lorsque $n=2$, on voit que tous ces termes seront $z$ero, & que par conséquent la suite A devient la suite finie $a^2+2ab+b^2$, lorsque $n=2$.

220 On trouvera de même que la suite de $\overline{a+b}^3$ sera $a^3 + 3a^2 b + 3ab^2 + b^3$, en substituant 3 à la place de n, dans la formule. A. Et ainsi des autres.

2°. La suite de $\overline{a+b}^2 = \dfrac{1}{a^2 + 2ab + b^2}$ sera $\dfrac{1}{a^2} - \dfrac{2b}{a^3} + \dfrac{3b^2}{a^4} - \dfrac{4b^3}{a^5} + \&c.$ à l'infini. Car,

Le premier terme de la suite generale A sera changée en $1a^{-2} = \dfrac{1}{a^2}$

Le second terme en $1 \times \dfrac{-2}{1} a^{-2-1} b^1 = -2a^{-3} b^1 = -\dfrac{2b}{a^2}.$

Le troisiéme terme en $+1 \times \dfrac{-2}{1} \times \dfrac{-2-1}{2}$ $a^{-2-2} b^2 = +3a^{-4} b^2 = +\dfrac{3b^2}{a^4}.$

Et ainsi de suite à l'infini.

Il en sera de même des autres suites des puissances déterminées du Binome $a+b$.

On pourra trouver ces suites, & faire ces substitutions avec plus de facilité, en se servant de la formule F. en cette sorte.

1°. On substituera d'abord l'exposant proposé, comme -2 à la place de n dans les coefficiens des termes de la formule F. ce qui donnera 1. -2. $-\frac{3}{2}$

$-\frac{4}{3}$. $-\frac{5}{4}$. $-\frac{6}{5}$ &c.

2°. Ensuite prenant les produits successifs de ces fractions, on connoîtra que le coefficient du premier terme de la suite proposée sera 1, celui du second terme sera $1 \times -2 = -2$. Celui du troisiéme terme sera $-2 \times -\frac{3}{2} = +3$. Celuy du quatriéme sera $+3 \times -\frac{4}{3} = -4$. Et ainsi de suite, en multipliant sans cesse le coefficient déja trouvé par la fraction qui suit.

Ainsi 1. -2. $+3$. -4. $+5$. -6. &c. sera la suite des coefficiens.

3°. On substituera de même l'exposant -2 à la place de n dans les produits de la formule F, & on aura a^{-2}. $a^{-3}b$. $a^{-4}b^2$. $a^{-5}b^3$. &c. ou $\frac{1}{a^2}$. $\frac{b}{a^3}$. $\frac{b^2}{a^4}$. $\frac{b^3}{a^5}$. &c. que l'on multipliera chacun par son coefficient déja trouvé,

Et on aura enfin la suite $\frac{1}{a^2} - \frac{2b}{a^3} + \frac{3b^2}{a^4} - \frac{4b^3}{a^5} +$ &c. que l'on demande, égale

à la puissance $\overline{a+b}^{-2} = \frac{1}{a^2 + 2ab + b^2}$

220.   Si l'on veut trouver la suite de la puissance $\overline{a+b}^{\frac{2}{3}} = \sqrt[3]{a^2+2ab+b^2}$

P. $\quad n=0. \quad n=1. \quad n=2. \quad n=3. \quad n=4.$ &c.

Q. $\quad \dfrac{2}{3}. \quad -\dfrac{1}{3}. \quad -\dfrac{4}{3}. \quad -\dfrac{7}{3}. \quad -\dfrac{10}{3}$ &c.

R. $\quad 1 \quad 2 \quad 3 \quad 4 \quad 5$ &c.

S. $\quad \dfrac{2}{3}. \quad -\dfrac{1}{6}. \quad -\dfrac{4}{9}. \quad -\dfrac{7}{21}. \quad -\dfrac{2}{3}.$ &c.

T. $\quad \dfrac{2}{3}. \quad -\dfrac{1}{9}. \quad +\dfrac{4}{81}. \quad -\dfrac{7}{243}. \quad +\dfrac{11}{729}.$ &c.

V. $\quad a^{\frac{2}{3}}. \quad a^{-\frac{1}{3}}b. \quad a^{-\frac{4}{3}}b^2. \quad a^{-\frac{7}{3}}b^3. \quad a^{-\frac{10}{3}}b^4.$ &c.

X. $\quad \sqrt[3]{a^2}. \quad \dfrac{b}{\sqrt[3]{a^1}}. \quad \dfrac{b^2}{\sqrt[3]{a^4}}. \quad \dfrac{b^3}{\sqrt[3]{a^7}}. \quad \dfrac{b^4}{\sqrt[3]{a^{10}}}$ &c.

Z. $\quad \dfrac{2}{3\sqrt[3]{a^2}} \; -\dfrac{1b}{9\sqrt[3]{a^1}} \; +\dfrac{4b^2}{81\sqrt[3]{a^4}} \; -\dfrac{7b^3}{243\sqrt[3]{a^7}} \; +$&c

1°. On substituera l'exposant donné $\frac{2}{3}$ à la place de n dans chacun des numerateurs P. des fractions de la formule F. & on aura la suite des numerateurs déterminés Q.

2°. On les multipliera chacun par les dénominateurs R, & on aura la suite des fractions S, dont les produits successifs T seront les coefficiens des termes de la suite proposée.

3°. On substituera à la place des exposans P. des produits de la formule F. les fractions Q. qu'on a déja formées, & on aura les produits déterminés V. ou X. que l'on

l'on multipliera chacun par ſon expoſant, 220
dont on a déja trouvé la ſuite T. Et on
aura enfin la ſuite Z que l'on demande.

Et on remarquera qu'il n'y a que les
ſuites des puiſſances, dont les expoſans
ſont des nombres entiers poſitifs qui ſoient
finies, & que tant celles, dont les expoſans ſont des nombres entiers negatifs, que
celles dont les expoſans ſont des nombres
rompus, poſitifs ou negatifs, ont une infinité de termes.

V. §

Pour démontrer maintenant que la ſuite
A eſt en effet la ſuite infinie de la puiſſance generale $\overline{a+b}^{n}$ du Binome $a+b$,
ſoit que l'expoſant n de cette puiſſance
ſoit un nombre entier ou rompu, poſitif
ou négatif; ſçavoir, p, ou $-p$, $\frac{p}{q}$ ou $-\frac{p}{q}$.

Vous remarquerez en premier lieu, que
pour trouver la ſomme S. de deux coefficiens conſecutifs quelconques N. M. de
la ſuite A (*Voyez la Table qui eſt à la fin*)
lorſque n eſt un nombre entier poſitif ou
négatif, il n'y a qu'à augmenter n de l'u-
nité poſitive dans le premier coefficient M.

C'eſt-à-dire, que ſi l'on prend $u=n+1$,
il n'y aura qu'à ſubſtituer u à la place de

220 n dans le coefficient M, comme on le voit en S, pour avoir la somme S des deux coefficiens M & N de la suite A.

$$M. \quad 1 \times \frac{n-0}{1} \times \frac{n-1}{2} \times \frac{n-2}{3} \times \frac{n-3}{4}$$

$$N. \quad 1 \times \frac{n-0}{1} \times \frac{n-1}{2} \times \frac{n-2}{3}$$

$$\overline{}$$

$$S. \quad 1 \times \frac{n-0}{1} \times \frac{n-1}{2} \times \frac{n-2}{3} \times \frac{n-3}{4}$$

Car deux coefficiens consecutifs N. M. de la suite A, quels qu'ils soient, ne differant jamais l'un de l'autre que par la derniere fraction, si l'on multiplie le premier de ces coefficiens N ; sçavoir,

$$1 \times \frac{n}{1} \times \frac{n-1}{2} \times \frac{n-2}{3} \quad \text{par} \quad \frac{n-3}{4} + 1.$$

(c'est-à-dire, par la derniere fraction du suivant M, augmentée de l'unité) ; le produit qui en viendra sera précisément la somme

$$1 \times \frac{n}{1} \times \frac{n-1}{2} \times \frac{n-2}{3} \times \frac{n-3}{4} + 1 \times \frac{n}{1} \times \frac{n-1}{2} \times \frac{n-2}{3}$$

des deux coefficiens M & N, ce qui est évident.

$$\text{Or} \quad \frac{n-3}{4} + 1 = \frac{n-3}{4} + \frac{4}{4} = \frac{n-3+4}{4} = \frac{n+1}{4}$$

ce qui arrivera toûjours, telle que puisse être la derniere fraction de M, * puisque le nombre négatif de toutes les fractions qui forment ces coefficiens, & qui est au numerateur, est toûjours moindre d'une unité que le nombre positif, qui est au 220 numérateur.

Donc la somme M + N des deux coefficiens M & N sera

$$M. \quad 1 \times \frac{n}{1} \times \frac{n-1}{2} \times \frac{n-2}{3} \times \frac{n-3}{4}$$

$$N. \quad +1 \times \frac{n}{1} \times \frac{n-1}{2} \times \frac{n-2}{3}$$

$$1^o. \quad = 1 \times \frac{n}{1} \times \frac{n-1}{2} \times \frac{n-2}{3} \text{ multip. par } \frac{n-3}{4}+1.$$

$$2^o. \quad = 1 \times \frac{n}{1} \times \frac{n-1}{2} \times \frac{n-2}{3} \times \frac{n+1}{4}$$

$$3^o. \quad = \frac{1 \times n \times n-1 \times n-2 \times n+1}{1 \times 1 \times 2 \times 3 \times 4}$$

$$4^o. \quad = \frac{1 \times n+1 \times n \times n-1 \times n-2}{1 \times 1 \times 2 \times 3 \times 4}$$

$$5^o. \quad = 1 \times \frac{u}{1} \times \frac{u-1}{2} \times \frac{u-2}{3} \times \frac{u-3}{4}$$

1°. Par ce que nous venons de dire.

2°. Parce que $\frac{n-3}{4}+1 = \frac{n-3}{4}+\frac{4}{4} = \frac{n+1}{4}$.

3°. Parce que pour prendre le produit de plusieurs fractions, il n'y a qu'à prendre le produit de tous leurs numérateurs, & le produit de tous leurs dénominateurs.

4°. Parce que dans un produit l'ordre des produisans n'en change pas la valeur.

5°. Parce qu'ayant $u = n+1$, on aura $\frac{n+1}{1} = \frac{u}{1}$, $\frac{n}{2} = \frac{u-1}{2}$, $\frac{n-1}{3} = \frac{u-2}{3}$, &c.

20 Donc pour avoir la somme de deux coefficiens consecutifs N & M de la suite A, il n'y a qu'à substituer dans le suivant M, $u = n + 1$ à la place de n ; c'est-à-dire, qu'il n'y a qu'à y augmenter n de l'unité. Ce qu'il falloit démontrer.

6 **VI.**

On remarquera en second lieu, que pour multiplier la suite A. (*Voyez la Table qui est à la fin,*) par $a + b$, qui est la racine de toutes les puissances représentées par $\overline{a+b}^{\,n}$, il n'y a qu'à y augmenter n de l'unité, tant dans les coefficiens que dans les produits.

C'est-à-dire, que prenant toûjours $u = n + 1$, il n'y a qu'à changer n en u dans la suite A, pour avoir le produit de cette suite par $a + b$. Car,

1°. Pour prendre le produit de la suite A par a, il n'y a qu'à changer dans les produits les $\overset{n}{a}$ en $\overset{u}{a}$, sans toucher aux coefficiens, comme on le voit en B.

Car $1 \overset{n}{a} \times a = 1 \overset{n+1}{a} = 1 \overset{u}{a}$, puisque $u = n + 1$.

Et $\dfrac{n}{1} \times 1 \times \tfrac{n}{1} a^{\,n-1} b^{\,1} \times a = \dfrac{n}{1} \times 1 \times \tfrac{n}{1} a^{\,n+1-1} b$

$= \dfrac{n}{1} \times 1 \times \tfrac{n}{1} a^{\,u-1} b^{\,1}$, puisque $u = n + 1$.

Et ainsi de suite à l'infini.

2°. Pour prendre le produit de la suite A par b, il n'y a qu'à changer les a^u en a^n, & donner le coefficient du produit du premier terme de A, au produit de son second terme : le coefficient du produit du second, au produit du troisième. Et ainsi de suite, comme on le voit en C.

Car $1a^n \times b = 1a^{u-1}b^1$, puisque $u = n+1$, & par conséquent $n = u - 1$.

Et $+1 \times \frac{n}{1} a^{n-1} b \times b = 1 \times \frac{n}{1} a^{u-2} b^2$, par la même raison.

Et ainsi de suite à l'infini.

3°. Pour avoir le produit total de la suite A par $a+b$, il n'y a plus qu'à ajoûter la suite B à la suite C, ce qui se fera en ajoûtant chacun des termes de la suite C à chacun des termes de la suite B.

Or pour ajoûter chacun des termes de la suite C à chacun des termes de la suite B, ces termes ayant un même produit litteral, il n'y a qu'à ajoûter le coefficient de l'un au coefficient de l'autre, ce qui se fait par l'article précedent, en augmentant n de l'unité dans le coefficient superieur, ou ce qui revient au même en changeant tous les n de ce coefficient en u, comme on le voit en D.

220 La suite P est donc le produit de la suite A par $a+b$, il ne faut donc pour multiplier la suite A par $a+b$ qu'augmenter son exposant n de l'unité, ce qu'il faut bien retenir.

7 · VII.

Démonstration du premier Cas.

Pour démontrer maintenant que la suite A est en effet la suite de toutes les puissances du Binome $a+b$, dont l'exposant n est un nombre entier positif. Nous obferverons,

1°. Que si dans la suite A on fait $n=0$, on aura la suite $A=1$, c'eft-à-dire, que toute la suite A ne donnera que l'unité.

Car on aura $1a^n = 1a^o = 1$, puifque $a^o = 1$, & que $1 \times 1 = 1$.

On aura $+1 \times \frac{n}{1} a^{n-1} b^1 = 1 \times \frac{o}{1} a^{o-1} b^1 = 0$, puifque $\frac{o}{1} = 0$, & que le produit de quelque nombre que ce foit par o est toûjours zero.

Et comme la fraction $\frac{n}{1} = 0$, lorfque $n=0$ fe trouve dans tous les autres termes de la fuite A, tous ces termes étant par-

là multipliés par zero, s'évanouïront. Ainſi **22**
la ſuite A vaut 1 lorſque $n=0$.

2°. Puis donc que lorſque dans la ſuite
A, $n=0$, on a $A=1$. Si dans la ſuppoſition que $n=0$, on multiplie la ſuite A par
$a+b$ (ce qu'on fera, en augmentant n de
l'unité, c'eſt-à-dire, en poſant 1 dans la
ſuite A, au lieu de $n=0$) ; il eſt bien clair
que la ſuite A deviendra par ce changement égale à $a+b$, puiſque $1 \times a+b=a+b$.
Donc lorſque $n=0$, la ſuite $A=a+b$.

3°. On vient de voir que ſi dans la
ſuite A on fait $n=1$, on aura $A=a+b$.
Donc ſi dans la ſuppoſition que $n=1$, on
multiplie la ſuite A par $a+b$ (ce qu'on
fera, *art. precedent*, en augmentant n de
l'unité, c'eſt-à-dire, en poſant 2 dans A
au lieu de $n=1$) ; il eſt bien clair que la
ſuite $A=a+b$, deviendra par ce changement égale à $a+b \times a+b = aa + 2ab + bb$

$= a+b$. Et que par conſequent lorſque

$n=2$ la ſuite $A = \overline{a+b}^2$.

4°. On verra de même que la ſuite A

fera égale $\overline{a+b}^3$ lorſqu'on fera $n=3$. Et
ainſi de ſuite à l'infini.

Donc la ſuite A eſt generalement la
ſuite de toutes les puiſſances du Binome
$a+b$, dont l'expoſant eſt un nombre en-

tier poſitif. Et il n'y a pour avoir celle qu'on voudra de ces ſuites qu'à ſubſtituer dans la formule A, à la place de n, l'expoſant p de la puiſſance propoſée $\overline{a+b}^p$.

§. VIII.

Démonſtration du ſecond Cas.

Et pour démontrer que la ſuite A eſt auſſi en effet la ſuite de toutes les puiſſances du Binome $a+b$, dont l'expoſant eſt un nombre entier negatif.

On obſervera que les produits mp. np. de deux nombres m. n. par un troiſième p, ne peuvent être égaux, que les deux nombres m. n. ne ſoient égaux, ce qui eſt évident. Cela étant,

Suppoſons 1°. Qu'on ait ſubſtitué -1 à la place de n dans la formule A, il faut démontrer que dans cette ſuppoſition on aura

$$\text{la ſuite } A = \overline{a+b}^{-1} = \frac{1}{a+b};$$

Pour cet effet multipliés d'une part la ſuite A, dans laquelle on ſuppoſe que $n = -1$, par $a+b$ (ce que l'on fera toûjours, en augmentant n de l'unité, c'eſt-à-dire, en poſant $-1+1$ ou 0 dans A, au lieu de $n = -1$.) il eſt viſible par l'article précedent que par la ſubſtitution de o dans A au lieu de *n*, vous aurez A$=$1.

Multipliés d'une autre part $\frac{1}{a+b}$ par $a+b$; il eſt viſible que leur produit ſera auſſi 1. D'où il ſuit qu'on aura la ſuite

$$A=\frac{1}{a+b}=\overline{a+b}^{-1},$$ lorſque $n=-1$, puiſqu'en multipliant l'une & l'autre de ces quantités par un même quantité $a+b$, on a un même produit 1.

2°. Suppoſez maintenant que dans la ſuite A on ait ſubſtitué -2 à la place de *n*, il faut démontrer que $A=\frac{1}{aa+2ab+bb}$

$$=\overline{a+b}^{-2},$$ pour le faire ſuivez la même méthode.

Multipliés d'une part la ſuite A, dans laquelle on ſuppoſe que $n=-2$ par $a+b$, (ce que l'on fera toûjours, en augmentant *n* de l'unité, c'eſt-à-dire, en poſant $-2+1$, où -1 dans A au lieu de $n=-2$), il eſt viſible par ce que nous venons de dire que par la ſubſtitution de -1 dans A au lieu de *n*, vous aurez

$$A=\frac{1}{a+b}.$$

Multipliés d'une autre part $\frac{1}{a+2ab+bb}$ par $a+b$, il eſt viſible que leur produit

220 fera pareillement $\dfrac{1}{a+b}$.

Donc par la même raison qu'auparavant
$$A = \overline{a+b}^{-2} \quad \text{lorfque } n = -2.$$

On verra de même que la fuite A fera égale à $\overline{a+b}^{-3}$ lorfqu'on fera $n = -3$. Et ainfi de fuite à l'infini.

Donc la fuite A eft encore la fuite de generalement toutes les puiffances $\overline{a+b}^{-p}$ du Binome $a+b$, dont l'expofant $-p$ eft un nombre entier négatif. Et il n'y a pour avoir celle qu'on voudra de ces fuites qu'à fubftituer dans la formule A l'expofant de la puiffance propofée à la place de n.

9

IX.

Corollaire important.

Il fuit de-là que fi l'on fubftituë $2n$ ou $3n$ &c. ou generalement pn au lieu de n dans la formule A, on aura la fuite AA du quarré ou du cube, ou de telle autre puiffance p que ce foit, dont l'expofant p foit un nombre entier pofitif du Binome $a+b$, foit que n foit un nombre entier ou rompu, pofitif ou négatif.

1°. La chofe eft claire lorfque n eft un nombre entier pofitif ou négatif ; il eft vi-

fible par exemple que la fuite du quarré 230
de la puiffance $\overline{a+b}^5$ ou $\overline{a+b}^{-5}$ fera la
fuite de la puiffance $\overline{a+b}^{10}$ ou $\overline{a+b}^{-10}$;
Et qu'on aura cette fuite en fubftituant 10,
ou — 10 dans la formule *A*.

2°. Qu'il en eft de même lorfque *n* eft
un nombre rompu, pofitif ou négatif. Car

En premier lieu foit que l'expofant *n*
de la fuite *A* foit un nombre entier ou rompu, pofitif ou négatif, on en peut toûjours trouver le quarré *AA* : En multipliant
d'abord tous les termes par le premier *q*,
ce qui donne la fuite *Q* du premier produit partial ; Puis par le fecond *r*, ce qui
donne la fuite *R* du fecond produit partial. Et ainfi de fuite à l'infini l'operation
en eft facile.

Or il eft d'abord vifible par l'article précedent que la fomme de tous ces produits
partiaux fera la fuite *AA* (que l'on trouve,
en fubftituant dans la formule *A*, $2n$ à la
place de *n*) lorfque *n* eft un nombre entier, pofitif ou négatif.

Et lorfque *n* eft un nombre rompu, pofitif ou négatif, il eft vifible que dans l'o-
peration précedente tous les a^n de la fuite
A, fe font changez en a^{2n} fans difficulté,
& que toute la difficulté ne confifte qu'à

220 montrer comment il peut se faire que la somme de tous les coefficiens de chaque terme, puisse donner $2n$ au lieu de n dans le produit *AA*. (*Voyez la Table qui est à la fin.*)

Par exemple comment dans le quatriéme terme la somme des coefficiens T qui le composent puisse se transformer en G.

$$T\begin{cases} +\ 1 \times \dfrac{n}{1} \times \dfrac{n-1}{2} \times \dfrac{n-2}{3} \\[4pt] +\ 1 \times \dfrac{nn}{1} \times \dfrac{n-1}{2} \\[4pt] +\ 1 \times \dfrac{nn}{1} \times \dfrac{n-1}{2} \\[4pt] +\ 1 \times \dfrac{n}{1} \times \dfrac{n-1}{2} \times \dfrac{n-2}{3} \end{cases} \overset{G}{=} 1 \times \dfrac{2n}{1} \times \dfrac{2n-1}{2} \times \dfrac{2n-2}{3}$$

Cette transformation est necessaire lorsque n est un nombre entier positif ou négatif, ainsi que nous venons de le voir.

Elle est donc aussi necessaire lorsque n est un nombre rompu, positif ou négatif, car elle ne peut être vraye en un cas qu'elle ne le soit en tous les autres. C'est une notion commune que si $na + nb = 2n$, lorsque $n = 5$, ou $n = -5$, on ait également $na + nb = 2n$ lorsque $n = \frac{3}{5}$, ou $n = -\frac{3}{5}$.

Et il en sera de même quelque autre suite qu'on veuille mettre à la place de $na + nb$, & de $2n$.

Il est

Il eſt donc viſible que pour avoir le quarré *AA* de la ſuite A, ſoit que *n* ſoit un nombre entier ou rompu, poſitif ou négatif, il n'y a qu'à y ſubſtituer 2*n* à la place de *n*.

La transformation effective de T en G ſe fera dans ce cas & dans tous les autres, en effectuant de part & d'autre les operations qui ſont indiquées par les ſignes +, —, ×, car on trouvera

$$T = \frac{4n^3 - 5n^2 + 2n}{3} = G.$$

On démontrera de même (en multipliant la ſuite *AA* par la ſuite A, ce qui donnera la ſuite du cube de A en produits partiaux) qu'on aura cette même ſuite *AAA*, en ſubſtituant 3*n* à la place de *n* dans la formule A. Et ainſi de ſuite à l'infini.

Et generalement qu'on aura la ſuite d'une puiſſance quelconque (dont l'expoſant eſt un nombre entier poſitif *p*) de la ſuite A, en ſubſtituant dans la ſuite A *pn* à la place de *n*, ſoit que *n* ſoit un nombre entier ou rompu, poſitif ou négatif.

X. 10

Démonſtration du troiſiéme Cas.

Pour démontrer que la ſuite A eſt encore la ſuite de la puiſſance $\overline{a+b}^p$ du Bi-

20 nome $a+b$, dont l'expofant $\frac{p}{q}$ eſt un nombre rompu poſitif quelconque. Et qu'il n'y a pour cela qu'à ſubſtituer dans la ſuite A l'expofant $\frac{p}{q}$ à la place de n.

1°. Subſtituez y d'abord $\frac{1}{q}$, & vous aurez une ſuite S qui ſera la ſuite de la racine q de $a+b$; c'eſt-à-dire, que vous aurez $S = \sqrt[q]{a+b}$.

Car ſi vous élevez la ſuite S à la puiſſance q, (& que pour le faire, ſelon l'article précedent, vous multipliez ſon expoſant $\frac{1}{q}$ par q, ce qui vous donnera $\frac{q}{q} = 1$, & que vous ſubſtituiez ce produit $\frac{q}{q}$ ou 1 au lieu de $\frac{1}{q}$ dans la ſuite S, ou de n dans la ſuite A, vous aurez une autre ſuite, dont l'expoſant ſera 1, & qui ſera par conſéquent égale à $a+b$. D'où il ſuit que la ſuite S, dont l'expoſant eſt $\frac{1}{q}$ eſt égale à la racine q de $a+b$, ou $S = \sqrt[q]{a+b}$ puiſque cette ſuite S, étant élevée à la puiſſance q, devient $a+b$.

2°. Cela étant, ſi vous élevez la ſuite S à la puiſſance p, (& que pour le faire ſelon l'article précedent, vous multipliez ſon expoſant $\frac{1}{q}$ par p, ce qui vous don-

nera $\frac{p}{q}$, & que vous substituiez le produit $\frac{p}{q}$ au lieu de $\frac{1}{q}$ dans la suite S, ou
de n dans la suite A) vous aurez visible-
ment la suite, dont l'exposant est $\frac{p}{q}$, &
cette suite sera égale à celle de la racine
q de la puissance $\overline{a + b}^{p}$, ou à la suite de
$\sqrt[q]{\overline{a + o}^{p}} = \overline{a + b}^{\frac{p}{q}}$. Ce qu'il falloit démontrer.

XL.

1

Démonstration du quatriéme Cas.

Pour démontrer enfin que la suite A est
encore la suite de la puissance $\overline{a + b}^{-\frac{p}{q}}$ du
Binome $a + b$, dont l'exposant $-\frac{p}{q}$ est
un nombre rompu négatif quelconque. Et
qu'il n'y a pour cela qu'à substituer dans
la suite A l'exposant $-\frac{p}{q}$ à la place de n.

1°. Substituez y d'abord $-\frac{1}{q}$, &
vous aurez une suite S, qui, par les mêmes raisons que dans l'article précedent,
sera égale à la racine q de $\frac{1}{a + b}$; c'est-à-

P p ij

330

dire, que $S = \sqrt[q]{\dfrac{1}{a+b}} = \overline{\sqrt[q]{a+b}}^{-1}$.

2°. Puis élevez la suite S, dont l'exposant est $-\dfrac{1}{q}$ à la puissance p (ce que vous ferez par le Corollaire précedent, en multipliant $-\dfrac{1}{q}$ par p, & substituant le produit $-\dfrac{p}{q}$ au lieu de $-\dfrac{1}{q}$ dans la suite S, ou de n dans la suite A). Et vous verrez que cette derniere suite, dont l'exposant est $-\dfrac{p}{q}$ sera la suite de la racine q de la puissance $\overline{a+b}^{-p}$; ou la suite de $\overline{\sqrt[q]{a+b}}^{-p} = \overline{a+b}^{-\frac{p}{q}}$. Ce qu'il faloit démontrer.

XII.

La suite A est donc la suite infinie de toutes les puissances du Binome $a+b$, soit que leurs exposans soient des nombres entiers ou rompus, positifs ou négatifs, comme 3, ou -3. $\dfrac{2}{3}$ ou $-\dfrac{2}{3}$, ou generalement p. ou $-p$. $\dfrac{p}{q}$ ou $-\dfrac{p}{q}$. Et il n'y a pour avoir en particulier chacune de ces puissances qu'à substituer dans la suite A

l'expofant déterminé 3, ou -3. $\frac{2}{3}$ ou $-\frac{2}{3}$. 230

p. ou $-p$. $\frac{p}{q}$ ou $-\frac{p}{q}$ de ces puiffances à la place de n.

Elle peut auffi être regardée comme la fuite infinie de toutes les racines du Binome $a+b$, foit que leurs expofans foient des nombres entiers ou rompus, pofitifs ou négatifs, comme 3 ou -3. $\frac{2}{3}$, ou $-\frac{2}{3}$ ou generalement p. ou $-p$. $\frac{p}{q}$ ou $-\frac{p}{q}$

Et il n'y a pour avoir en particulier chacune de ces racines qu'à fubftituer dans la fuite A. l'expofant déterminé $\frac{1}{3}$. ou $-\frac{1}{3}$. $\frac{2}{2}$. ou $-\frac{3}{2}$. ou en general $\frac{1}{p}$. ou $-\frac{1}{p}$. $\frac{q}{p}$. ou $-\frac{q}{p}$ au lieu de n.

Car c'eft le même de tirer la racine 3. -3. $\frac{2}{3}$. $-\frac{2}{3}$. ou p. $-p$. $\frac{p}{q}$. $-\frac{p}{q}$ d'un nombre, que de l'élever à la puiffance $\frac{1}{3}$. $-\frac{1}{3}$. $\frac{3}{2}$. $-\frac{3}{2}$. ou $\frac{1}{p}$. $-\frac{1}{p}$. $\frac{q}{p}$. $-\frac{q}{p}$. en renverfant les termes de la fraction ; fçavoir, 3 ou $\frac{3}{1}$ en $\frac{1}{3}$ &c.

D'où il fuit que la fuite A peut être regardée comme une formule generale de toutes les puiffances & de toutes les racines d'un Binome quelconque $a+b$.

XIII.

La suite A sera aussi la formule generale de toutes les puissances, & les racines d'un Binome quelconque $a - b$, & il n'y aura pour cela qu'à substituer $- b$ à la place de $+ b$ dans la formule A.

Ce qui n'apportera d'autre changement, sinon que dans les puissances de $a - b$, dont les exposans seront des nombres entiers positifs, comme 3, ou p, tous les termes de ces suites, qui seront infinies, seront alternativement positifs & négatifs. Et dans celles, dont les exposans seront des nombres entiers négatifs, comme $- 3$, ou $- p$, tous les termes de ces suites, qui seront aussi infinies, seront tous positifs. Tout au contraire des suites des puissances du Binome $a + b$, ce qui est évident par l'operation même de cette substitution de $- b$ à la place de $+ b$.

P R O B L E M E. V.

CONSTRUIRE la suite infinie de la puissance generale n d'un Polynome de trois, de quatre, de cinq &c. Et d'une infinité de termes, tel qu'est.

$$a + b + c + d + e + f + g + h + \ \&c.$$

Premiere Formule pour élever un Binome $a+b$ à une puissance quelconque, & pour en extraire la racine quelconque

$$+\frac{n}{1}a^{n-1}b+\frac{n}{1}\times\frac{n-1}{2}a^{n-2}b^{2}+\frac{n}{1}\times\frac{n-1}{2}\times\frac{n-2}{3}a^{n-3}b^{3}+\frac{n}{1}\times\frac{n-1}{2}\times\frac{n-2}{3}\times\frac{n-3}{4}a^{n-4}b^{4}+\frac{n}{1}\times\frac{n-1}{2}\times\frac{n-2}{3}\times\frac{n-3}{4}\times\frac{n-4}{5}a^{n-5}b^{5}+\frac{n}{1}\times\frac{n-1}{2}\times\frac{n-2}{3}\times\frac{n-3}{4}\times\frac{n-4}{5}\times\frac{n-5}{6}a^{n-6}b^{6}.$$

Seconde Formule pour élever un Polynome de tant de termes qu'on voudra $ay^{1}+by^{2}+cy^{3}+dy^{4}+ey^{5}+fy^{6}+gy^{7}+$ &c. à une puissance quelconque n, & en tirer la racine quelconque.

$$\overline{ay^{1}+by^{2}+cy^{3}+dy^{4}+ey^{5}+fy^{6}+gy^{7}+\&c.}^{\,n}=1A.\ a^{n}y^{n}+\frac{n}{1}a^{n-1}by^{n+1}$$

$$\left.\begin{array}{r} +\frac{n}{1}\times\frac{n-1}{2}a^{n-2}b^{2} \\ 2A.\ +\frac{n}{1}a^{n-1}c \end{array}\right\}\times y^{n+2}$$

$$\left.\begin{array}{r} 1A.\ +\frac{n}{1}\times\frac{n-1}{2}\times\frac{n-2}{3}a^{n-3}b^{3} \\ 2A.\ +\frac{n}{1}\times\frac{n-1}{2}a^{n-2}bc \\ 1B.\ +\frac{n}{1}a^{n-1}d \end{array}\right\}\times y^{n+3}$$

$$\left.\begin{array}{r} +\frac{n}{1}\times\frac{n-1}{2}\times\frac{n-2}{3}\times\frac{n-3}{4}a^{n-4}b^{4} \\ 2A.\ +\frac{n}{1}\times\frac{n-1}{1}\times\frac{n-2}{2}a^{n-3}b^{2}c \\ 3A.\ +\frac{n}{1}\times\frac{n-1}{2}a^{n-2}c^{2} \\ 1B.\ +\frac{n}{1}\times\frac{n-1}{1}a^{n-2}b\,d \\ 1C.\ +\frac{n}{1}a^{n-1}e \end{array}\right\}\times y^{n+4}$$

$$\left.\begin{array}{r} 1A.\ +\frac{n}{1}\times\frac{n-1}{2}\times\frac{n-2}{3}\times\frac{n-3}{4}\times\frac{n-4}{5}a^{n-5}b^{5} \\ 2A.\ +\frac{n}{1}\times\frac{n-1}{1}\times\frac{n-2}{2}\times\frac{n-3}{3}a^{n-4}b^{3}c \\ 3A.\ +\frac{n}{1}\times\frac{n-1}{2}\times\frac{n-2}{1}\ a^{n-3}bc^{2} \\ 1B.\ +\frac{n}{1}\times\frac{n-1}{1}\times\frac{n-2}{3}\ a^{n-3}bbd \\ 1B.\ +\frac{n}{1}\times\frac{n-1}{1}a^{n-2}cd \\ 1C.\ +\frac{n}{1}\times\frac{n-1}{1}a^{n-2}be \\ 1D.\ +\frac{n}{1}a^{n-1}f \end{array}\right\}\times y^{n+5}$$

$$\left.\begin{array}{r} 1A.\ +\frac{n}{1}\times\frac{n-1}{2}\times\frac{n-2}{3}\times\frac{n-3}{4}\times\frac{n-4}{5}\times\frac{n-5}{6}a^{n-6}b^{6} \\ 2A.\ +\frac{n}{1}\times\frac{n-1}{1}\times\frac{n-2}{2}\times\frac{n-3}{3}\times\frac{n-4}{4}a^{n-5}b^{5}c \\ 3A.\ +\frac{n}{1}\times\frac{n-1}{2}\times\frac{n-2}{1}\times\frac{n-3}{2}a^{n-4}b^{2}c^{2} \\ 4A.\ +\frac{n}{1}\times\frac{n-1}{2}\times\frac{n-2}{3}a^{n-3}c^{3} \\ 1B.\ +\frac{n}{1}\times\frac{n-1}{1}\times\frac{n-2}{2}\times\frac{n-3}{3}a^{n-4}b^{3}d \\ 1B.\ +\frac{n}{1}\times\frac{n-1}{1}\times\frac{n-2}{1}a^{n-3}bcd \\ 2B.\ +\frac{n}{1}\times\frac{n-1}{2}a^{n-2}dd \\ 1C.\ +\frac{n}{1}\times\frac{n-1}{1}\times\frac{n-2}{2}a^{n-3}bbe \\ 1D.\ +\frac{n}{1}\times\frac{n-1}{1}a^{n-2}bf \\ 1E.\ +\frac{n}{1}a^{n-1}g \end{array}\right\}\times y^{n+6}$$

1 A-

A. $\dfrac{\overline{a+b}^{n}}{a+b} = 1a^{n} + 1\times\frac{n}{1}a^{n-1}b^{1} + 1\times\frac{n}{1}\times\frac{n-1}{2}a^{n-2}b^{2} + 1\times\frac{n}{1}\times\frac{n-1}{2}\times\frac{n-2}{3}a^{n-3}b^{3} + 1\times\frac{n}{1}\times\frac{n-1}{2}\times\frac{n-2}{3}\times\frac{n-3}{4}a^{n-4}b^{4} + 1\times\frac{n}{1}\times\frac{n-1}{2}\times\frac{n-2}{3}\times\frac{n-3}{4}\times\frac{n-4}{5}a^{n-5}b^{5} + \&c.$

N.   M.

B. $1a^{u} + 1\times\frac{n}{1}a^{u-1}b^{1} + 1\times\frac{n}{1}\times\frac{n-1}{2}a^{u-2}b^{2} + 1\times\frac{n}{1}\times\frac{n-1}{2}\times\frac{n-2}{3}a^{u-3}b^{3} + 1\times\frac{n}{1}\times\frac{n-1}{2}\times\frac{n-2}{3}\times\frac{n-3}{4}a^{u-4}b^{4} + 1\times\frac{n}{1}\times\frac{n-1}{2}\times\frac{n-2}{3}\times\frac{n-3}{4}\times\frac{n-4}{5}a^{u-5}b^{5} + \&c.$

C. $+1\dots a^{u-1}b^{1} + 1\times\frac{n}{1}\dots\dots a^{u-2}b^{2} + 1\times\frac{n}{1}\times\frac{n-1}{2}\dots a^{u-3}b^{3} + 1\times\frac{n}{1}\times\frac{n-1}{2}\times\frac{n-2}{3}\dots\dots a^{u-4}b^{4} + 1\times\frac{n}{1}\times\frac{n-1}{2}\times\frac{n-2}{3}\times\frac{n-3}{4}\dots\dots a^{u-5}b^{5} + \&c.$

D. $1a^{u} + 1\times\frac{u}{1}a^{u-1}b^{1} + 1\times\frac{u}{1}\times\frac{u-1}{2}a^{u-2}b^{2} + 1\times\frac{u}{1}\times\frac{u-1}{2}\times\frac{u-2}{3}a^{u-3}b^{3} + 1\times\frac{u}{1}\times\frac{u-1}{2}\times\frac{u-2}{3}\times\frac{u-3}{4}a^{u-4}b^{4} + 1\times\frac{u}{1}\times\frac{u-1}{2}\times\frac{u-2}{3}\times\frac{u-3}{4}\times\frac{u-4}{5}a^{u-5}b^{5} + \&c.$

A. $1a^{n} + \frac{n}{1}a^{n-1}b^{1} + \frac{n}{1}\times\frac{n-1}{2}a^{n-2}b^{2} + \frac{n}{1}\times\frac{n-1}{2}\times\frac{n-2}{3}a^{n-3}b^{3} + \frac{n}{1}\times\frac{n-1}{2}\times\frac{n-2}{3}\times\frac{n-3}{4}a^{n-4}b^{4} + \frac{n}{1}\times\frac{n-1}{2}\times\frac{n-2}{3}\times\frac{n-3}{4}\times\frac{n-4}{5}a^{n-5}b^{5} + \&c.$

A. $1a^{n} + \frac{n}{1}a^{n-1}b^{1} + \frac{n}{1}\times\frac{n-1}{2}a^{n-2}b^{2} + \frac{n}{1}\times\frac{n-1}{2}\times\frac{n-2}{3}a^{n-3}b^{3} + \frac{n}{1}\times\frac{n-1}{2}\times\frac{n-2}{3}\times\frac{n-3}{4}a^{n-4}b^{4} + \frac{n}{1}\times\frac{n-1}{2}\times\frac{n-2}{3}\times\frac{n-3}{4}\times\frac{n-4}{5}a^{n-5}b^{5} + \&c.$

q. r.   s.   t.   u.   x.

Q. $1a^{2n} + \frac{n}{1}a^{2n-1}b^{1} + \frac{n}{1}\times\frac{n-1}{2}a^{2n-2}b^{2} + \frac{n}{1}\times\frac{n-1}{2}\times\frac{n-2}{3}a^{2n-3}b^{3} + \frac{n}{1}\times\frac{n-1}{2}\times\frac{n-2}{3}\times\frac{n-3}{4}a^{2n-4}b^{4} + \frac{n}{1}\times\frac{n-1}{2}\times\frac{n-2}{3}\times\frac{n-3}{4}\times\frac{n-4}{5}a^{2n-5}b^{5} + \&c.$

R. $+\frac{n}{1}a^{2n-1}b^{1} + \frac{nn}{1}\dots\dots a^{2n-2}b^{2} + \frac{nn}{1}\times\frac{n-1}{2}\dots a^{2n-3}b^{3} + \frac{nn}{1}\times\frac{n-1}{2}\times\frac{n-2}{3}\dots\dots a^{2n-4}b^{4} + \frac{nn}{1}\times\frac{n-1}{2}\times\frac{n-2}{3}\times\frac{n-3}{4}\dots\dots a^{2n-5}b^{5} + \&c.$

S. $+\frac{n}{1}\times\frac{n-1}{2}a^{2n-2}b^{2} + \frac{nn}{1}\times\frac{n-1}{2}\dots\dots a^{2n-3}b^{3} + \frac{nn}{1}\times\frac{n-1}{2}\times\frac{n-2}{3}\dots\dots a^{2n-4}b^{4} + \frac{nn}{1}\times\frac{n-1}{2}\times\frac{n-2}{3}\times\frac{n-3}{4}\dots\dots a^{2n-5}b^{5} + \&c.$

T. $+\frac{n}{1}\times\frac{n-1}{2}\times\frac{n-2}{3}a^{2n-3}b^{3} + \frac{nn}{1}\times\frac{n-1}{2}\times\frac{n-2}{3}\dots\dots a^{2n-4}b^{4} + \frac{nn}{1}\times\frac{n-1}{2}\times\frac{n-1}{3}\times\frac{n-2}{4}\dots\dots a^{2n-5}b^{5} + \&c.$

V. $+\frac{n}{1}\times\frac{n-1}{2}\times\frac{n-2}{3}\times\frac{n-3}{4}a^{2n-4}b^{4} + \frac{nn}{1}\times\frac{n-1}{2}\times\frac{n-2}{3}\times\frac{n-3}{4}\dots\dots a^{2n-5}b^{5} + \&c.$

X. $+\frac{n}{1}\times\frac{n-1}{2}\times\frac{n-2}{3}\times\frac{n-3}{4}\times\frac{n-4}{5}a^{2n-5}b^{5} + \&c.$

AA. $1a^{2n} + \frac{2n}{1}a^{2n-1}b^{1} + \frac{2n}{1}\times\frac{2n-1}{2}a^{2n-2}b^{2} + \frac{2n}{1}\times\frac{2n-1}{2}\times\frac{2n-2}{3}a^{2n-3}b^{3} + \frac{2n}{1}\times\frac{2n-1}{2}\times\frac{2n-2}{3}\times\frac{2n-3}{4}a^{2n-4}b^{4} + \frac{2n}{1}\times\frac{2n-1}{2}\times\frac{2n-2}{3}\times\frac{2n-3}{4}\times\frac{2n-4}{5}a^{2n-5}b^{5} + \&c.$

Ou plus generalement du Polynome 230

$$ay^1 + by^2 + cy^3 + dy^4 + ey^5 + fy^6 + gy^7 + \&c.$$

qui devient le précedent lorsque $y = 1$.

I. 4

On substituera dans la formule A de la première Table, ou dans la formule F qui est à côté de la seconde Table ay^1 au lieu de a, & by^2 au lieu de b. * Et on aura la * suite 1A. 1A. 1A. &c. qui sera la suite de *Tab.* la puissance generale n du Binome $ay^1 + by^2$.

Car au lieu de a^n on aura $a^n y^n$, au lieu de $\frac{n}{1}a^{n-1} b$, on aura $\frac{n}{1}a^{n-1} y^{n-1} by^2 = \frac{n}{1}a^{n-1}$ by^{n-1}. &c.

II. 5

Et comme la suite particuliere de telle puissance que ce soit du Binome $a + b$, comme de la quatriéme M.

M. $a^4 + 4a^3 b + 6a^2 b^2 + 4ab^3 + b^4$

peut servir de formule pour élever un Tri nome $ay + by^2 + cy^3$ à la même puissance

230 quatriéme, en se representant par *a* les deux premiers termes $ay+by^2$, & par *b* le troisiéme terme $+cy$ de ce Trinome.

De même la suite A de la puissance quelconque *n* du Binome $a+b$, peut aussi nous servir de formule pour élever ce même Trinome $ay+by^2+cy^3$ à la même puissance *n*, en se representant par *a* les deux premiers termes $ay+by^2$, & par *b* son troisiéme terme $+cy^3$. Car,

1°. Comme on trouve le premier produit partial de la puissance quatriéme de ce Trinome, en se representant ce produit partial par le premier produit a^4 de la formule M, & substituant $ay+by^2$ au lieu de *a* dans a^4, c'est-à-dire, en élevant $ay+by^2$ à la puissance 4, ce qui donne

$$a^4y^4 +4a^3by^5 +6a^2b^2y^6 +4ab^3y^7 +b^4y^8$$

que l'on forme, en substituant dans la formule M ay au lieu de *a*, & by^2 au lieu de *b*.

De même on pourra trouver la suite 1A. 1A. 1A. du premier produit partial de la puissance *n* du même Trinome, en se repreſentant ce produit par le premier pro-230

duit a^n de la formule A, & ſubſtituant dans

a^n $\overline{ay + by^2}$ au lieu de a, c'eſt-à-dire, en

élevant $\overline{ay + by^2}$ à la puiſſance n, ce que

nous avons déja fait *art.* 1.

Ainſi la ſuite des termes 1A. 1A. 1A. &c. qui eſt celle de la puiſſance n du Binome $\overline{ay + by^2}$, eſt auſſi la ſuite du premier produit partial du Trinome $\overline{ay + by^2 + cy^3}$.

2°. Et comme on trouve le ſecond produit partial de la puiſſance quatriéme du même Trinome, en ſe repreſentant ce produit partial par le ſecond produit $4a^3 b$ de la formule M, & y ſubſtituant $\overline{ay + by^2}$ au lieu de A. c'eſt-à-dire,

$$a^3 y^3 + 3a^2 by^4 + 3ab^2 y^5 + b^3 y^6 \text{ au lieu de}$$

a^3, & cy^3 au lieu de b, ce qui donne

$$4a^3 cy^6 + 4 \times 3 a^2 bcy^7 + 4 \times 3 ab^2 cy^8 + 4 \times b^3 cy^9.$$

De même on pourra trouver la ſuite du ſecond produit partial 2A. 2A. 2A. &c. de la puiſſance n du même Trinome, en ſe repreſentant ce produit partial par le ſecond produit $\frac{n}{1} a^{n-1} b$ de la formule A. Et com-

230 me dans ce produit a à une dimension de

moins que dans le précedent a^n. Il eft vifible qu'on aura le fecond produit partial
2A. 2A. 2A. en fubftituant $n-1$ au lieu
de n dans le premier 1A. 1A. 1A. &c.
tant dans les coefficiens que dans les expofans, & multipliant chacun de fes termes
par $\frac{n}{1} \times cy^3$.

Ainfi au lieu de $a^n y^n$ on aura

$$\frac{n}{1} \times a^{n-1} y^{n-1} cy^3 = \frac{n}{1} a^{n-1} cy^{n+2}.$$

Au lieu de $+\frac{n}{1} a^{n-1} by^{n+1}$ on aura $+\frac{n}{1}$

$$\times \frac{n-1}{1} a^{n-2} bcy^{n-1+1+3} = +\frac{n}{1} \times \frac{n-1}{1} a^{n-2} bcy^{n+3}$$

Et ainfi de fuite.

3°. Et on pourra trouver la fuite du troifiéme produit partial 3A. 3A. 3A. &c. de
la puiffance n du même Trinome, repre-

fenté par le troifiéme produit $\frac{n}{1} \times \frac{n-1}{2} a^{n-2} b^{2}$

de la fuite A, en fubftituant $n-2$ au lieu
de n dans le premier 1A. 1A. 1A. &c. &
multipliant chacun de fes termes par

$$\frac{n}{1} \times \frac{n-1}{2} xc^{2} y^{6}.$$ Et ainfi de fuite à l'infini.

III. 6^{230}

En suivant le même ordre, on trouvera la suite infinie de la puissance n du Quadrinome $ay + by^2 + cy^3 + dy^4$, en se servant de la même formule A, & se représentant par a les trois premiers termes $ay + by^2 + cy^3$, & par b le quatriéme terme dy^4. Et,

1°. Le premier produit de cette suite étant représenté par a^n de la formule A sera la suite même toute entiere 1A. 1A. &c. 2A. 2A. &c. 3A. 3A. &c. 4A. 4A. &c. de la puissance n du Trinome $ay + by^2 + cy^3$ que l'on vient de trouver. Et,

2°. On trouvera la suite du second produit partial 1B. 1B. 1B. &c. représenté par $\frac{n}{1} a^{n-1} b$, en substituant $n - 1$ au lieu de n dans le premier, & multipliant chacun de ses termes par $\frac{n}{1} \times dy^4$.

3°. On trouvera la suite du troisiéme produit partial 2B. 2B. 2B. &c. représenté par $\frac{n}{1} \times \frac{n-1}{2} a^{n-2} b^2$, en substituant $n - 2$ au lieu de n dans le premier 1A. 2A. 3A. &c.

230 & multipliant chacun de ses termes par

$$\frac{n}{1} \times \frac{n-1}{2} \times d^2 y^8.$$

Et ainsi de suite à l'infini. Et on aura la suite du Quadrinome que l'on demande.

IV.

Et continuant de la même sorte, on trouvera la suite infinie de la puissance n d'un Polynome de 5. de 6. de 7. & en même-temps d'un Polynome d'une infinité de termes.

Les termes qui sont marquez 1C. sont les premiers termes de la suite de la puissance n du Polynome de 5 termes. Ceux qui sont marquez 1D. du Polynome de 6 termes. Ceux qui sont marquez 1E. du Polynome de 7 termes. Et la suite totale que l'on voit dans la seconde Table, (que l'on peut aisément continuer à l'infini), contient les 7 premiers termes de la suite generale de la puissance quelconque n du Polynome

$$ay + by^2 + \&c.$$ d'une infinité de termes.

Pour avoir celle du Polynome $a + by^1$ $+ cy^2 + \&c. = ay^0 + by^1 + cy^2 + dy^3 + \&c.$

puisque $ay^0 = a$, il n'y aura qu'à substituer dans la suite précedente y^0 à la place de tous

les

les y^n, ce qui eſt évident par la conſtruction précedente.

Cette ſuite infinie pourra donc ſervir de formule pour élever tel Polynome que ce ſoit, comme $gx^1 + hx^2 + ix^3 + kx^4 + lx^5 + $ &c.

ou $gx^0 + hx^1 + ix^2 + $ &c. à telle puiſſance qu'on voudra $p. \ \text{---} p. \frac{p}{q}. \ \text{---} \frac{p}{q}.$ ou pour en extraire telle racine qu'on voudra $p. \ \text{---} p. \frac{p}{q}. \ \text{---} \frac{p}{q}.$

Et il n'y aûra pour cet effet qu'à y ſubſtituer les quantités $x. g. h. i. k. l.$ &c. à la place des quantités $y. a. b. c. d. e.$ &c. & l'expoſant $p. \ \text{---} p. \frac{p}{q}. \ \text{---} \frac{p}{q}.$ ou $\frac{1}{p}. \ \text{---} \frac{1}{p}. \frac{q}{p}. \ \text{---} \frac{q}{p}.$ à la place de n, pour en avoir la puiſſance ou la racine $p. \ \text{---} p. \frac{p}{q}. \ \text{---} \frac{p}{q}.$ que l'on ſouhaite.

Et lorſque l'expoſant que l'on ſubſtituera à la place de n ſera un nombre entier poſitif, l'on trouvera une ſuite finie, mais dans tous les autres cas la ſuite ſera infinie.

On doit avertir ici que ces formules ſont d'une extrême utilité pour trouver d'autres formules generales, qui ſervent à découvrir la réſolution des Problêmes les plus compoſés, & qu'il faut par conſequent ſe les rendre bien familieres.

REMARQUE.

Il y a encore deux Calculs qui font en ufage dans les Mathematiques, le Calcul *Differentiel* & le Calcul *Integral*.

Mais ces Calculs étant plûtôt une application des Calculs précedens à la Geometrie, que de veritables Calculs Arithmetiques; Nous pouvons affurer ici que ces huit premieres Leçons contiennent generalement tout ce qu'il eft neceffaire de fçavoir fur les Nombres, pour eftre en état d'entreprendre l'étude des Mathematiques, & y faire de grands progrès en peu de temps.

Nous verrons dans les mêmes Leçons fuivantes combien l'ufage de ces Calculs eft étendu, & avec quelle facilité on peut réfoudre par leur moyen les queftions les plus difficiles.

Fin de la huitiéme Leçon,
& du premier Recueil.

Page 265. ligne 25. *lisez*. Et pour diviser 4.

par $3\sqrt[2]{5}$, on peut écrire $\dfrac{4}{3\sqrt[2]{5}} = \dfrac{4}{3}\sqrt[2]{\dfrac{1}{5}}$, car

$4 = 4\sqrt[2]{1}$, & $4\sqrt[2]{1}$ divisé par $3\sqrt[2]{5} = \dfrac{4}{3}\sqrt[2]{\dfrac{1}{5}}$

on verra de même que $\dfrac{3}{4}$ ou $\dfrac{3}{4}\sqrt[2]{1}$ divisé

par $3\sqrt[2]{5}$ est $\dfrac{3}{12}\sqrt[2]{\dfrac{1}{5}} = \dfrac{3}{12\sqrt[2]{5}} = \dfrac{1}{3\sqrt[2]{5}}$

SIXIE'ME LECON.

Page 277 ligne 1. lisez $5c^2$.

p. 278 l. 5 l. $15ab^2m$.

p. 286 l. 3 & 4 l. $3ab^2$.

p. 288 par tout où il y a $13a^2b$, lis. $15a^2b$.
lig. 6 lis. $-6a^2b$, lig. 25 lis. $-15a^2b$
$+6a^2b = 9a^2b$.

p. 289 l. 30 lis. $+ax+ab$.

p. 290 l. 20 lis. $-3a^2b^2 +a^2b^2$.

p. 291 l. 18 lis. $-3aabb$. lig. 19 lis. car
$-3aabb$. lig. 21 lis. $+a^2b^2 - 3a^2b^2$.

p. 292 l. 1 lis. ôté de $-3a^2b^2$ le reste est
$+a^2b^2$. lig. 3. 4. 5. lis. $-3a^2b^2$ & $+a^2b^2$
au lieu de $2a^2b^2$. lig. 11 lis. $+a^2b^2$.

p. 292 l. 17 & 22 lis. $-a^2b^2$.

p. 294 l. 16. ajoûtés lui $-2bd^2x$.

p. 295 l. 10, au lieu de sous, lis. après.

p. 296 l. derniere lis. sous px^2.

p. 298 l. 26. lis. $+4ab^3$.

Page 302 l. 8 lis. $+16c^4d^2$. l. 16. l. $-5cd^2$.

p. 304 l. 8 lis. $a^3 + 3a^2b + 3ab^2 + b^3$.

l. 25 lis. $- 25c^5 d4$. lig. 29 lis. $125c^3 d4$.

p. 312 l. 26 lis. $+6 d3$. l. 27 lis. $+36 d6$.

p. 314 l. 24 & 25 lis. $120 a^5$.

p. 315 l. D. lis. $- x^6 + 7x4 - 14x^2 + 7$.

p. 321 l. A. au lieu de $+$ lis. $- 2abx$.

lig. E. au lieu de $- 4a^3 b^2$ lis. $- 2ab^3 x$.

p. 322 à la suite de la ligne 11 ajoûtez ces mots, & vient le reste D qu'il faut continuer de diviser par B.

p. 330 lig. E. au lieu de cfx^2, lis. $3 cfx^2$.

p. 336 lig. 21 ôtez $9ab$.

p. 360 l. derniere lis. $\frac{1}{2} y$.

p. 364 l. 11, lis. le quarré $- \frac{1}{4a^2} x4$

lig. 17 & 23 lis. $- \frac{1}{a} xx$

LECON SEPTIE'ME.

Pag. 366 lig. 6 au lieu de somme lis. suite.

p. 368 l. 20 lis. $+18$. lig. 21 lis. 41.

p. 369 l. 6 lis. $+18$.

p. 380 l. 10 au lieu de 22 lis. 12.

p. 389 l. 14 lis. $+abc$. lig. 15 lis. $- abc$.

LECON HUITIE'ME.

Page 401 ligne 5. au lieu de an, lis. a^{12}.

p. 403 l. 5. au lieu de a^6, lis. a.

p. 411 l. 7. au lieu de qs, lisez qr.

p. 418 l. 15. au lieu de $b - m$. lis. bm.

p. 420 l. A. lisez $- ab - 1$.

p. 422 l. 10 & 11. au lieu de bn lis. b.

p. 423 l. derniere, lisez $- c$.

p. 439 l. 11. lisez $n = 1$.

PRIVILEGE DU ROY.

les Sciences qui font l'objet de fes exercices ; en-
forte qu'outre les Ouvrages qu'Elle a déja donnez
au Public, Elle feroit en état d'en produire encore d'autres, s'il Nous plaifoit lui accorder de
nouvelles Lettres de Privilege, attendu que celles
que Nous lui avons accordées en datte du 6 Avril
1699. n'ayant point de temps limité, ont été dé-
clarées nulles par un Arrêt de nôtre Confeil d'E-
tat du 13 Aouft 1713. Et defirant donner au
Sieur Expofant toutes les facilitez & les moyens
qui peuvent contribuer à rendre utiles au Public
les travaux de notredite Academie Royale des
Sciences ; Nous avons permis & permettons par ces
Prefentes à ladite Academie, de faire imprimer,
vendre ou debiter dans tous les lieux de nôtre
obéiffance, par tel Imprimeur qu'Elle voudra
choifir, en telle forme, marge, caractere, &
autant de fois que bon lui femblera : *Toutes fes
Recherches ou Obfervations journalieres, & Rela-
tions annuelles de tout ce qui aura été fait dans
les Affemblées ;* comme auffi *les Ouvrages, Memoi-
res ou Traitez de chacun des Particuliers qui la
compofent,* & generalement tout ce que ladite
Academie voudra faire paroître fous fon nom,
après avoir fait examiner lefdits Ouvrages, & ju-
gé qu'ils font dignes de l'impreffion : & ce pendant le temps de quinze années confecutives, à
compter du jour de la datte defdites Prefentes.
Faifons défenfes à toutes fortes de perfonnes de
quelque qualité & condition qu'elles foient, d'en
introduire d'impreffion étrangere dans aucun lieu
de nôtre Royaume, comme auffi à tous Imprimeurs, Libraires, & autres, d'imprimer, faire
imprimer, vendre, faire vendre, débiter ni con-
trefaire aucuns defdits Ouvrages imprimez par
l'Imprimeur de ladite Academie, en tout ni en
partie, par extrait ou autrement, fans le con-
fentement par écrit de ladite Academie ou de
ceux qui auront droit d'eux, à peine contre châ-

cun des contrevenans de confifcation des Exemplaires contrefaits au profit de fondit Imprimeur, de trois mille livres d'amende, dont un tiers à l'Hôtel-Dieu de Paris, un tiers audit Imprimeur, & l'autre tiers au Dénonciateur, & de tous dépens, dommages & interêts : à condition que ces Prefentes feront enregiftrées tout au long fur le Regiftre de la Communauté des Imprimeurs & Libraires de Paris, & ce dans trois mois de ce jour: Que l'impreffion de chacun defdits Ouvrages fera faite dans noftre Royaume & non ailleurs, & ce en bon papier & beaux caracteres, conformément aux Reglemens de la Librairie : & qu'avant que de les expofer en vente, il en fera mis de chacun deux Exemplaires dans noftre Bibliotheque publique, un dans celle de noftre Chafteau du Louvre, & un dans celle de noftre très-cher & feal Chevalier, Chancelier de France le fieur d'Aguefseau, le tout à peine de nullité des Prefentes. Du contenu defquelles vous mandons & enjoignons de faire joüir ladite Academie ou fes ayans caufe pleinement & paifiblement, fans fouffrir qu'il leur foit fait aucun trouble ou empêchement. Voulons que la copie defdites Prefentes qui fera imprimée au commencement ou à la fin defdits Ouvrages foit tenuë pour düëment fignifiée, & qu'aux copies collationnées par l'un de nos amez & feaux Confeillers & Secretaires foi foit ajoûtée comme à l'original : Commandons au premier noftre Huiffier ou Sergent de faire pour l'execution d'icelles tous actes requis & neceffaires fans demander autre permiffion, & nonobftant clameur de Haro, Charte Normande & Lettres à ce contraires : CAR tel eft noftre plaifir. DONNE' à Paris le vingt-neuf jour du mois de Juin l'an de grace mil fept cent dix-fept, & de noftre Regne le deuxiéme. Par le Roi en fon Confeil, *figné* FOUQUET.

Il est ordonné par l'Edit du Roy du mois d'Aoust 1686 & Arrêts de son Conseil, que les Livres dont l'impression se permet par Privilege de Sa Majesté, ne pourront être vendus que par un Libraire & Imprimeur.

Registré le present Privilege, ensemble la cession écrite cy-dessus sur le Registre IV. de la Communauté des Libraires & Imprimeurs de Paris, page 175. Numero 105, conformément aux Reglemens, & notamment à l'Arrest du Conseil du 13 Aoust 1703. A Paris le 17 Juillet 1717.
Signé, DE LAULNE, Syndic.

Nous soussigné President de l'Academie Royale des Sciences, déclarons avoir en tant que de besoin cedé le present Privilege à ladite Academie, pour par Elle & les differens Academiciens qui la composent en jou'ir pendant le temps & suivant les conditions y portées. Fait à Paris le premier Juillet mil sept cent dix-sept.
Signé, J. P. BIGNON.